Đông Yên Lương TấnLực

# Lai Lịch Thời Gian

Phỏng theo
A Brief History of Time
Stephen Hawking

**Second Edition 2018**

LAI LỊCH THỜI GIAN
A Brief History of Time
Tác giả giữ bản quyền
© Copyright 2018 by Dong Yen Luong Tan Luc
All rights reserved
Printed in the United States

*We are just an advanced breed of monkeys on a minor planet of a very average star. But we can understand the Universe. That makes us something very special.*

*Chúng ta chỉ là một loài khỉ tiến hóa trên một hành tinh bé nhỏ của một tinh tú rất trung bình. Nhưng chúng ta có thể hiểu được vũ trụ. Điều đó khiến chúng ta rất đặc biệt.*

- Stephen Hawking

# Mục Lục

| | |
|---|---|
| Lời Tựa | 11 |
| Chương I | 13 |
| Hình Ảnh Vũ Trụ | 13 |
|    Tổng Quát | 13 |
|    Galileo | 17 |
|    Nguyên nhân tiên khởi | 21 |
|    Tổng thuyết tương đối | 25 |
|    Lý thuyết tối hậu | 29 |
| Chương II | 31 |
| Không Gian & Thời Gian | 31 |
|    Tổng Quát | 31 |
|    Ole Christensen Rœmer | 35 |
|    Sóng vô tuyến | 40 |
|    Không-thời-gian | 42 |
|    Thiên hà xa xăm | 48 |
|    Đường trắc địa | 51 |
|    Đại lượng năng động | 55 |
| Chương III | 57 |
| Vũ Trụ Phân Ly | 57 |
|    Tổng Quát | 57 |
|    Hệ quả Doppler | 61 |
|    Background Explorer (COBE) | 66 |
|    Chiều thứ tư | 69 |
|    Nguồn sóng vô tuyến | 74 |
|    Đơn trạng Big Bang | 78 |
| Chương IV | 81 |
| Nguyên Lý Bất Xác | 81 |
|    Tổng Quát | 81 |
|    Thuyết quantum | 85 |
|    Hướng trình tổng sóng | 90 |
| Chương V | 93 |
| Đơn Tử và Lực Thiên Nhiên | 93 |

- Tổng Quát ... 93
- Nguyên lý tương khắc ... 98
- Trọng lực ... 101
- Lực điện từ ... 102
- Tiểu lực hạt nhân ... 103
- Đại lực hạt nhân ... 106
- Hiện tượng liên kết đơn tử ... 106
- Đối xứng riêng biệt ... 111

## Chương VI ... 115
## Số Phận Những Vì Sao ... 115
- Tổng Quát ... 115
- Giới hạn Chandrasekhar ... 119
- Đơn trạng tỉ trọng vô hạn ... 124
- Hố Đen ... 128
- Cygnus X-1 ... 132
- Vũ trụ sơ khai ... 135

## Chương VII ... 137
## Màu Sắc Hố Đen ... 137
- Tổng Quát ... 137
- Chân trời biến cố ... 142
- Phương trình của Einstein ... 146
- Những tia gamma ... 150

## Chương VIII ... 155
## Nguồn Gốc và Số Phận Vũ Trụ ... 155
- Tổng Quát ... 155
- Vũ trụ bành trướng ... 159
- Nguyên lý bất xác ... 164
- Thuyết nhân chủng ... 168
- Nguyên lý bảo tồn năng lượng ... 172
- Tân mô hình tăng tốc ... 176
- Thời gian ảo ... 180
- Nguyên lý nhân chủng ... 184
- Mặt phẳng khép kín ... 188

## Chương IX ... 191
## Phương Hướng của Thời Gian ... 191
- Tổng Quát ... 191
- Thời gian tâm lý ... 196
- Vũ trụ co rút ... 199
- Vũ trụ hỗn loạn ... 204

| | |
|---|---|
| Chương X | 205 |
| Lỗ Giun & Du Hành Thời Gian | 205 |
|    Tổng Quát | 205 |
|    Vũ trụ sơ khởi | 209 |
|    Định luật quantum | 214 |
|    Thuyết lịch sử thay thế | 218 |
| Chương XI | 223 |
| Thống Nhất Vật Lý Học | 223 |
|    Tổng Quát | 223 |
|    Mặt thế giới | 229 |
|    Phục hồi Thuyết Dây | 232 |
|    Không-thời-gian uốn cong | 236 |
|    Phát triển khoa học | 240 |
| Kết Luận | 243 |
| Appendix I | 249 |
| Albert Einstein | 249 |
| Appendix II | 251 |
| Galileo Galilei | 251 |
| Appendix III | 253 |
| Isaac Newton | 253 |
| Appendix IV | 255 |
| Định Nghĩa Kỹ thuật | 255 |
| Index | 269 |

# Lời Tựa

*Trong tác phẩm tựa đề "A Brief History of Time – Lai Lịch Thời Gian" của Giáo Sư Vật Lý Stephen Hawking, Trường Đại Học Cambridge, tác giả đã giới thiệu sự thay đổi về quan niệm của những nhà khoa học và chuyên gia vật lý về chiều thứ tư của không gian bốn chiều là chiều thời gian. Từ đầu thế kỷ 20, các khoa học gia đã tin tưởng vào khái niệm thời gian tuyệt đối cho đến khi lý thuyết tương đối của Albert Einstein xuất hiện. Lý thuyết tương đối đã cho chúng ta thấy là chiều thời gian cũng không tuyệt đối và tùy thuộc vào vị trí và thời điểm của người quan sát. Quan niệm về thời gian ảo cũng đã được nẩy sinh khi ý tưởng về sự kết hợp giữa Cơ Học Lượng Tử và trọng lực của trái đất. Theo Hawking, quan điểm mới về thời gian ảo đã làm thay đổi nhiều những hiểu biết và giả thuyết của con người về nguồn gốc và số phận của vũ trụ. Từ những ý tưởng về chiều thời gian, giáo sư Hawking cũng đã giới thiệu thêm về Thuyết Dây (String Theory), một lý thuyết đã và đang phát triển mạnh mẽ cùng những ứng dụng của lý thuyết nầy trong việc giải thích hố đen, năng lượng và Vũ Trụ Học.*

*Tác phẩm nầy đã được diễn dịch bởi Giáo Sư Lương Tấn Lực. Giáo Sư Lương Tấn Lực một lần nữa đã nỗ lực đem những lý thuyết và nguyên lý vật lý gần với độc giả Việt Nam. Trong bản dịch nầy, độc giả sẽ thấy được sự dồi dào và phong phú của ngôn ngữ Việt Nam trong việc diễn đạt những lý thuyết Vũ Trụ Học và Cơ Học Lượng Tử đương đại. Đây là tác phẩm không thể thiếu trong danh mục vật lý lý thuyết và sẽ có một chỗ đứng xứng đáng trong tủ sách của sinh viên, nhà nghiên cứu vật lý và cả những độc giả yêu quý và trân trọng ngôn ngữ Việt Nam.*

*Xin thành thật và trân trọng giới thiệu tác phẩm nầy với quý độc giả khắp nơi.*

*California những ngày cuối đông 2011*

*Kỹ Sư Trưởng Nguyễn Mạnh Cường*

# Chương I
# Hình Ảnh Vũ Trụ

## Tổng Quát

Một khoa học gia (một số người cho đó là Bertrand Russell) có lần đã thuyết giảng trước công chúng về Thiên Văn Học. Ông ta mô tả cách thức trái đất quay chung quanh mặt trời và mặt trời lại quay chung quanh một trung tâm của một quần thể tinh tú được gọi là thiên hà của chúng ta. Cuối buổi giảng, một bà cụ ở cuối phòng đứng dậy và nói, "*Những điều ông nói là nhảm nhí. Thế giới thực ra là một đĩa phẳng được đặt trên lưng một con rùa khổng lồ.*" Nhà khoa học điềm nhiên mỉm cười trước khi trả lời, "*Con rùa đứng trên cái gì vậy?*" Bà cụ nói, "*Ông khéo nói lắm, ông bạn trẻ ạ, khéo nói lắm. Nhưng dưới con rùa nầy là một con rùa khác và cứ thế tiếp tục xuống mãi!*"

Hầu hết mọi người đều xem biểu tượng vũ trụ như một cái tháp rùa bất tận là lố bịch, nhưng tại sao nghĩ rằng chúng ta hiểu biết khá hơn? Chúng ta biết gì về vũ trụ, và làm sao chúng ta biết thế? Vũ trụ từ đâu đến và đang đi về đâu? Liệu vũ trụ có một khởi đầu hay không, và nếu thế thì cái gì đã xảy ra trước đó? Bản chất của thời gian là gì? Có khi nào thời gian chấm dứt không? Những khám phá vật lý gần đây, thực hiện một phần nhờ những kỹ thuật tuyệt vời mới, đề nghị trả lời một số những câu hỏi ngàn đời nầy. Một ngày nào đó những câu trả lời nầy sẽ tỏ ra hiển nhiên với chúng ta như việc trái đất quay chung quanh mặt trời – hay lố bịch như chuyện tháp rùa. Chỉ có thời gian (hay cái gì đó khác) mới trả lời được.

Khoảng 340 năm trước Công Nguyên, nhà hiền triết Hy lạp Aristote, trong cuốn sách "*On The Heavens (Trên Trời)*", đã có thể đưa ra hai luận cứ giá trị để tin rằng trái đất là một quả cầu tròn thay vì một đĩa phẳng. Thứ nhất, ông nhận định rằng nguyệt thực (eclipses) là do trái đất đứng giữa mặt trời và mặt trăng. Bóng của trái đất trên mặt trăng luôn luôn tròn, điều nầy chứng tỏ trái đất phải hình cầu.

Nếu trái đất là một đĩa phẳng thì bóng của nó sẽ kéo dài ra và có hình bầu dục, trừ phi nguyệt thực luôn luôn xảy ra khi mặt trời ở trực tiếp dưới trung tâm của đĩa. Thứ hai, qua các cuộc du hành, người Hy lạp biết rằng sao Bắc Đẩu xuất hiện thấp hơn về phía chân trời khi nhìn ở phía Nam so với khi nhìn ở những vùng xa về phía Bắc. (Vì sao Bắc Đẩu nằm bên trên Bắc Cực, nó xuất hiện trực tiếp bên trên người quan sát đứng ở Bắc Cực, nhưng đối với người nhìn từ đường xích đạo, sao Bắc Đẩu xuất hiện ngay tại chân trời.) Căn cứ vào sự khác biệt về vị trí hiển nhiên của sao Bắc Đẩu tại Ai Cập và Hy Lạp, Aristote ước tính chu vi trái đất bằng 400,000 lần chiều dài một sân vận động. Không ai biết chính xác chiều dài một sân vận động là bao nhiêu, nhưng đó có thể là 200 *yards*, nghĩa là con số của Aristote hai lần lớn hơn con số hiện nay được chấp nhận. Người Hy Lạp có một luận cứ thứ ba chứng minh trái đất tròn, vì nếu không thì tại sao lúc đầu người ta thấy những cánh buồm của một con tàu ở chân trời và sau đó thì chỉ thấy có đỉnh cột buồm mà thôi?

Aristote nghĩ rằng trái đất đứng yên một chỗ và mặt trời, mặt trăng, các hành tinh, và tinh tú quay chung quanh trái đất theo quỹ đạo hình tròn. Ông tin điều đó vì ông cảm thấy rằng, vì lý do thần bí, trái đất là trung tâm của vũ trụ, và quỹ đạo hình tròn là hoàn hảo nhất. Ý tưởng nầy được Ptolemy bổ sung vào thế kỷ thứ hai trước Công Nguyên để trở thành một mô hình vũ trụ học hoàn chỉnh. Trái đất đứng ở trung tâm, vây quanh bởi tám quả cầu kéo theo mặt trăng, mặt trời, các tinh tú, và năm hành tinh được biết vào thời kỳ đó là Mercury, Venus, Mars, Jupiter, and Saturn.

Những hành tinh di chuyển theo những vòng tròn nhỏ hơn gắn liền với những quả cầu liên hệ của chúng để giải thích những lộ trình khá phức tạp được quan sát trên bầu trời. Quả cầu ngoài cùng kéo theo những cái gọi là định tinh, luôn luôn giữ một khoảng cách cố định đối với các định tinh khác nhưng cùng quay trong bầu trời. Những gì nằm bên kia quả cầu ngoài cùng không bao giờ được nói rõ, nhưng chắc chắn đó không phải là phần vũ trụ có thể quan sát được của loài người.

Mô hình của Ptolemy cho thấy một hệ thống tương đối chính xác nhằm tiên liệu được vị trí những thiên thể trên bầu trời. Nhưng để tiên liệu đúng những vị trí nầy, Ptolemy phải ước đoán là mặt trăng đi theo một lộ trình đôi lúc kéo nó gần lại trái đất hai lần so với những khi khác. Và điều đó có nghĩa là đôi lúc mặt trăng phải xuất hiện hai lần lớn hơn so với những khi khác! Ptolemy nhìn nhận khuyết điểm nầy, tuy nhiên, nói chung được chấp nhận, mặc dù không phải là phổ cập. Mô hình nầy được Giáo Hội Thiên Chúa chấp nhận như là hình ảnh của vũ trụ phù hợp với Kinh Thánh, bởi vì nó có được lợi điểm lớn là chừa lại nhiều khoảng bên ngoài quả cầu của các định tinh dành cho thiên đàng và địa ngục.

Tuy nhiên, một mô hình đơn giản hơn được một giáo sỹ người Ba Lan là Nicholas Copernicus đưa ra vào năm 1514. (Ban đầu, có lẽ sợ bị giáo hội xem như một kẻ tà đạo, Copernicus phổ biến mô hình của mình một cách vô danh.) Ông quan niệm rằng mặt trời đừng yên tại trung tâm và trái đất và những hành tinh quay chung quanh mặt trời theo những quỹ đạo tròn. Mãi gần một thế kỷ sau tư tưởng nầy mới được xem xét nghiêm chỉnh. Sau đó hai nhà thiên văn học – Johannes Kepler, người Đức, và Galileo, người Ý - bắt đầu công khai hậu thuẫn lý thuyết của Copernicus, mặc dù những quỹ đạo mà ông tiên đoán không hoàn toàn đúng với những quỹ đạo được quan sát.

## Galileo

Lý thuyết Aristote/Ptolemy được khai tử vào năm 1609. Vào năm đó, Galileo khởi sự quan sát bầu trời ban đêm với một viễn vọng kính vừa mới sáng chế. Khi nhìn hành tinh Jupiter, Galileo thấy rằng hành tinh nầy được đi kèm bởi một số vệ tinh nhỏ hay mặt trăng bay quanh. Điều nầy có nghĩa là mọi cái không phải trực tiếp quay chung quanh trái đất như Aristote và Ptolemy nghĩ. (Đương nhiên vẫn còn có thể tin là trái đất đứng yên tại trung tâm vũ trụ, và những mặt trăng của Jupiter di chuyển theo những lộ trình cực kỳ phức tạp chung quanh trái đất, tạo ra ảo giác là chúng quay chung quanh Jupiter. Tuy nhiên, lý thuyết của Copernicus đơn giản hơn nhiều.) Cùng một lúc, Johannes Kepler đã sửa đổi lý thuyết của Copernicus, cho rằng các hành tinh không di chuyển theo vòng tròn nhưng hình bầu dục. Cuối cùng những tiên đoán đó ngày nay phù hợp với những điều được quan sát.

Về phần Kepler, những quỹ đạo bầu dục chỉ là một giả thuyết tạm, hay đúng hơn là giả thuyết đáng ghét bất đắc dĩ, vì bầu dục kém tuyệt hảo hơn là hình tròn. Sau khi gần như tình cờ khám phá ra rằng những quỹ đạo bầu dục đúng với thực tế quan sát, ông ta không thể hoà giải chúng với quan niệm của ông cho rằng những hành tinh được tạo ra để quay chung quanh mặt trời do lực từ trường. Chỉ sau nầy, năm 1687, mới có một giải thích, khi Newton cho xuất bản cuốn *Philosophiae Naturalis Principia Mathematica*, có lẽ là tác phẩm đơn tác quan trọng nhất được xuất bản từ trước đến nay trong khoa học vật lý. Trong tác phẩm nầy, Newton không những đưa ra lý thuyết về phương thức các thiên thể di chuyển trong không gian và thời gian, nhưng còn triển khai những toán học phức tạp dùng để phân tích những khái niệm đó. Hơn nữa, Newton đưa ra một định luật về trọng lực phổ biến (universal gravitation) theo đó mọi thiên thể trong vũ trụ bị cuốn hút bởi mọi thiên thể khác bằng một lực; lực nầy càng mạnh hơn khi trọng khối của chúng lớn hơn và khoảng cách giữa chúng ngắn hơn. Chính lực nầy làm cho vật thể rơi xuống đất. Newton thêm rằng, theo định luật nầy, trọng lực khiến mặt trăng quay chung quanh trái đất theo một quỹ đạo bầu dục và làm cho trái đất và các hành tinh quay chung quanh mặt trời theo quỹ đạo bầu dục.

Mô hình Copernicus gạt bỏ những biểu tượng hình cầu của Ptolemy và luôn cả giả thuyết cho rằng vũ trụ có một ranh giới tự nhiên (natural boundary). Vì những "định tinh – fixed stars" không có vẻ thay đổi vị trí khỏi đường quay trong bầu trời do sức hút của trái đất, đương nhiên có thể giả định rằng các định tinh là những thiên thể giống như mặt trời nhưng ở rất xa.

Newton nhận thấy rằng, theo lý thuyết của ông về trọng lực, tinh tú hút kéo lẫn nhau, nên dường như chúng không thể chủ yếu đứng yên một chỗ. Liệu tất cả chúng sẽ không cùng nhau rơi tại một điểm nào đó chăng? Trong một lá thư gởi năm 1691 cho Richard Bentley, một tư tưởng gia hàng đầu thời đó, Newton lý luận rằng chuyện đó sẽ xảy ra nếu chỉ có một số tinh tú hữu hạn rải rác trên một không gian hữu hạn. Ngược lại, ông nói rằng, nếu có vô số tinh tú rải rác ít nhiều đồng đều trong không gian vô hạn thì chuyện đó sẽ không xảy ra, vì như thế sẽ không có một trọng tâm cho chúng rơi vào.

Lý luận nầy là một thí dụ của những nhược điểm mà chúng ta có thể gặp phải khi nói về vô hạn (infinity). Trong một vũ trụ vô hạn, mọi điểm đều có thể được nhìn như là trung tâm, vì mọi điểm đều có vô số những tinh tú ở mỗi bên của nó. Chỉ mãi sau nầy người ta mới nhận thức ra rằng phương thức đúng là xem xét hoàn cảnh hữu hạn, trong đó tất cả tinh tú rơi vào nhau, sau đó tìm hiểu sự thể thay đổi ra sao nếu người ta đưa thêm những tinh tú được phân bố đại để đồng đều ở bên ngoài khu vực. Theo định luật Newton, những tinh tú thêm vào sẽ hoàn toàn không tạo nên một thay đổi nào đối với những tinh tú ban đầu xét trên bình quân, do đó những tinh tú nầy vẫn rơi nhanh như cũ. Chúng ta có thể đưa thêm bao nhiêu tinh tú tùy ý, nhưng chúng vẫn luôn luôn va chạm với nhau thôi. Chúng ta biết rằng không thể có một mô hình vũ trụ vô hạn đứng yên tĩnh trong đó trọng lực luôn luôn tác động.

Đó là một phản ảnh đáng chú ý của bầu không khí tư duy chung trước thế kỷ hai mươi theo đó không ai cho rằng vũ trụ co hay giãn. Mọi người chấp nhận hoặc là vũ trụ đã tồn tại vĩnh viễn trong một trạng thái không thay đổi, hoặc là vũ trụ đã được sáng tạo vào một thời gian nhất định trong quá khứ ít nhiều như chúng ta nhận định ngày nay. Điều nầy một phần có thể do khuynh hướng con người muốn tin những chân lý vĩnh cửu, cũng như sự bình yên mà họ tìm thấy khi suy nghĩ rằng, mặc dù họ già đi và chết, vũ trụ vẫn là vĩnh cửu và bất biến.

Ngay cả những người nhận thấy, theo thuyết trọng lực của Newton, vũ trụ không thể yên tĩnh họ cũng không nghĩ rằng vũ trụ đó có thể bành trướng ra. Thay vì thế, họ cố sửa đổi lý thuyết bằng cách cho rằng trọng lực đẩy ra khi hai thiên thể ở cách nhau rất xa. Điều nầy không ảnh hưởng mấy những tiên đoán của họ về sự di chuyển của các hành tinh, nhưng nó cho thấy những tinh tú được phân phối vô hạn để giữ quân bình - lực hút nơi những tinh tú gần được cân bằng bởi lực đẩy nơi các tinh tú ở xa. Tuy nhiên, ngày nay chúng ta tin rằng một quân bình như thế sẽ không ổn định: Nếu những tinh tú trong một vùng nào đó hơi tiến gần lại với nhau thì sức hút giữa chúng sẽ trở nên mạnh hơn và thắng thế những lực đẩy, do đó những tinh tú sẽ tiếp tục cuốn hút vào nhau. Mặt khác, nếu những tinh tú tiến ra xa hơn một chút thì lực đẩy sẽ thắng thế và đẩy chúng xa nhau ra hơn.

Quan niệm một vũ trụ tĩnh vô hạn (infinite static universe) cũng gặp phải một phản đối khác thường được xem là do một triết gia người Đức Heinrich Olbers, người đã viết về lý thuyết nầy vào năm 1823. Thực tế, nhiều người đương thời của Newton đã đặt vấn đề, và bài viết của Olbers không hẳn là tài liệu đầu tiên có những luận điểm chống lại quan niệm đó. Tuy nhiên, đó là tài liệu đầu tiên được lưu tâm rộng rãi. Điều nan giải là, trong một vũ trụ tĩnh vô hạn, gần như mọi hướng nhìn (line of sight) đều sẽ chấm dứt trên mặt của một tinh tú. Như thế, người ta có thể mong đợi toàn bầu trời sẽ sáng như ban ngày, ngay cả vào ban đêm. Olbers lý luận rằng ánh sáng đến từ những tinh tú xa xăm sẽ bị mờ đi do hấp thụ bởi những thiên thể cản đường. Tuy nhiên, nếu hiện tượng nầy xảy ra thì những thiên thể cản đường cuối cùng sẽ bị nung nóng cho đến khi chúng chói sáng như các tinh tú. Phương cách duy nhất tránh đi đến kết luận rằng toàn bộ bầu trời ban đêm sẽ sáng chói như mặt trời là phải giả định rằng những tinh tú đã không sáng mãi nhưng chỉ được thắp sáng vào một thời điểm nhất định trong quá khứ. Trong trường hợp nầy, thiên thể cản đường có thể chưa được nung nóng hay ánh sáng từ những tinh tú xa có thể chưa đến được chúng ta. Và điều nầy khiến chúng ta tự hỏi trước hết cái gì đã thắp sáng các tinh tú.

## Nguyên nhân tiên khởi

Đương nhiên, sự khởi đầu của vũ trụ đã từng được bàn cãi trước đó đã lâu. Theo một số vũ trụ học thời kỳ đầu và theo truyền thống Do Thái/Thiên Chúa/Hồi Giáo, vũ trụ bắt đầu từ một thời gian nhất định và không xa lắm trong quá khứ. Một trong những lý luận hậu thuẫn cho sự khởi đầu đó là cảm nghĩ cho rằng cần có "Nguyên nhân tiên khởi – First Cause" để giải thích sự hiện hữu của vũ trụ. (Trong vũ trụ, chúng ta luôn luôn giải thích một biến cố như là hậu quả của một biến cố nào đó có trước, nhưng sự hiện hữu của chính vũ trụ chỉ có thể giải thích theo cách nầy nếu nó có một khởi thủy.) Một luận điểm khác được St. Augustine đưa ra trong cuốn sách, "*The City of God*". Ông cho thấy rằng văn minh đang tiến bộ và chúng ta nhớ ai thực hiện việc nầy hay triển khai kỹ thuật đó. Do đó, con người, và có lẽ cả vũ trụ có thể đã không thể tồn tại được lâu như vậy. St. Augustine chấp nhận thời điểm khoảng 5000 năm trước Công Nguyên như thời kỳ Sáng Tạo của vũ trụ dựa theo Sáng Thế Ký. (Điều đáng chú ý là thời điểm nầy không xa mấy với thời kỳ cuối của Thời Đại Băng Hà cuối cùng,

## Chương I: Hình Ảnh Vũ Trụ

khoảng 10,000 năm trước Công Nguyên, tức là thời điểm mà các nhà khảo cổ cho là khởi điểm của văn minh.)

Ngược lại, Aristote, và hầu hết các triết gia Hy Lạp, không thích ý tưởng về một sự sáng tạo vì nó dính dáng quá nhiều sự can dự của thần linh. Do đó, họ tin rằng nhân loại và thế giới chung quanh đã và sẽ tồn tại vĩnh viễn. Các triết gia cổ đại đã từng xem xét quan niệm tiến bộ như mô tả ở trên, và trả lời quan niệm đó bằng cách nói rằng đã có những trận lụt định kỳ hay những thiên tai khác từng liên tục đẩy lùi nhân loại trở về khởi thủy của văn minh.

Sau nầy, trong một tác phẩm dày cộm, rất ư tối nghĩa *Critique of Pure Reason (Phê Bình Thuần Lý)*, xuất bản năm 1781, triết gia Emmanuel Kant đã xem xét quy mô những câu hỏi liệu vũ trụ đã có một khởi thủy trong thời gian và liệu nó có bị giới hạn trong không gian hay không. Ông gọi những câu hỏi nầy là những nghịch luận (antinomies) hay mâu thuẫn của lý trí vì ông cảm thấy có những luận điểm giá trị như nhau, một tin vào chính đề (thesis) cho rằng vũ trụ có một bắt đầu, và một tin vào phản đề (antithesis) cho rằng vũ trụ đã tồn tại vĩnh viễn. Luận điểm của ông tin vào chính đề cho rằng, nếu vũ trụ không có một khởi thủy thì sẽ có một thời kỳ vô hạn đi trước mọi biến cố; ông xem điều nầy vô lý. Luận điểm tin vào phản đề cho rằng, nếu vũ trụ có một khởi thủy thì sẽ có một thời kỳ vô hạn trước đó; thế tại sao vũ trụ lại phải bắt đầu tại một thời điểm cá biệt? Thực tế, những luận điểm của ông về chính đề và phản đề cũng chỉ là một. Cả hai đều căn cứ trên giả định mặc nhiên của ông cho rằng thời gian vĩnh viễn tiếp tục quay ngược trở lại, cho dù vũ trụ có tồn tại vĩnh viễn hay không. Như chúng ta sẽ thấy, quan niệm về thời gian không có một ý nghĩa nào trước khi vũ trụ bắt đầu. Điều nầy trước tiên được St. Augustine nêu ra. Khi được hỏi, "Thượng Đế làm gì trước khi tạo ra vũ trụ?", Augustine không trả lời, "Ngài chuẩn bị Địa ngục cho những ai hỏi những câu hỏi như thế." Thay vì trả lời như trên, ông nói rằng thời gian là tài sản của vũ trụ mà Thượng Đế đã tạo ra, và thời gian đó không tồn tại trước khi vũ trụ bắt đầu.

Khi hầu hết mọi người tin vào một vũ trụ chủ yếu là tĩnh và bất biến thì câu hỏi liệu có hay không có một bắt đầu thực sự là một câu hỏi của siêu hình học và thần học. Người ta có thể giải thích hợp lý những điều quan sát được dựa trên lý thuyết cho rằng vũ trụ tồn tại vĩnh viễn hay dựa trên lý thuyết cho rằng vũ trụ được khởi nguyên từ một thời điểm nào đó theo một phương thức giống như là vũ trụ đã tồn tại vĩnh viễn vậy. Nhưng vào năm 1929, Edwin Hubble đã thực hiện được một quan sát kiệt xuất, theo đó, dù nhìn từ bất kỳ vị trí nào đi nữa, những thiên hà xa xăm đang di chuyển nhanh ra xa chúng ta. Nói cách khác, vũ trụ đang giãn rộng ra. Điều đó có nghĩa là vào những thời kỳ xa xưa, các thiên thể có thể đã ở gần nhau hơn. Thực tế, dường như có một thời kỳ, khoảng 10 hay 20 tỉ năm trước đây, lúc đó tất cả những thiên thể cùng ở vào đúng một chỗ và, do đó, mật độ (density) của vũ trụ lúc đó là vô hạn. Sự khám phá nầy cuối cùng đã đưa vào lĩnh vực khoa học câu hỏi về khởi thủy của vũ trụ.

Những quan sát của Hubble cho thấy rằng có một thời kỳ, được gọi là *Big Bang* (Đại Bùng Nổ), lúc đó vũ trụ cực kỳ nhỏ và mật độ vô cùng lớn. Dưới những điều kiện như vậy, tất cả mọi định luật khoa học, và do đó, tất cả khả năng tiên đoán tương lai, sẽ sụp đổ. Nếu có những biến cố xảy ra trước thời kỳ đó thì những biến cố đó không thể ảnh hưởng những gì đang xảy ra trong hiện tại. Sự tồn tại của chúng có thể bị làm ngơ vì nó không có những hậu quả có thể quan sát được. Người ta có thể nói rằng thời gian có một bắt đầu vào thời kỳ *Big Bang*, theo nghĩa là những thời kỳ trước đó không được xác định. Xin nhấn mạnh là thời điểm bắt đầu nầy rất khác với những thời điểm bắt đầu khác được xem xét trước kia. Trong một vũ trụ bất biến, sự bắt đầu trong thời gian là điều được áp đặt bởi một đấng nào đó bên ngoài vũ trụ; không có lý do tất yếu về mặt vật lý cần phải có một sự bắt đầu. Người ta vẫn có thể tưởng tượng là Thượng Đế đã sáng tạo vũ trụ vào bất kỳ thời kỳ nào trong quá khứ. Mặt khác, nếu vũ trụ bành trướng ra thì có thể có những lý do vật lý giải thích tại sao phải có một sự bắt đầu. Người ta vẫn có thể tưởng tượng là thượng Đế đã sáng tạo vũ trụ vào thời kỳ *Big Bang*, hay ngay cả sau đó nhưng với một phương thức nhằm tạo ảo giác như đã có một *Big Bang* vậy; nhưng nếu cho rằng vũ trụ bắt đầu trước *Big Bang* thì vô lý. Một vũ trụ bành trướng ra không loại bỏ hiện hữu một đấng sáng tạo, nhưng nó xác định khi nào đấng nầy có thể đã thi hành công việc của mình!

Để luận bàn về bản chất của vũ trụ và những câu hỏi liệu có một bắt đầu hay chấm dứt, chúng ta cần hiểu rõ thế nào là một lý thuyết khoa học. Theo một quan niệm đơn giản thì một lý thuyết chỉ là một mô hình vũ trụ, hay một phần hạn hữu của nó, và một tập hợp những quy luật nhằm liên hệ những định lượng (quantities) trong mô hình với những quan sát mà chúng ta thực hiện được. Lý thuyết chỉ có trong đầu của chúng ta chứ không có một thực thể nào.

Một lý thuyết được xem là tốt nếu thỏa mãn được hai yêu cầu. (i) Nó phải mô tả chính xác một tập hợp lớn những quan sát trên căn bản một mô hình chỉ chứa đựng một ít yếu tố tùy tiện, và (ii) phải đưa ra những tiên đoán rõ ràng về kết quả của những quan sát tương lai. Chẳng hạn, Aristote tin vào lý thuyết của Empedocles theo đó mọi vật đều được tạo bởi bốn yếu tố: đất, không khí, lửa, và nước. Lý thuyết đó khá đơn giản, nhưng lại không đưa ra những tiên đoán rõ ràng. Ngược lại, thuyết trọng lực của Newton dựa trên một mô hình càng giản dị hơn, theo đó <u>các thiên thể lôi cuốn nhau với một lực tỉ lệ thuận với một định lượng được gọi là trọng khối của chúng và tỉ lệ nghịch với bình phương của khoảng cách giữa chúng</u>. Tuy nhiên, thuyết nầy cũng tiên đoán được những di chuyển của mặt trời, mặt trăng, và các hành tinh với độ chính xác cao.

Bất cứ lý thuyết vật lý nào cũng chỉ có tính cách tạm thời, nghĩa là đó chỉ là một giả thuyết mà thôi: không ai chứng minh nó được. Không cần biết bao nhiêu lần những kết quả thí nghiệm phù hợp với một vài lý thuyết, không bao giờ chúng ta thể chắc chắn rằng lần tới kết quả sẽ không mâu thuẫn với lý thuyết đó. Mặc khác, chúng ta có thể dẹp bỏ một lý thuyết khi tìm thấy chỉ một quan sát mâu thuẫn với những tiên đoán của nó. Như triết gia khoa học Karl Popper nhấn mạnh, đặc điểm của một lý thuyết tốt là đưa ra một số những tiên đoán trên nguyên tắc có khả năng bị phi bác hay chứng minh là sai qua quan sát. Mỗi lần những thí nghiệm được quan sát là phù hợp với những tiên đoán, lý thuyết tồn tại, và niềm tin của chúng ta tăng lên; nhưng nếu có một quan sát mới nào được xem như mâu thuẫn thì chúng ta gạt bỏ hay thay đổi lý thuyết. Ít nhất đó là những gì giả định phải xảy ra, nhưng chúng ta luôn luôn có thể đặt câu hỏi liên quan đến kỹ năng của người đã thực hiện quan sát.

### Tổng thuyết tương đối

Thực tế, chúng ta thường thấy một lý thuyết mới đưa ra nhưng thực sự đó chỉ là một phần nối dài của lý thuyết đã có trước đó. Ví dụ, những quan sát rất chính xác của hành tinh Mercury cho thấy một khác biệt nhỏ về sự vận chuyển của nó và những tiên đoán trong thuyết trọng lực của Newton. Tổng thuyết tương đối của Einstein tiên đoán một vận chuyển hơi khác với lý thuyết Newton. Việc những tiên đoán của Einstein phù hợp với những điều quan sát trong khi những tiên đoán của Newton thì không chỉ là một trong những xác định then chốt của lý thuyết mới. Tuy nhiên, chúng ta vẫn xử dụng lý thuyết của Newton vào tất cả những mục đích thực tiễn vì sự khác biệt giữa những tiên đoán của thuyết nầy với những tiên đoán của tổng thuyết tương đối rất là nhỏ trong những trường hợp chúng ta thường gặp. (Thuyết Newton cũng có lợi điểm lớn nhờ nó giản dị hơn nhiều so với thuyết của Einstein!)

Mục tiêu tối hậu của khoa học là cung ứng một lý thuyết duy nhất nhằm mô tả toàn thể vũ trụ. Tuy nhiên, phương án mà hầu hết các khoa học gia thực sự theo đuổi là tách những vấn đề ra thành hai phần. Thứ nhất, có những định luật cho thấy vũ trụ thay đổi theo thời gian. (Nếu chúng ta biết vũ trụ như thế nào vào một thời điểm nào đó thì những định luật vật lý cho chúng ta biết vũ trụ sẽ ra sao trong thời điểm tiếp theo.) Thứ hai, có câu hỏi liên quan đến trạng thái ban đầu của vũ trụ. Một số người thấy rằng khoa học chỉ nên quan tâm đến phần thứ nhất mà thôi; họ xem câu hỏi liên quan đến trạng thái ban đầu của vũ trụ như là vấn đề của siêu hình học hay tôn giáo. Họ có thể nói rằng Thượng Đế, vì là toàn năng, có thể đã khởi tạo ra vũ trụ bằng bất kỳ cách nào Ngài muốn. Có thể là thế, nhưng trong trường hợp nầy, Thượng Đế có thể đã làm cho vũ trụ phát triển một cách hoàn toàn tùy tiện. Tuy nhiên, dường như Thượng Đế đã quyết định cho vũ trụ tiến hóa một cách bình thường theo những quy luật nào đó. Vì thế, hình như hữu lý khi cho rằng cũng có những quy luật chi phối trạng thái ban đầu.

Chung quy rất khó mà xây dựng một lý thuyết để mô tả vũ trụ dứt điểm một lần. Thay vì thế, chúng ta tách vấn đề ra thành nhiều phần và phát kiến một số lý thuyết phân bộ. Mỗi lý thuyết phân bộ nầy mô tả và tiên đoán một số giới hạn những quan sát, bỏ qua những ảnh hưởng của các định lượng khác, hay trình bày chúng bằng những tập hợp đơn giản của những con số. Có thể phương án nầy là hoàn toàn sai. Nếu mọi vật trong vũ trụ căn bản tùy thuộc vào mọi vật khác thì có lẽ không thể tiếp cận được một giải pháp toàn diện bằng cách truy cứu riêng rẽ những phân bộ của vấn đề. Tuy nhiên, đó chắc chắn là phương cách mà chúng ta đã tiến bộ trong quá khứ. Một lần nữa ví dụ cổ điển là thuyết trọng lực của Newton, theo đó trọng lực của hai thiên thể chỉ tùy thuộc vào một con số đi liền với mỗi thiên thể, tức trọng khối (mass), nhưng mặt khác lại độc lập với những gì chúng được cấu tạo ra. Như thế, người ta không cần phải có một lý thuyết về cấu trúc và sự hình thành của mặt trời và các hành tinh mới tính được quỹ đạo của chúng.

Ngày nay các khoa học gia mô tả vũ trụ dựa trên hai lý thuyết phân bộ cơ bản (basic partial theories) - tổng thuyết tương đối và cơ học lượng tử (general theory of relativity and *quantum* mechanics). Những thuyết nầy là những thành tựu trí tuệ lớn của tiền bán thế kỷ nầy. Tổng thuyết tương đối mô tả trọng lực và cấu trúc quảng đại của vũ trụ, nghĩa là cấu trúc trên những phạm vi từ chỉ vài dặm đến cả triệu triệu triệu triệu (1,000,000,000,000,000,000,000,000) dặm, tức kích thước của vũ trụ quan sát được. Mặt khác, cơ học lượng tử giải quyết những hiện tượng trên phạm vi cực nhỏ, như một phần triệu của một phần triệu *inch*. Tuy nhiên, điều bất hạnh là hai lý thuyết nầy được biết là không ăn khớp với nhau (inconsistent) – chúng không thể đúng cả hai. Một trong những cố gắng lớn của vật lý học ngày nay, và là chủ đề lớn của cuốn sách nầy, là tìm kiếm một lý thuyết mới có khả năng kết nạp cả hai thuyết trên - <u>một lý thuyết lượng tử về trọng lực</u> (*quantum* theory of gravity). Hiện chúng ta vẫn chưa có được một lý thuyết như vậy, và có thể chúng ta còn lâu lắm mới có được nó, nhưng chúng ta đã biết được những thuộc tính (properties) mà thuyết đó phải có. Và trong các phần sau chúng ta sẽ thấy rằng chúng ta đã có một số kiến thức tương đối liên quan đến những tiên đoán mà một thuyết lượng tử về trọng lực phải thực hiện.

Giờ đây, nếu tin rằng vũ trụ không tự do tùy tiện (arbitrary), nhưng bị chi phối bởi những định luật nhất định thì cuối cùng bạn phải kết hợp những lý thuyết phân bộ thành một lý thuyết thống nhất hoàn chỉnh có khả năng mô tả mọi vật trong vũ trụ. Nhưng có một nghịch lý (paradox) căn bản trong khi đi tìm một lý thuyết thống nhất hoàn chỉnh như thế. Những quan niệm về các lý thuyết khoa học sơ lược bên trên giả định chúng ta là những sinh vật có lý trí (rational beings) tự do quan sát vũ trụ theo ý muốn và tự do rút ra những diễn dịch luận lý từ những gì chúng ta thấy. Theo tư duy đó, quả hợp lý nếu giả định rằng chúng ta có thể tiến đến gần hơn những định luật chi phối vũ trụ. Tuy nhiên, nếu quả thực có một lý thuyết thống nhất hoàn chỉnh thì chính lý thuyết đó cũng giả định sẽ định đoạt hành động của chúng ta. Và như thế, chính lý thuyết sẽ định đoạt kết quả của việc chúng ta tìm kiếm nó vậy! Và làm sao nó có thể quyết định là chúng ta sẽ đi đến những kết luận đúng từ chứng cứ hiển nhiên? Biết đâu nó lại chẳng quyết định chúng ta đi đến những kết luận sai? Hay không đi đến kết luận nào cả?

Câu trả lời duy nhất mà Stephen Hawking có thể đưa ra cho vấn đề nầy là dựa theo <u>nguyên tắc đào thải thiên nhiên</u> (natural selection) của Darwin. Nguyên tắc nầy là, <u>trong bất</u>

kỳ một dân số sinh vật tự sinh sản nào (population of self-reproducing organisms), cũng sẽ có những biến thể (variations) trong chất di truyền và dinh dưỡng (genetic material and upbringing) hiện hữu nơi những cá nhân khác nhau. Những khác biệt nầy có nghĩa là một số cá nhân có khả năng hơn những cá nhân khác trong việc rút ra những kết luận đúng về thế giới chung quanh và hành động phù hợp. Những cá nhân nầy dễ tồn tại và sinh sản hơn, do đó biểu mẫu hành xử và tư duy của họ sẽ chiếm ưu thế. Trong quá khứ, sự thực cho thấy điều mà chúng ta gọi là thông minh và phát minh khoa học đã truyền tải một ưu thế sinh tồn. Không ai rõ lắm là điều nầy còn đúng không: những phát minh khoa học của chúng ta rất có thể hủy diệt tất cả chúng ta, và ngay cả nếu chúng không hủy diệt thì một lý thuyết thống nhất hoàn chỉnh cũng có thể không thay đổi gì nhiều những cơ may tồn tại của chúng ta. Tuy nhiên, với điều kiện là vũ trụ tiến hóa một cách bình thường, chúng ta có thể mong đợi rằng những khả năng suy luận của chúng ta được đào thải thiên nhiên ban cho cũng sẽ có giá trị giúp chúng ta tìm kiếm một lý thuyết thống nhất hoàn chỉnh, và từ đó sẽ không đưa chúng ta đến những kết luận sai.

## Lý thuyết tối hậu

Vì những lý thuyết phân bộ mà chúng ta đã có đủ để thực hiện những tiên đoán chính xác trong những trường hợp thông thường, việc tìm kiếm một lý thuyết tối hậu cho vũ trụ dường như khó mà biện minh được trên cơ sở thực tế. (Dù sao, cần ghi nhận rằng những luận điểm tương tự có thể đã được xử dụng để chống lại cả thuyết tương đối và cơ học lượng tử, và những thuyết nầy đã mang đến cho chúng ta cuộc cách mạng năng lượng hạch tâm và vi điện tử!) Do đó, việc phát minh một lý thuyết thống nhất hoàn chỉnh có thể không giúp nhân loại tồn tại. Thậm chí chúng có thể không ảnh hưởng lối sống của chúng ta. Nhưng từ thời bình minh của văn minh, con người đã không bằng lòng nhìn sự vật như những biến cố rời rạc và không thể giải thích được. Con người đã khao khát một hiểu biết về cái trật tự bên dưới của thế giới. Ngày nay chúng ta vẫn còn ước ao muốn biết tại sao chúng ta lại ở đây và chúng ta từ đâu đến. Mong muốn sâu xa nhất của nhân loại về hiểu biết là biện minh khả túc cho nỗ lực tìm kiếm liên tục của chúng ta. Và mục tiêu của chúng ta không gì kém hơn là mô tả hoàn chỉnh vũ trụ mà chúng ta đang sống.

# Chương II
# Không Gian & Thời Gian

(Space & Time)

## Tổng Quát

Những khái niệm mà chúng ta có ngày nay về sự di chuyển của các vật thể bắt nguồn từ Galileo và Newton. Trước đó người ta tin vào Aristote, theo đó trạng thái tự nhiên của một vật thể là đứng yên và nó chỉ di chuyển khi bị kéo đi bởi một lực. Do đó, một vật nặng sẽ rơi nhanh hơn một vật nhẹ, vì có sức rơi xuống đất lớn hơn. Truyền thống Aristote cũng cho rằng chỉ bằng tư duy thuần túy (pure thought) con người có thể thiết lập những định luật chi phối vũ trụ: không cần thiết phải dùng quan sát (observation). Vì thế, cho đến thời kỳ Galileo, chẳng ai thắc mắc liệu những vật có trọng lượng khác nhau có thực sự rơi theo những vận tốc khác nhau hay không. Có người nói rằng Galileo đã chứng minh những tin tưởng của Aristote là sai bằng cách cho rơi những quả cân khác nhau từ trên tháp nghiêng Pisa. Câu chuyện trên gần như chắc chắn là không có thực, nhưng Galileo đã làm một việc tương đương: ông cho lăn những quả cầu có trọng lượng khác nhau trên một dốc phẳng. Hoàn cảnh tương tự như những vật nặng rơi thẳng đứng, nhưng dễ quan sát hơn vì vận tốc chậm hơn. Những đo lường của Galileo cho thấy rằng mọi vật thể tăng tốc độ của mình theo cùng một nhịp độ (same rate), không phân biệt trọng lượng. Ví dụ, nếu ta cho lăn một quả cầu trên một đường dốc. Đường dốc được xem như cạnh huyền của tam giác, trong đó đường cao sẽ là trị số rơi của quả cầu, và đường đáy là khoảng cách trên mặt đất. Nếu trong khoảng cách 10 mét đầu trên mặt đất, trị số rơi của quả cầu là 1 mét, và vận tốc sơ khởi là 1 mét/giây sau giây đầu tiên, thì vận tốc sau giây thứ hai là 2 mét/giây, 3 mét/giây sau giây thứ ba và cứ thế tiếp tục, không cần biết quả cầu nặng bao nhiêu. Dĩ nhiên một quả chì sẽ rơi nhanh hơn một lông chim, nhưng đó chỉ vì cái lông chim bị không khí làm chậm lại. Nếu chúng ta thả hai vật thể không có nhiều sức cản của không khí như hai quả chì khác nhau thì chúng sẽ rơi theo cùng nhịp độ. Trên mặt trăng, nơi không có không khí để cản trở sự rơi, phi hành gia David R. Scott đã dùng một lông chim và một quả chì để thí nghiệm và thấy rằng quả nhiên chúng chạm đất cùng một lúc.

Newton xử dụng những đo lường của Galileo như căn bản cho các định luật chuyển động của ông (laws of motion). Trong các thí nghiệm của Galileo, khi một vật lăn xuống dốc, nó được tác động bởi cùng một lực (trọng lượng của nó), và kết quả là làm cho nó tăng tốc đều (constantly speed up). Điều nầy cho thấy rằng <u>hậu quả thực sự của một lực là nó luôn luôn thay đổi vận tốc của một vật, chứ không phải chỉ đơn thuần khiến nó chuyển động như đã nghĩ trước đó</u>. Điều đó cũng có nghĩa là <u>khi nào không có một lực nào tác động, một vật thể sẽ tiếp tục đi theo một đường thẳng với cùng một vận tốc</u>. Quan niệm nầy lần đầu tiên được công khai nêu ra trong cuốn "*Principia Mathematica*" của Newton, xuất bản năm 1687, và được biết như là <u>Định Luật Newton Thứ Nhất</u>. Định Luật Thứ Nhì liên quan đến những gì sẽ xảy ra khi có một lực tác động. Định luật nầy nói rằng <u>vật thể sẽ tăng tốc (accelerate), hay thay đổi vận tốc, theo một tỉ số tỉ lệ thuận với lực tác động</u>. (Chẳng hạn, tăng tốc sẽ hai lần lớn hơn nếu lực tác động hai lần lớn hơn.) Hơn nữa, <u>tăng tốc càng nhỏ khi trọng khối (mass – or quantity of matter) của vật thể càng lớn</u>. (Cùng một lực nhưng tác động trên một trọng khối hai lần lớn hơn sẽ tạo ra một tăng tốc hai lần nhỏ hơn.) Chiếc xe là một ví dụ quen thuộc: máy càng mạnh thì tăng tốc càng lớn, nhưng xe càng nặng thì tăng tốc càng yếu với cùng một máy. Ngoài những định luật về chuyển động, Newton đã khám phá ra một định luật nhằm mô tả trọng lực (force of gravity), theo đó mọi vật thể đều lôi cuốn mọi vật thể khác theo một lực tỉ lệ với trọng khối của mỗi vật. Vì vậy, lực giữa hai vật thể sẽ hai lần lớn hơn nếu trọng khối của một trong hai vật (vật $A$ chẳng hạn) tăng gấp đôi. Điều này cũng dễ hiểu khi ta nghĩ rằng vật thể $A$ bây giờ cấu tạo bởi hai vật thể có trọng khối ban đầu. Mỗi vật sẽ lôi cuốn vật $B$ với lực ban đầu. Và nếu giả sử trọng khối của một trong hai vật thể tăng gấp đôi và trọng khối vật thể kia tăng gấp ba thì lực sẽ tăng gấp sáu. Bây giờ chúng ta có thể thấy tại sao tất cả mọi vật thể rơi cùng một nhịp độ: một vật thể hai lần nặng hơn sẽ có một trọng lực hai lần lớn hơn, nhưng nó cũng có trọng khối hai lần lớn hơn. Theo định luật Newton Thứ nhì, hai kết quả nầy triệt tiêu lẫn nhau, do đó tăng tốc sẽ như nhau trong hai trường hợp.

Định luật trọng lực của Newton khẳng định rằng vật thể càng cách xa nhau thì lực càng nhỏ. Định luật nầy cho thấy rằng trọng lực của một tinh tú chỉ bằng đúng một phần tư so với một tinh tú tương tự nhưng ở vào một khoảng cách gần hơn phân nửa. Định luật nầy tiên đoán những quỹ đạo của trái đất, mặt trăng, và các hành tinh một cách rất chính xác. Định luật nầy không nói trọng lực tăng nhanh hơn hay giảm xuống nhanh hơn theo khoảng cách. Nếu định luật cho rằng trọng lực của một tinh tú giảm nhanh hơn hay tăng nhanh hơn theo khoảng cách thì những quỹ đạo của các hành tinh sẽ không có hình bầu dục; ngược lại, hoặc chúng sẽ xoắn vào mặt trời hoặc đẩy xa khỏi mặt trời.

Sự khác biệt lớn giữa quan điểm của Aristote và quan điểm của Galileo và Newton là Aristote tin vào một trạng thái tĩnh mà bất kỳ vật thể nào cũng sẽ có nếu không chịu một lực tác động. Cụ thể hơn, ông nghĩ rằng trái đất đứng yên (at rest). Nhưng theo định luật của Newton thì không có một tiêu chuẩn đồng nhất (unique standard) về tịnh thế (rest). Người ta cũng có thể nói rằng vật thể *A* đứng yên và vật thể *B* di chuyển theo một vận tốc đều, tham chiếu theo *A*, hay vật thể *B* đứng yên và vật thể *A* di chuyển. Ví dụ, nếu tạm gác qua việc trái đất xoay tròn quanh trục (rotation) và quanh mặt trời, người ta có thể nói rằng trái đất đứng yên và chiếc tàu lửa chạy về phía Bắc với vận tốc 90 *miles*/giờ hay con tàu đứng yên và trái đất di chuyển về phía Nam với vận tốc 90 *miles*/giờ. Nếu ta dùng những vật thể di động trên tàu để thí nghiệm thì những định luật của Newton vẫn đứng vững. Chẳng hạn, chơi bóng bàn trên tàu. Chúng ta sẽ thấy rằng quả bóng tuân theo các định luật Newton như một quả bóng trên bàn banh đặt cạnh đường tàu. Do đó, không có cách gì nói được là chính con tàu di chuyển - trường hợp trái đất cũng vậy.

Thiếu một tiêu chuẩn tuyệt đối về tịnh thế (lack of an absolute standard of rest) có nghĩa là, khi có hai biến cố xảy ra tại hai thời điểm khác nhau, chúng ta không thể xác định có phải chúng xảy ra tại cùng một vị trí trong không gian hay không. Ví dụ, giả sử quả bóng trên tàu nẩy lên và rơi xuống, chạm mặt bàn hai lần trên cùng một chỗ, cách nhau một giây. Với một người đứng ngoài con tàu, hai lần rơi hình như xảy ra cách xa nhau khoảng 40 mét, vì con tàu có lẽ đã đi qua khoảng cách chừng đó giữa hai lần rơi. Vì vậy, thiếu tiêu chuẩn tuyệt đối về tịnh thế có nghĩa là chúng ta không thể xác định vị trí không gian tuyệt đối của một biến cố như Aristote từng tin tưởng. Vị trí của các biến cố và khoảng cách giữa chúng sẽ khác nhau đối với một người trên tàu và một người bên ngoài, và không có lý do thích chọn vị trí nầy hay vị trí kia.

Newton rất ưu tư về sự thiếu vị trí tuyệt đối hay không gian tuyệt đối như thường nói, vì điều nầy không phù hợp với quan niệm của ông về một Thượng Đế tuyệt đối (absolute God). Thực tế, ông không chấp nhận sự thiếu không gian tuyệt đối, mặc dù điều nầy được hàm ngụ trong các định luật của ông. Ông ta đã bị nhiều người phê bình nghiêm khắc vì niềm tin phi lý nầy (irrational belief), đáng kể nhất là Giám mục Berkeley, một triết gia tin rằng <u>tất cả mọi vật thể, không gian và thời gian chỉ là một ảo tưởng</u>.

Cả Aristote và Newton đều tin vào thời gian tuyệt đối, nghĩa là họ tin rằng chúng ta có thể đo lường minh bạch khoảng cách thời gian giữa hai biến cố, và thời gian nầy sẽ như nhau, bất luận ai đo, miễn là họ phải dùng một đồng hồ tốt. Thời gian hoàn toàn tách rời và độc lập với không gian. Đây là điều mà hầu hết mọi người cho là quan điểm phổ thông (common sense view). Tuy nhiên, chúng ta đã phải thay đổi quan niệm của chúng ta về không gian và thời gian. Mặc dù những khái niệm theo cảm quan chung rất đúng đối với những vật thể như các quả táo hay các hành tinh di chuyển tương đối chậm, <u>những khái niệm đó hoàn toàn không đúng đối với những vật thể di chuyển nhanh bằng hay gần bằng vận tốc ánh sáng</u>.

## Ole Christensen Rœmer

Sự kiện ánh sáng đi theo một vận tốc hữu hạn, nhưng rất cao, đầu tiên được khám phá bởi nhà thiên văn học Đan Mạch Ole Christensen Rœmer. Ông quan sát thấy rằng những lần các mặt trăng của Jupiter giống như đi qua phía sau Jupiter không cách khoảng bằng nhau. Nếu các mặt trăng quay chung quanh Jupiter theo một tốc độ cố định thì những khoảng cách đó phải bằng nhau như người ta mong đợi. Khi trái đất và Jupiter quay chung quanh mặt trời, khoảng cách giữa chúng thay đổi. Rœmer thấy rằng nguyệt thực của các mặt của Jupiter xuất hiện càng trễ khi chúng ta càng cách xa Jupiter. Ông lý luận rằng đó là vì ánh sáng từ các mặt trăng đi đến chúng ta chậm hơn khi chúng ta ở xa hơn. Tuy nhiên, những đo lường của ông về các thay đổi khoảng cách giữa trái đất và Jupiter không được chính xác lắm, và do đó trị số vận tốc ánh sáng là 140,000 *miles*/giây, thay vì 186,000 *miles*/giây theo trị số hiện đại. Tuy nhiên, thành tựu của Rœmer rất đáng kể, không những chỉ chứng minh rằng ánh sáng đi theo một vận tốc nhất định mà còn đo được vận tốc đó – một thành tựu đạt được 11 năm trước khi Newton xuất bản cuốn *Principia Mathematica*.

Mãi đến năm 1865 mới có một lý thuyết hệ thống về truyền tải ánh sáng khi vật lý gia người Anh James Clerk Maxwell thành công thống nhất những lý thuyết phân bộ từng được dùng trước đó để mô tả những lực của điện và từ (magnetism). Những phương trình của Maxwell tiên đoán có thể có những dao động hình sóng trong điện từ trường phối hợp (combined electromagnetic field), và những dao động nầy đi theo một vận tốc cố định, giống như sóng trên mặt ao. Nếu độ dài của những sóng nầy (khoảng cách giữa hai đỉnh) là một mét hay lớn hơn thì đó là sóng vô tuyến (radio waves) như chúng ta gọi ngày nay. Độ dài sóng ngắn hơn là sóng vi ba (microwaves) – vài centimét - hay hồng ngoại (infrared) – hơn mười phần ngàn centimét. Ánh sáng nhìn thấy được chỉ có độ dài sóng giữa 40 đến 80 phần triệu centimét (between 40 and 80 millionths of a centimeter). Những độ dài sóng ngắn hơn thế nữa là tia cực tím (ultraviolet), tia X (X rays), và tia *gamma*.

Thuyết Maxwell tiên liệu rằng sóng vô tuyến hay quang ba (radio or light waves) đi theo một vận tốc cố định. Nhưng thuyết Newton đã gạt bỏ ý tưởng tịnh thế tuyệt đối (absolute rest), do đó nếu ánh sáng được giả định đi theo một vận tốc cố định thì người ta sẽ hỏi căn cứ vào cái gì để đo vận tốc cố định đó. Vì vậy mới giả định là có một chất gọi là "*ether*" hiện diện khắp nơi, ngay cả trong không gian trống (empty space). Sóng ánh sáng sẽ đi xuyên qua *ether* như âm thanh đi qua không khí, và do đó <u>vận tốc của ánh sáng được quy chiếu theo *ether*</u>. Những người quan sát khác nhau, di chuyển quy chiếu theo *ether*, sẽ thấy ánh sáng đi đến họ theo vận tốc khác nhau, nhưng vận tốc ánh sáng quy chiếu theo *ether* thì vẫn cố định. Nói một cách cụ thể, khi trái đất di chuyển qua *ether* theo quỹ đạo quanh mặt trời, vận tốc ánh sáng đo theo phương hướng trực diện (tiến về hướng ánh sáng) lý ra phải cao hơn vận tốc theo phương góc vuông. Vào năm 1887, Albert Michelson (sau nầy trở thành người Mỹ đầu tiên nhận giải Nobel về vật lý) và Edward Morley thực hiện một cuộc thí nghiệm chu đáo tại Trung tâm khoa học ứng dụng ở Cleveland. Họ đã so sánh vận tốc ánh sáng theo hướng đi trực diện của trái đất với vận tốc theo hướng vuông góc. Họ rất đỗi ngạc nhiên khi thấy rằng vận tốc trong hai trường hợp hoàn toàn bằng nhau!

Giữa năm 1887 và 1905, có một số cố gắng, nhất là do vật lý gia người Hòa lan Hendrid Lorentz, nhằm giải thích kết quả thí nghiệm của Michelson-Morley bằng sự co rút của vật thể và sự chậm lại của đồng hồ khi di chuyển qua *ether*. Tuy nhiên, trong một tài liệu nổi tiếng năm 1905, Albert Einstein, một thư ký vô danh tiểu tốt thời đó trong văn phòng cấp bằng sáng chế Thụy Sỹ, cho thấy rằng quan niệm về *ether* là không cần thiết, miễn sao người ta phải vứt bỏ ý nghĩ về thời gian tuyệt đối (absolute time). Vài tuần lễ sau, Henry Poincaré, một nhà toán học hàng đầu người Pháp, đưa ra một quan điểm tương tự, nhìn vấn đề theo quan điểm toán học. Einstein thường được nhắc đến nhờ lý thuyết mới, nhưng Poincaré được ghi nhớ vì tên tuổi ông gắn liền với một phần quan trọng của lý thuyết đó.

Tiền đề căn bản của thuyết tương đối cho rằng những định luật khoa học phải đồng nhất đối với tất cả những quan sát viên di chuyển tự do (freely moving observers), không cần biết vận tốc của họ nhanh chậm ra sao. Điều nầy đúng với những định luật chuyển động của Newton, nhưng bấy giờ quan niệm đó được nới rộng để bao gồm lý thuyết Maxwell và vận tốc ánh sáng: tất cả quan sát viên sẽ đo vận tốc ánh sáng như nhau, bất luận họ đi nhanh bao nhiêu. Ý tưởng đơn thuần nầy có một vài hệ quả đáng lưu ý. Có lẽ hệ quả được biết đến nhiều nhất là (1) sự <u>tương đương giữa trọng khối và năng lượng</u> (equivalence of mass and energy), được tóm lược trong phương trình nổi tiếng của Einstein

$$E = mc^2$$

(**E**: năng lượng – Energy; **m**: trọng khối – mass; **c**: vận tốc ánh sáng) và (2) là định luật cho rằng <u>không vật thể nào đi nhanh hơn ánh sáng</u>. Vì sự tương đương của trọng khối và năng lượng nên năng lượng mà một vật thể có được nhờ chuyển động sẽ cộng vào trọng khối của nó. Nói cách khác, <u>năng lượng đó sẽ làm cho vật thể khó gia tăng vận tốc hơn</u>. Hệ quả nầy chỉ thực sự ý nghĩa đối với những vật thể di chuyển gần tốc độ ánh sáng. Ví dụ, lúc còn ở 10% vận tốc ánh sáng, trọng khối của vật thể chỉ có 0.5% cao hơn trọng khối bình thường, trong khi đạt đến 90% vận tốc ánh sáng, trọng khối đó lớn hơn hai lần trọng khối bình thường. Khi một vật thể tiến gần đến vận tốc ánh sáng, trọng khối của nó gia tăng nhanh hơn, do đó tiếp nhận năng lượng mỗi lúc một nhiều hơn để gia tăng vận tốc đó nhanh hơn nữa. Thực tế vật thể không bao giờ có thể đạt đến vận tốc ánh sáng, vì như thế trọng khối của nó sẽ trở thành vô hạn, và vì sự tương đương của năng lượng và trọng khối, nó sẽ cần một năng lượng vô hạn để đạt vận tốc đó. Vì vậy, vận tốc của mọi vật thể bình thường luôn luôn bị luật tương đối khống chế thấp hơn vận tốc ánh sáng. Chỉ có ánh sáng, hay những sóng nào khác không có trọng khối nội tại, mới có thể đi theo vận tốc ánh sáng.

Một hệ quả cũng đáng lưu ý của luật tương đối là cách thức luật nầy đã cách mạng hóa tư tưởng của chúng ta về không gian và thời gian. Theo thuyết của Newton, nếu một tia sáng được gởi đi từ nơi nầy đến nơi khác, những người quan sát khác nhau sẽ đồng ý với nhau về thời gian tia sáng đã đi (vì thời gian là tuyệt đối), nhưng họ sẽ không luôn luôn đồng ý với nhau về khoảng cách tia sáng đã đi (vì không gian không tuyệt đối). Vì vậy vận tốc ánh sáng chỉ là khoảng cách chia cho thời gian, những người quan sát khác nhau sẽ đo được những vận tốc ánh sáng khác nhau. Ngược lại theo thuyết tương đối, tất cả mọi quan sát viên phải đồng ý với nhau về vận tốc ánh sáng. Tuy nhiên họ vẫn không đồng ý với nhau về khoảng cách ánh sáng đã đi, do đó họ phải tranh cãi với nhau về thời gian ánh sáng đi.

(Thời gian là khoảng cách ánh sáng đi - điều mà các quan sát viên không đồng ý với nhau – chia cho vận tốc ánh sáng.) Nói cách khác, thuyết tương đối chấm dứt ý tưởng về thời gian tuyệt đối! Hình như mỗi quan sát viên phải có đo lường thời gian riêng cho mình, theo ghi nhận của một đồng hồ mang theo; hình như những đồng hồ giống nhau nhưng được mang theo bởi những quan sát viên khác nhau sẽ không nhất thiết cho kết quả giống nhau.

## Sóng vô tuyến

Mỗi quan sát viên có thể dùng *radar* để cho biết nơi chốn và thời gian xảy ra biến cố bằng cách gởi đi một tia sáng, tín hiệu hay sóng vô tuyến. Một phần tín hiệu được phản xạ lại biến cố, và quan sát viên ghi thời gian khi nhận phản xạ. Thời gian của biến cố bấy giờ được gọi là bán thời gian nằm giữa lúc tín hiệu gởi đi và lúc tín hiệu nhận được: khoảng cách của biến cố là nửa của tổng thời gian du hành nhân cho vận tốc ánh sáng. (Theo nghĩa nầy, biến cố là cái gì xảy ra tại một điểm trong không gian, vào một điểm cụ thể trong thời gian.) Ý tưởng nầy được minh họa trong hình bên dưới, được xem như biểu đồ của không gian-thời-gian. Theo phương thức nầy, với cùng một biến cố, các quan sát viên di chuyển trong một tương quan nào đó sẽ báo thời gian và vị trí khác nhau. Không có chuyện đo lường của người nầy đúng hơn đo lường của người kia, nhưng tất cả đo lường liên hệ với nhau.

Bất kỳ quan sát viên nào cũng có thể tính ra được chính xác thời gian và vị trí mà người khác ấn định cho biến cố, với điều kiện biết được phương tốc liên quan của người đó. Ngày nay chúng ta chỉ dùng phương pháp nầy thôi cũng đủ đo lường chính xác những khoảng cách, vì chúng ta có thể đo thời gian chính xác hơn chiều dài. Thực vậy, *mét* (meter) được định nghĩa là khoảng cách ánh sáng đi trong 0.00000003335640952 giây, đo theo một đồng hồ vi ba (cesium clock). (Lý do chọn con số đặc biệt nầy là vì nó tương ứng với định nghĩa lịch sử của *mét* - dựa theo hai vạch trên một thanh bạch kim đặc biệt giữ tại Paris.)

Tương tự, chúng ta có thể dùng một đơn vị mới tiện lợi hơn về chiều dài gọi là giây-ánh-sáng (light-second). Đơn vị nầy đơn thuần được định nghĩa như là khoảng cách mà ánh sáng đi trong một giây. Theo thuyết tương đối, chúng ta xác định khoảng cách bằng thời gian và vận tốc ánh sáng, do đó mọi quan sát viên sẽ tự nhiên đo ánh sáng để có được một vận tốc như nhau (theo định nghĩa, đó là

1 mét/0.00000003335640952 giây).

Không cần dùng yếu tố *ether* vì khó biết có hiện thực hay không, theo kết quả thí nghiệm của Michelson-Morley. Tuy nhiên, thuyết tương đối buộc chúng ta phải thay đổi triệt để quan niệm của chúng ta về không gian và thời gian. Chúng ta phải chấp nhận rằng thời gian không hoàn toàn tách rời và độc lập với không gian, nhưng được kết hợp với nó để tạo ra một thực thể gọi là không-thời-gian (space- time).

Theo kinh nghiệm thông thường thì người ta có thể mô tả vị trí một điểm trong không gian bằng ba con số, hay tọa độ (coordinates). Ví dụ, có thể nói rằng một điểm trong phòng cách tường nầy 7 *feet*, cách tường kia 3 *feet*, và cách sàn nhà 5 *feet*. Hay người ta có thể xác định một điểm tại một vĩ tuyến, kinh tuyến hay một độ cao cách mặt biển. Người ta tự do xử dụng bất kỳ ba tọa độ nào thích hợp, mặc dù chúng chỉ có một số hạn chế những trị số hợp lý. Người ta không thể xác định vị trí mặt trăng bằng số *miles* về hướng Bắc hay hướng Tây của Piccadilly Circus hay số *feet* cách mặt biển. Thay vì thế, người ta có thể mô tả nó bằng khoảng cách với mặt trời, khoảng cách từ mặt phẳng của các quỹ đạo các hành tinh, và góc độ giữa đường thẳng nối mặt trăng với mặt trời và đường thẳng nối mặt trời với một vì sao kế cận như Alpha Centauri.

Ngay cả những tọa độ nầy cũng không ích lợi gì khi dùng mô tả vị trí của mặt trời trong Dải Ngân Hà hay vị trí Dải Ngân Hà trong quần thể những thiên hà vũ trụ. Thực tế, người ta mô tả toàn thể vũ trụ bằng những quần thể chồng chéo lên nhau (overlapping patches). Trong mỗi quần thể, người ta có thể xử dụng một tập hợp khác nhau những tọa độ để xác định vị trí một điểm.

Một biến cố là cái gì xảy ra tại một điểm nào đó trong không gian và vào một thời điểm nào đó. Do đó ta có thể xác định nó bằng 4 con số hay tọa độ. Ở điểm nầy cũng vậy, sự lựa chọn tọa độ là tùy tiện; ta có thể xử dụng bất cứ 3 tọa độ không gian nào rõ rệt và bất cứ đơn vị thời gian nào. Theo luật tương đối, thực sự không có phân biệt giữa tọa độ không gian và tọa độ thời gian, cũng giống như không có khác biệt thực sự giữa bất kỳ hai tọa độ không gian nào. Ta có thể chọn một tập hợp tọa độ mới trong đó tọa độ thứ nhất là tổng hợp của tọa độ thứ nhất và thứ hai có trước kia. Ví dụ, thay vì đo vị trí một điểm trên trái đất bằng số *miles* về hướng Bắc và số *miles* về hướng Tây của Piccadilly, chùng ta có thể xử dụng số *miles* về hướng Đông-Bắc của Piccadilly, và số *miles* về hướng Tây-Bắc của Piccadilly. Tương tự, theo luật tương đối, chúng ta có thể xử dụng một tọa độ thời gian mới gồm thời gian cũ (bằng giây) cộng với khoảng cách (bằng giây-ánh sáng) về hướng Bắc của Piccadilly.

**Không-thời-gian**

Thường tốt nhất nên nghĩ về 4 tọa độ của một biến cố giống như xác định vị trí của nó trong một không gian 4 chiều (four-dimensional space) gọi là không-thời-gian. Không thể tưởng tượng một không gian 4 chiều. Tuy nhiên, mọi việc sẽ dễ dàng hơn nếu vẽ ra những đồ thị (diagrams) của những không gian hai chiều, như mặt trái đất. (Mặt đất là hai chiều vì vị trí của một điểm có thể xác định bằng hai tọa độ, kinh tuyến và vĩ tuyến.)

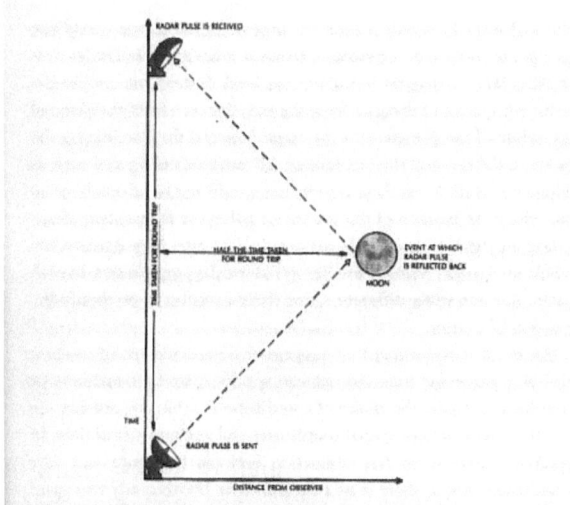

FIGURE 2.1 Time is measured vertically, and the distance from the observer is measured horizontally. The observer's path through space and time is shown as the vertical line on the left. The paths of light rays to and from the event are the diagonal lines.

Thời gian đo trên trục tung, và khoảng cách quan sát đo theo trục hoành. Lộ trình của quan sát viên trong không gian và thời gian được biểu diễn bằng đường thẳng bên trái.
Đường ánh sáng đi và về từ biến cố được biểu diễn bằng những đường chéo.

Đồ thị bên trên biểu diễn trị số thay đổi của thời gian bằng tung độ và một trong những chiều không gian bằng hoành độ. Hai chiều không gian khác không được xét đến hay đôi khi một trong hai chiều nầy được diễn tả bằng viễn tượng (perspective). Những đồ thị nầy được gọi là đồ thị không-thời-gian, giống như hình 2.1.

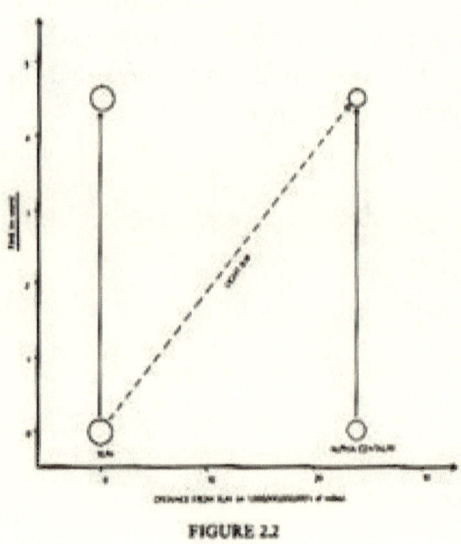

FIGURE 2.2

Trong hình 2.2 bên trên, thời gian tính bằng năm được đo từ dưới lên (trục tung) và khoảng cách dọc theo đường thẳng từ mặt trời đến Alpha Centauri được đo bằng *miles* theo trục hoành. Đường di động (paths) của mặt trời và Alpha Centauri trong không-thời-gian được biểu diễn bằng những đường dọc. Một tia sáng từ mặt trời đi theo đường chéo, và mất 4 năm để đi từ mặt trời đến Alpha Centauri.

Như chúng ta đã thấy, những phương trình của Maxwell tiên đoán rằng tốc độ ánh sáng không thay đổi bất luận tốc độ nguồn sáng là bao nhiêu, và điều nầy đã được xác nhận qua các đo lường chính xác. Sự kiện đó cho thấy rằng, nếu một đốm sáng được phát ra vào một thời điểm nào đó tại một điểm nào đó trong không gian thì theo thời gian đốm sáng sẽ trải rộng ra như một quả cầu ánh sáng (sphere of light) có kích thước và vị trí độc lập với vận tốc của nguồn sáng. Sau một phần triệu giây đốm sáng sẽ trải rộng để tạo thành một quả cầu có bán kính 300 mét; sau hai phần triệu giây, bán kính sẽ là 600 mét; và cứ thế tiếp tục. Đó chẳng khác nào những làn sóng trải ra trên mặt hồ khi ta ném

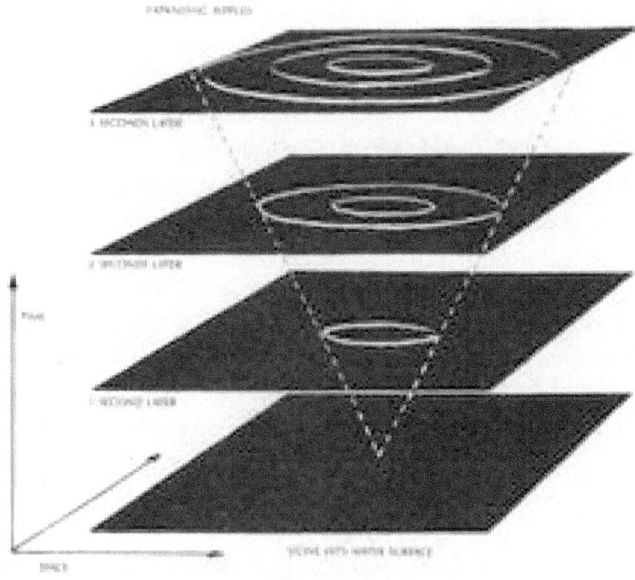

FIGURE 2.3

xuống một hòn đá. Những làn sóng lan rộng ra thành những vòng tròn mỗi lúc một lớn hơn theo thời gian. Nếu chồng lên những hình chụp nối tiếp của những sóng đó thì vòng tròn trải rộng của những sóng sẽ tạo thành một hình nón mà đỉnh chính là vị trí và thời gian hòn đá được ném xuống hồ.

Tương tự, ánh sáng trải rộng ra từ một biến cố tạo thành một hình nón (3 chiều) trong không-thời-gian (4 chiều). Hình nón nầy được gọi là hình nón ánh sáng tương lai của biến cố. Theo phương pháp trên, chúng ta có thể tạo một hình nón khác, gọi là hình nón ánh sáng quá khứ, tượng trưng cho tập hợp của những biến cố nhờ đó một đốm sáng có thể đến được biến cố (hình 2.4).

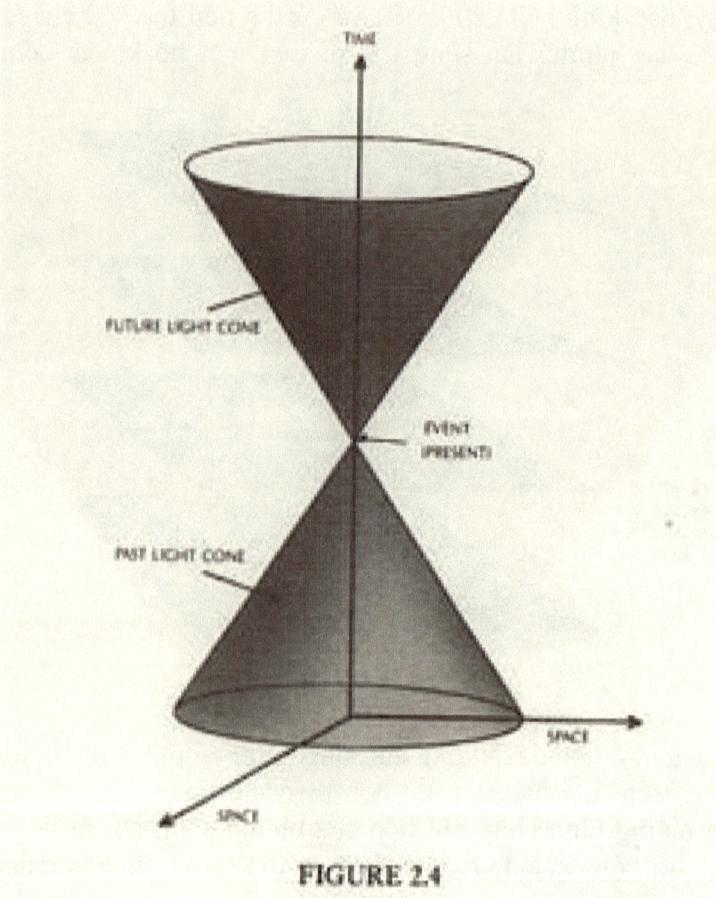

**FIGURE 2.4**

Cho một biến cố P, ta có thể chia những biến cố khác trong vũ trụ ra thành ba lớp (classes). Những biến cố nào mà một đơn tử hay sóng di chuyển với vận tốc bằng hay chậm hơn vận tốc ánh sáng có thể đi đến được từ biến cố P được xem là nằm trong tương lai của P. Chúng sẽ nằm trên hay bên trong quả cầu ánh sáng phát ra từ biến cố P. Như thế chúng sẽ nằm trên hay bên trong hình nón ánh sáng tương lai của P trong đồ thị không-thời-gian. Chỉ những biến cố trong tương lai của P mới có thể bị ảnh hưởng bởi những gì xảy ra tại P vì không có gì đi nhanh hơn ánh sáng.

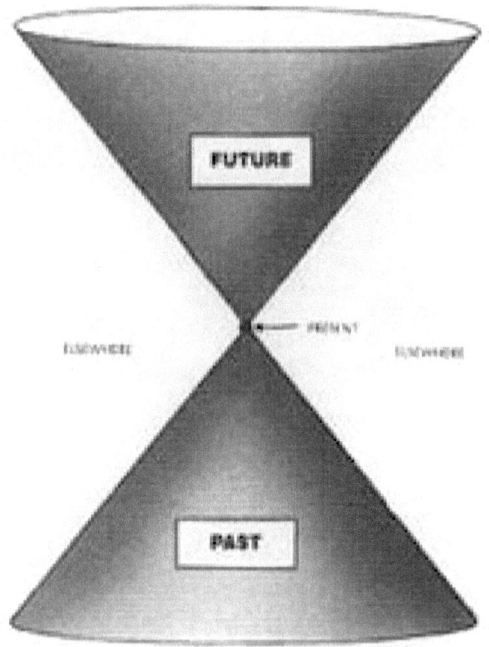

**FIGURE 2.5**

## Thiên hà xa xăm

Những gì xảy ra tại những biến cố đó không ảnh hưởng và cũng không bị ảnh hưởng bởi những gì xảy ra tại P. Ví dụ, nếu mặt trời ngưng sáng ngay vào thời điểm đó thì nó không ảnh hưởng sự vật trên trái đất trong hiện tại vì những sự vật đó nằm ngoài biến cố khi mặt trời ngưng sáng.

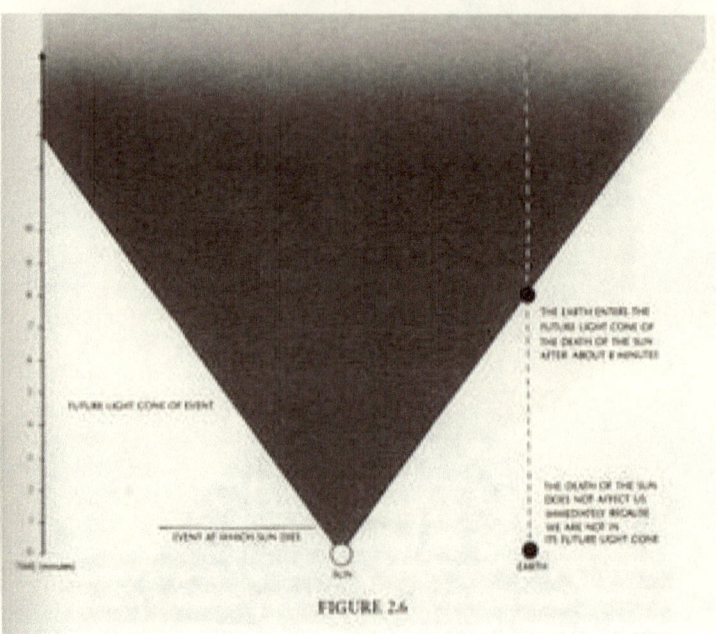

FIGURE 2.6

Chúng ta không biết gì về biến cố đó cho đến 8 phút sau, tức khoảng thời gian ánh sáng cần có để đi đến chúng ta từ mặt trời. Chỉ khi đó những biến cố trên trái đất mới nằm trong hình nón ánh sáng tương lai của biến cố lúc mặt trời tắt. Tương tự, chúng ta không biết những gì xảy ra trong những nơi xa xôi hơn trong vũ trụ lúc đó: ánh sáng mà chúng ta hiện thấy từ những thiên hà xa xăm thực ra đã rời những thiên hà đó hàng triệu năm về trước, và đối với thiên thể xa xăm nhất mà chúng ta đã nhìn thấy được, ánh sáng đã khởi đi khoảng 8 tỉ năm trước đây. Như thế, khi nhìn vào vũ trụ, những gì chúng ta hiện thấy chỉ là vũ trụ của quá khứ.

Nếu tạm gác qua ảnh hưởng của trọng lực, như Einstein và Poincaré đã làm năm 1905, thì chúng ta có cái gọi là đặc thuyết tương đối (special theory of relativity). Với mọi biến cố trong không-thời-gian, chúng ta có thể cấu trúc một hình nón ánh sáng (tập hợp của tất cả những lộ trình khả thể của ánh sáng trong không-thời-gian xuất phát từ biến cố đó), và, bởi vì vận tốc ánh sáng giống nhau tại mỗi biến cố và trong mọi phương hướng, tất cả những hình nón ánh sáng sẽ giống nhau và sẽ chỉ về cùng một hướng. Thuyết nầy cũng nói rằng không có gì đi nhanh hơn ánh sáng. Đó có nghĩa là lộ trình của bất kỳ vật thể nào trong không gian và thời gian cũng phải được tượng trưng bằng một đường thẳng nằm bên trong hình nón ánh sáng tại mỗi biến cố xảy ra trên đó.

Đặc thuyết tương đối rất thành công trong việc giải thích rằng vận tốc ánh sáng tỏ ra giống nhau đối với mọi quan sát viên, và trong việc mô tả những gì xảy ra khi vật thể di chuyển theo vận tốc gần với vận tốc ánh sáng. Tuy nhiên, thuyết nầy trái ngược với thuyết trọng lực của Newton, theo đó những vật thể lôi cuốn nhau với một lực, mạnh yếu tùy theo khoảng cách giữa chúng. Điều nầy có nghĩa là, nếu ta xê dịch một vật thì lực trên vật kia sẽ thay đổi tức khắc. Hay nói cách khác, tác động của trọng lực sẽ di chuyển với phương tốc vô hạn (infinite velocity), thay vì bằng hay chậm hơn vận tốc ánh sáng, theo như đòi hỏi của đặc thuyết tương đối. Giữa năm 1908 và 1914, Einstein đã thực hiện một số cố gắng để tìm ra một thuyết trọng lực phù hợp với đặc thuyết tương đối, nhưng không thành công. Cuối cùng, vào năm 1915, ông đề nghị cái mà ngày nay chúng ta gọi là tổng thuyết tương đối (general theory of relativity).

Chương II: Không-Thời-Gian

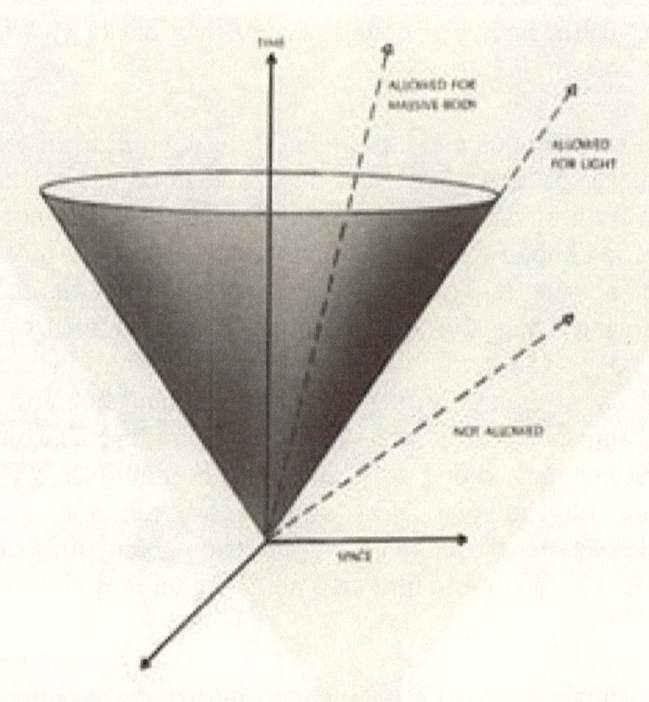

**FIGURE 2.7**

Einstein đã đưa ra một giả thuyết mang tính cách mạng, theo đó trọng lực không phải là một lực giống như những lực khác, nhưng là một hậu quả của sự kiện là không-thời-gian không phải là phẳng như giả định trước kia: nó cong, hay méo mó (curved or warped) do sự phân phối của trọng khối và năng lượng trong nó. Những thiên thể như trái đất không phải được tạo ra để di chuyển theo những quỹ đạo cong (curved orbits) do một lực gọi là trọng lực; ngược lại, chúng đi theo vật thể gần nhất trên một lộ trình thẳng (straight path) trong một không gian cong (curved space), được gọi là một đường trắc địa (*geodesic*). *Geodesic* là lộ trình ngắn nhất (hay dài nhất) giữa hai điểm lân cận. Ví dụ, bề mặt trái đất là một không gian cong hai chiều. Một

50

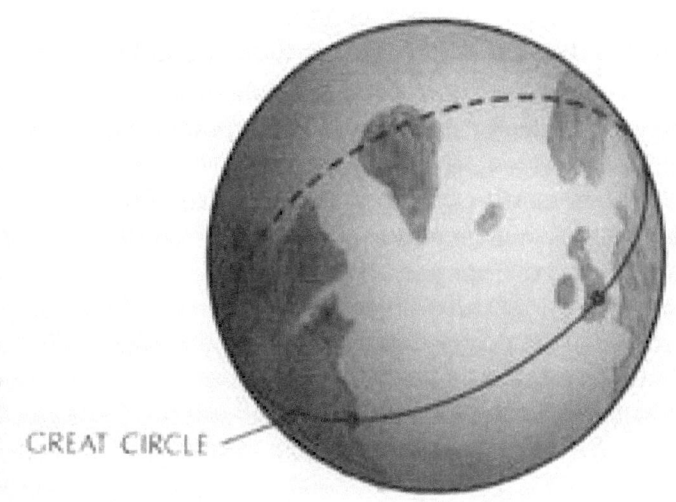

FIGURE 2.8

đường trắc địa trên trái đất được gọi là một vòng tròn lớn (great circle), và là đường ngắn nhất giữa hia điểm.

## Đường trắc địa

Vì đường trắc địa là lộ trình ngắn nhất giữa hai phi trường, đó chính là đường bay mà một phi tiêu sẽ bảo phi công phải bay theo. Theo luật tổng tương đối, những thiên thể luôn luôn đi theo những đường thẳng trong không-thời-gian 4 chiều, nhưng dưới mắt chúng ta chúng dường như di chuyển theo đường cong trong không gian 3 chiều của chúng ta. (Đây giống như nhìn một phi cơ bay bên trên một vùng đồi núi. Mặc dù nó bay theo một đường thẳng trong không gian 3 chiều, bóng của nó đi theo một đường cong trên mặt đất 2 chiều.)

Trọng khối của mặt trời làm cong không-thời-gian cho nên mặc dù trái đất đi theo một đường thẳng trong không-thời-gian 4 chiều, dưới mắt chúng ta nó đi theo một quỹ đạo tròn trong không gian 3 chiều. Thực tế, những quỹ đạo của các hành tinh được tiên đoán theo tổng thuyết tương đối gần như hoàn toàn y hệt như những quỹ đạo tiên đoán theo thuyết trọng lực của Newton.

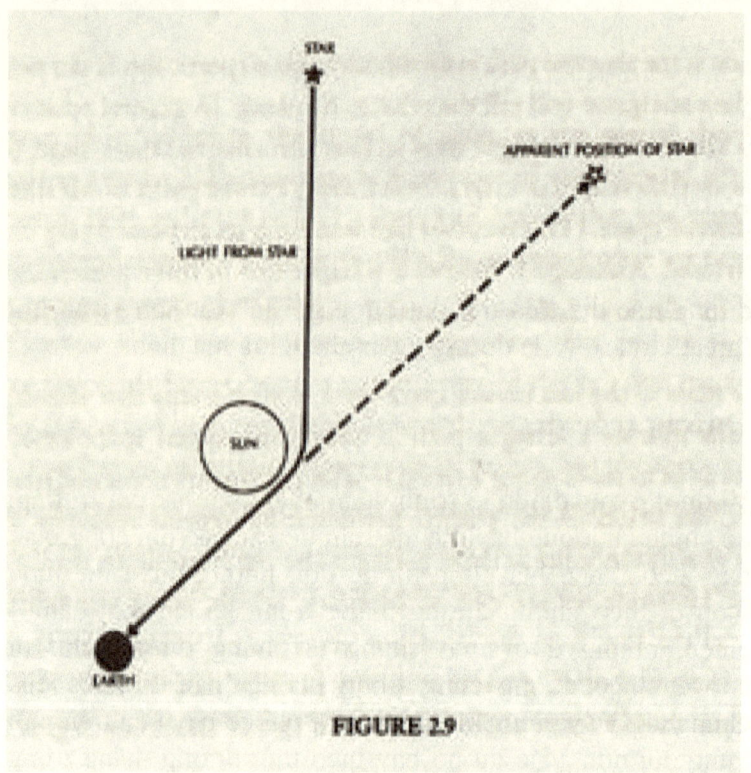

**FIGURE 2.9**

Tuy nhiên, trong trường hợp của Mercury, vì là hành tinh gần mặt trời nhất nên nhận chịu sức hút mạnh nhất và có quỹ đạo kéo dài ra, tổng thuyết tương đối tiên đoán rằng trục dài của hình bầu dục sẽ xoay chung quanh mặt trời theo nhịp độ một độ trong 10 ngàn năm. Mặc dù ảnh hưởng nầy nhỏ, nó được lưu ý từ trước năm 1915 và được xem như một trong những khẳng định đầu tiên của thuyết Einstein. Trong những năm gần đây, những lệch độ nhỏ hơn thế của các quỹ đạo hành tinh theo tiên đoán của Newton đã được đo lường bằng *radar* và thấy phù hợp với những tiên đoán của tổng thuyết tương đối.

Những tia sáng cũng phải đi theo những đường trắc địa trong không-thời-gian. Ở đây cũng vậy, sự kiện không gian bị uốn cong có nghĩa là ánh sáng không còn có vẻ như đi theo đường thẳng trong không gian. Do đó tổng thuyết tương đối tiên đoán rằng ánh sáng sẽ bị uốn cong bởi các trọng trường (gravitational fields). Chẳng hạn, thuyết nầy tiên đoán rằng những hình nón ánh sáng của các điểm gần mặt trời sẽ hơi bị uốn cong vào bên trong do trọng khối của mặt trời. Điều nầy có nghĩa là ánh sáng từ một tinh tú xa tình cờ đi ngang qua gần mặt trời sẽ bị lệch đi theo một góc độ nhỏ, khiến tinh tú xuất hiện ở một vị trí khác đối với một quan sát viên dưới đất. Dĩ nhiên, nếu ánh sáng từ tinh tú luôn luôn đi qua gần mặt trời thì chúng ta sẽ không thể nói liệu ánh sáng có bị lệch đi hay ngược lại tinh tú có thực sự ở vị trí chúng ta thấy hay không. Tuy nhiên, khi trái đất quay chung quanh mặt trời, những tinh tú khác có vẻ đi phía sau mặt trời và ánh sáng của chúng bị lệch hướng. Vì thế, chúng dường như thay đổi vị trí so với các tinh tú khác.

Thường rất khó thấy ảnh hưởng nầy, vì ánh sáng từ mặt trời làm không quan sát được những tinh tú xuất hiện gần đó trong bầu trời. Tuy nhiên, vẫn có thể quan sát được khi có nhật thực, lúc đó ánh sáng mặt trời bị mặt trăng che khuất. Tiên đoán của Einstein về ánh sáng lệch hướng không thể thử nghiệm ngay năm 1915, vì Đệ Nhất Thế Chiến đang xảy ra, và cho mãi đến năm 1919, khi quan sát một nhật thực từ Tây Phi, một đoàn thám hiểm người Anh mới cho thấy rằng ánh sáng quả nhiên bị mặt trời làm lệch hướng, đúng như lý thuyết đã tiên đoán. Sự kiện lý thuyết của một người Đức được chứng minh bởi những khoa học gia người Anh được xem như là một cử chỉ giảng hoà giữa hai quốc gia sau chiến tranh. Do đó, thật mỉa mai khi thấy rằng sau đó, khi xem xét những tấm hình chụp trong cuộc thám hiểm người ta thấy chúng có những sai lầm lớn không kém những ảnh hưởng mà chúng cố công đo lường. Sự đo lường của những tấm hình đó là hoàn toàn ngẫu nhiên, hay do đoán biết kết quả muốn tìm, chứ không phải là một sự kiện lạ lùng gì trong khoa học. Tuy nhiên hiện tượng lệch hướng của ánh sáng đã được khẳng định chính xác bởi một số quan sát sau nầy.

Một tiên đoán khác của tổng thuyết tương đối là thời gian sẽ có vẻ đi chậm hơn gần một thiên thể có trọng khối lớn như trái đất. Lý do của sự kiện nầy là do có một liên quan giữa năng lượng ánh sáng và tần số của nó (tức số sóng ánh sáng đi trong một giây): năng lượng càng lớn thì tần số càng cao. Khi đi lên trong trọng trường của trái đất, ánh sáng mất năng lượng, và vì thế tần số giảm xuống. (Điều nầy có nghĩa là thời gian giữa hai đỉnh sóng tăng lên.) Đối với một người đứng ở trên cao, mọi vật bên dưới dường như xảy ra chậm hơn. Tiên liệu nầy được thử nghiệm năm 1962, với hai chiếc đồng hồ rất chính xác, một đặt trên đỉnh và một đặt dưới chân một tháp nước (water tower). Đồng hồ dưới chân tháp, gần mặt đất hơn, nhận thấy chạy chậm hơn, hoàn toàn đúng với tổng thuyết tương đối. Sự khác biệt về vận tốc đồng hồ ở những độ cao khác nhau trên mặt đất hiện có một tầm quan trọng thực dụng đáng kể, với sự phát minh những hệ thống hoa tiêu (navigation systems) chính xác căn cứ trên những tín hiệu từ vệ tinh. Nếu chúng ta bỏ qua những tiên đoán của tổng thuyết tương đối thì vị trí mà chúng ta tính toán có thể sai vài dặm!

<u>Những định luật chuyển động của Newton chấm dứt ý tưởng về vị trí tuyệt đối trong không gian. Thuyết tương đối gạt bỏ thời gian tuyệt đối.</u> Chúng ta thử xem ví dụ một cặp sinh đôi. Giả sử một trong hai người lên sống trên đỉnh núi trong khi người kia ở lại một nơi độ cao bằng mặt biển. Người trên núi sẽ già nhanh hơn người kia.

Như thế, nếu họ gặp lại, một người sẽ già hơn người kia. Trong trường hợp nầy sự khác biệt về tuổi sẽ rất nhỏ, nhưng khác biệt đó sẽ lớn hơn nhiều nếu một trong hai du hành rất xa trong một con tàu vũ trụ nhanh gần bằng vận tốc ánh sáng. Khi trở về, hắn ta sẽ thấy mình trẻ hơn nhiều so với người ở lại mặt đất. Ví dụ nầy được xem là nghịch lý sinh đôi (twin paradox), nhưng đó chỉ được xem là nghịch lý nếu chúng ta mang trong đầu tư tưởng thời gian tuyệt đối. Trong thuyết tương đối, không có thời gian tuyệt đối duy nhất (unique absolute time), nhưng ngược lại, mỗi cá nhân có một đo lường thời gian riêng của mình tùy thuộc vào vị trí đang ở và tốc độ di chuyển ra sao. Trước năm 1915, không gian và thời gian được nghĩ như là một hoạt trường cố định (fixed arena) trong đó những biến cố xảy ra, nhưng hoạt trường đó không bị ảnh hưởng bởi những gì xảy ra trong đó. Điều nầy đúng cả với đặc thuyết tương đối. Những thiên thể di chuyển, các lực lôi cuốn nhau và đẩy nhau ra, nhưng thời gian vẫn tiếp tục, không bị ảnh hưởng. Chuyện bình thường nếu nghĩ rằng không gian và thời gian tiếp tục vận hành mãi mãi.

## Đại lượng năng động

Tuy nhiên, hoàn cảnh đó hoàn toàn khác theo tổng thuyết tương đối. Không gian và thời gian bây giờ là những đại lượng năng động (dynamic quantities): khi một vật di chuyển, hay một lực tác động, nó ảnh hưởng đường cong (curvature) của không gian và thời gian – và ngược lại cơ cấu của không-thời-gian ảnh hưởng cách thức các vật thể chuyển động và lực tác động. Không gian và thời gian không những ảnh hưởng nhưng còn bị ảnh hưởng bởi biến cố xảy ra trong vũ trụ. Nếu chúng ta không thể nói về những biến cố trong vũ trụ mà không có khái niệm về thời gian và không gian thì tương tự, theo tổng thuyết tương đối, chúng ta sẽ làm chuyện vô nghĩa nếu nói về không gian và thời gian bên ngoài những giới hạn của vũ trụ. Trong những thập niên sau, quan niệm mới đó về không gian và thời gian sẽ đảo ngược vũ trụ quan của chúng ta. Theo quan niệm cũ của chúng ta, vũ trụ chủ yếu không thay đổi, có lẽ đã tồn tại và sẽ tiếp tục tồn tại mãi mãi. Quan niệm đó đã được thay thế bằng quan niệm về một vũ trụ năng động, bành trướng, dường như đã bắt đầu từ một thời điểm nhất định trước đây, và có thể sẽ chấm dứt vào một thời điểm nhất định trong tương lai. Cuộc cách mạng đó là đề tài của phần tiếp theo. Roger Penrose và Stephen Hawking) đã chứng minh rằng tổng thuyết tương đối của Einstein hàm ý rằng vũ trụ phải có một bắt đầu và, có lẽ, một chấm dứt.

# Chương III

# Vũ Trụ Phân Ly

(Expanding Universe)

## Tổng Quát

Nếu chúng ta nhìn lên bầu trời vào một đêm trời trong không trăng, những thiên thể sáng lấp lánh nhất mà chúng ta thấy có thể là những hành tinh Venus (Kim Tinh), Mars (Hỏa Tinh), Jupiter (Mộc Tinh), và Saturn (Thổ Tinh). Cũng sẽ có rất nhiều tinh tú tương tự như mặt trời của chúng ta nhưng ở xa chúng ta hơn nhiều. Thực tế, vị trí tương quan của một số những tinh tú tưởng như cố định nầy dường như thay đổi rất ít khi trái đất quay chung quanh mặt trời: chúng không thực sự cố định chút nào! Đó là vì chúng tương đối ở gần chúng ta. Khi trái đất quay chung quanh mặt trời chúng ta thấy chúng từ những vị trí khác nhau trên bối cảnh những tinh tú xa hơn. Đó là điều may, vì nó giúp chúng ta trực tiếp đo lường được khoảng cách của những tinh tú nầy với chúng ta: càng gần thì chúng càng tỏ ra di chuyển nhiều hơn. Tinh tú gần nhất, gọi là Proxima Centauri, ở xa chúng ta khoảng 4 năm ánh sáng (ánh sáng cần 4 năm để đi đến trái đất), hay khoảng 23 triệu triệu *miles*. Phần lớn những tinh tú khác có thể nhìn thấy bằng mắt trần nằm cách xa chúng ta trong vòng vài trăm năm ánh sáng. Để so sánh, mặt trời của chúng ta chỉ cách chúng ta 8 phút ánh sáng! Những tinh tú nhìn thấy được trải rộng trong bầu trời ban đêm, nhưng đặc biệt tụ lại thành một dải (band), gọi là Dải Ngân Hà (Milky Way). Thời năm 1750,

một số nhà thiên văn cho rằng hình thù của Dải Ngân Hà có thể giải thích được nếu đa số những tinh tú khả thị đều nằm trong một đội hình đĩa tròn duy nhất (single disklike configuration), một thí dụ của cái mà chúng ta ngày nay gọi là một thiên hà trôn ốc (spiral galaxy). Chỉ vài thập niên sau, nhà thiên văn Sir William Herschel xác nhận ý tưởng đó bằng cách dày công liệt kê những vị trí và khoảng cách của vô số tinh tú. Mặc dù vậy, mãi đến đầu thế kỷ nầy ý tưởng đó mới được hoàn toàn chấp nhận.

Hình ảnh hiện nay của chúng ta về vũ trụ chỉ mới có từ năm 1924, khi nhà thiên văn Mỹ Edwin Hubble chứng minh rằng thiên hà của chúng ta không phải là thiên hà duy nhất. Thực tế, có nhiều thiên hà khác, với những dải không gian trống bao la xen kẽ. Để chứng minh điều nầy, ông cần phải xác định khoảng cách của những thiên hà khác nầy, nằm rất xa, xa đến độ, không giống như những thiên hà lân cận, chúng thực sự trông như cố định. Do đó, Hubble bị buộc phải xử dụng những phương pháp gián tiếp để đo khoảng cách. Độ sáng trực thị (apparent brightness) của một tinh tú tùy vào hai yếu tố: số lượng ánh sáng phát ra (luminosity), và khoảng cách của nó đối với chúng ta. Đối với những tinh tú gần, chúng ta có thể đo độ sáng (brightness) và khoảng cách (distance) của chúng, và do đó chúng ta có thể tính ra số lượng ánh sáng phát ra (luminosity). Ngược lại, nếu biết được lượng ánh sánh phát ra (luminosity) từ những tinh tú trong các thiên hà khác thì chúng ta có thể tính ra khoảng cách của chúng bằng cách đo độ sáng trực thị (apparent) của chúng. Hubble ghi nhận một vài loại tinh tú luôn luôn có cùng một lượng sáng phát ra khi ở cách chúng ta một khoảng cách đủ gần để có thể đo được. Do đó, ông ta lý luận rằng nếu tìm thấy những tinh tú như thế trong một thiên hà khác thì chúng ta có thể giả định là chúng có cùng một lượng sáng phát ra (same luminosity) – và do đó có thể tính được khoảng cách của thiên hà đó. Nếu chúng ta có thể thực hiện việc nầy đối với một số tinh tú trong cùng một thiên hà, và nếu những tính toán của chúng ta luôn luôn cho thấy cùng một khoảng cách thì chúng ta có thể đủ tự tin về sự ước tính của chúng ta.

Theo phương pháp nầy, Edwin Hubble đã tính được khoảng cách của chín thiên hà khác nhau. Ngày nay chúng ta biết rằng thiên hà của chúng ta là một trong vài trăm tỉ thiên hà có thể thấy qua viễn vọng kính, mỗi thiên hà đó lại chứa vài trăm tỉ tinh tú. Hình bên dưới cho thấy một thiên hà hình trôn ốc tương tự trong tư tưởng chúng ta như giải ngân hà được một kẻ nào đó nhìn từ một thiên hà khác. Chúng ta sống trong một thiên hà có đường kính khoảng một trăm ngàn năm ánh sáng và đang quay chậm. Những tinh tú trong các vòng xoắn ốc quay chung quanh trung tâm thiên hà khoảng vài trăm triệu năm một vòng. Mặt trời của chúng ta chỉ là một tinh tú màu vàng bình thường, kích thước trung bình, gần cạnh trong của một trong những vòng xoắn ốc. Chắc chắn chúng ta đã đi một đoạn đường xa so với thời kỳ của Aristote và Ptolemy, thời kỳ mà chúng ta còn nghĩ rằng trái đất là trung tâm của vũ trụ!

Tinh tú ở cách quá xa chúng ta đến nỗi chúng chỉ là những đóm sáng. Chúng ta không thể thấy được kích thước và hình thể của chúng. Do đó làm thế nào phân biệt sự khác nhau giữa các loại tinh tú? Phần lớn các tinh tú chỉ có một đặc tính mà chúng ta có thể quan sát được – màu sắc của ánh sáng chúng phát ra. Newton khám phá thấy rằng nếu ánh sáng mặt trời đi xuyên qua lăng kính thì các thành tố của nó (quang phổ - spectrum) sẽ tách ra thành một cầu vồng. Tương tự, khi hướng một viễn vọng kính về một tinh tú hay thiên hà, chúng ta quan sát được quang phổ của ánh sáng phát ra từ tinh tú hay thiên hà đó.

Tinh tú khác nhau thì có quang phổ khác nhau, nhưng độ sáng tương đối của những màu sắc khác nhau thì luôn luôn chính là đặc tính chúng ta dự kiến tìm thấy trong ánh sáng phát ra từ một vật thể đang nóng đỏ. (Thực vậy, ánh sáng phát ra từ một vật thể đục đặc (opaque) đang nóng đỏ có một quang phổ đặc biệt tùy thuộc duy nhất vào nhiệt độ của vật thể đó – quang phổ nhiệt (thermal spectrum). Điều đó có nghĩa là chúng ta có thể phân biệt được nhiệt độ một tinh tú nhờ vào quang phổ ánh sáng của nó. Ngoài ra, chúng ta thấy rằng có một số màu rất đặc biệt thiếu đi trong các quang phổ của tinh tú, và những màu thiếu nầy có thể khác nhau tùy theo từng tinh tú. Vì mỗi yếu tố hoá học hấp thụ một hệ đặc thù những màu sắc rất đặc biệt, nếu so sánh những màu nầy với những màu thiếu trong quang phổ thì chúng ta có thể xác định chính xác những yếu tố hoá học nào hiện diện trong khí quyển của tinh tú.

## Hệ quả Doppler

Trong thập niên 1920, khi các nhà thiên văn học bắt đầu nhìn vào những quang phổ của tinh tú trên những thiên hà khác, họ khám phá một điều lạ lùng nhất: Có những hệ đặc thù các màu sắc bị thiếu y hệt như những hệ hiện diện trên các tinh tú của Dải Ngân Hà chúng ta, nhưng chúng chuyển vị đồng đều về hướng màu đỏ của quang phổ. Để hiểu được hiện tượng nầy, trước tiên chúng ta phải hiểu hệ quả Doppler (*Doppler effect*). Như chúng ta đã thấy, ánh sáng nhìn thấy được gồm có những dao động (fluctuations), hay sóng, trong điện từ trường (electromagnetic field). Độ dài sóng (khoảng cách giữa hai đỉnh sóng) của ánh sáng rất nhỏ, từ 4 đến 7 phần 10 triệu mét (4 to 7 ten-millionths of a meter). Những độ dài sóng khác nhau của ánh sáng là những gì mắt con người nhìn thấy như những màu sắc khác nhau; độ dài sóng lớn nhất xuất hiện ở bên đỏ của quang phổ và bên xanh là các độ dài sóng ngắn nhất. Bây giờ chúng ta thử tưởng tượng một nguồn sáng ở cách xa chúng ta - một tinh tú chẳng hạn – đang phát ra những sóng ánh sáng với một độ dài sóng cố định. Đương nhiên độ dài sóng mà chúng ta nhận được sẽ chính là độ dài sóng được phát đi (trọng trường của thiên hà sẽ không đủ lớn để tạo ra ảnh hưởng nào). Bây giờ giả sử nguồn sáng bắt đầu di chuyển về hướng chúng ta. Khi phát đi đỉnh sóng tiếp theo, nguồn sáng sẽ gần chúng ta hơn, do đó khoảng cách giữa các đỉnh sóng sẽ ngắn hơn so với lúc tinh tú đó đứng yên. Điều này có nghĩa là độ dài sóng mà chúng ta nhận được ngắn hơn so với lúc tinh tú đứng yên. Tương tự, nếu nguồn sáng di chuyển ra xa chúng ta thì độ dài sóng mà chúng ta nhận được sẽ dài hơn. Do đó, trong trường hợp ánh sáng, điều đó có nghĩa là đối với những tinh tú di chuyển ra xa chúng ta quang phổ của chúng sẽ chuyển vị sang bên đỏ và đối với những tinh tú di chuyển về hướng chúng ta quang phổ của chúng sẽ chuyển vị sang bên xanh. Tương quan này giữa độ dài sóng và vận tốc là một kinh nghiệm hằng ngày và được gọi là hệ quả Doppler (*Doppler effect*). Chúng ta thử lắng nghe một chiếc xe chạy ngang qua trên đường: khi xe đến gần, cường độ tiếng máy lên cao hơn (tương ứng với một độ dài sóng ngắn hơn và tần số sóng âm cao hơn ), và khi xe rời xa, cường độ tiếng máy thấp xuống. Tác hành của ánh sáng hay sóng vô tuyến cũng tương tự như thế. Trong thực tế, cảnh sát xử dụng hệ quả Doppler để tính vận tốc xe chạy bằng cách đo lường độ dài sóng của những nhịp sóng vô tuyến phản xạ lại từ các xe đang chạy.

Trong những năm sau khi ông chứng minh sự hiện hữu của những thiên hà khác, Hubble dùng thì giờ của mình để liệt hạng những khoảng cách của chúng và quan sát quang phổ của chúng. Vào thời kỳ đó, hầu hết mọi người đều ước đoán các thiên hà di chuyển tùy tiện (random), và do đó ước đoán nếu tìm được bao nhiêu quang phổ chuyển vị về bên đỏ thì cũng sẽ tìm được bấy nhiêu quang phổ chuyển vị về bên xanh. Vì vậy, quả là một ngạc nhiên khi thấy rằng <u>đa số thiên hà đều có quang phổ chuyển vị về bên đỏ: gần như tất cả thiên hà đang rời xa chúng ta!</u> Càng ngạc nhiên

## Chương III: Vũ Trụ Phân Ly

hơn nữa là khám phá mà Hubble công bố vào năm 1929: ngay cả kích thước chuyển vị của thiên hà cũng không phải tùy tiện nhưng tỉ lệ thuận với khoảng cách giữa thiên hà đó và chúng ta. Nói cách khác, một thiên hà càng ở xa chúng ta chừng nào thì nó càng rời xa ta nhanh hơn chừng đó! Và điều đó có nghĩa là vũ trụ không thể ở trong trạng thái tĩnh (static) như mọi người đã nghĩ trước kia, nhưng thực ra đang bành trướng. Khoảng cách giữa các thiên hà càng lúc càng gia tăng với thời gian.

Việc khám phá vũ trụ đang bành trướng là một trong những cách mạng trí thức lớn nhất của thế kỷ 20. Suy ngẫm lại, thế mà chẳng biết tự hỏi tại sao không một ai nghĩ ra chuyện nầy trước đó. Newton, và những người khác, lẽ ra nên nhận thức được rằng một vũ trụ nếu đứng yên sẽ không bao lâu bắt đầu co rút lại dưới sức hút của trọng lực. Nếu vũ trụ bành trướng tương đối chậm thì trọng lực của nó cuối cùng sẽ khiến nó ngưng bành trướng và bắt đầu co rút lại. Ngược lại, nếu vũ trụ bành trướng với một nhịp độ cao hơn độ thoát ly thì trọng lực sẽ không bao giờ đủ mạnh để chặn đứng nó lại, và vũ trụ sẽ cứ thế bành trướng mãi mãi. Hiện tượng nầy có phần giống những gì sẽ xảy ra khi từ mặt đất ta bắn một hỏa tiễn lên không. Nếu đi theo một vận tốc tương đối chậm thì trọng lực cuối cùng sẽ ngừng hỏa tiễn lại và nó sẽ bắt đầu rơi xuống lại. Ngược lại, nếu hỏa tiễn đi theo một vận tốc cao hơn thoát tốc (khoảng 7 *miles*/giây) thì trọng lực sẽ không đủ mạnh để kéo nó xuống lại, do đó nó sẽ tiếp tục bay khỏi mặt đất vĩnh viễn. Tác hành nầy của vũ trụ lẽ ra được dự kiến từ thuyết trọng lực của Newton trong bất cứ thời điểm nào của thế kỷ 19, 18, hay ngay cả cuối thế kỷ 17 mới phải. Nhưng người ta đã quá tin tưởng vào một vũ trụ đứng yên (static universe) đến độ niềm tin đó tiếp tục tồn tại cho đến đầu thế kỷ 20.

Ngay cả Einstein, khi đưa ra Tổng Thuyết Tương Đối năm 1915, cũng chắc chắn là vũ trụ đứng yên, chắc chắn đến độ ông phải sửa đổi lý thuyết của mình lại cho phù hợp với giả định nầy - bằng cách đưa vào các phương trình của ông cái gọi là hằng số vũ trụ (cosmological constant). Einstein đã đưa ra một lực "chống trọng lực - antigravity" mới; lực nầy, không giống các lực khác, không xuất phát từ một nguồn nào đặc biệt mà được tạo ra trong chính cấu trúc của không-thời-gian (fabric of space-time). Ông cho rằng không-thời-gian có một khuynh hướng cố hữu là bành trướng, và mục tiêu của khuynh hướng nầy có thể là để cân bằng lực hút của mọi vật thể trong vũ trụ, do đó sẽ sản sinh ra một vũ trụ ở tịnh thế (static universe). Hình như chỉ có một người muốn nhìn tổng thuyết tương đối theo giá trị khách quan của nó: trong khi Einstein và các vật lý gia khác tìm cách né tránh những tiên đoán của tổng thuyết tương đối thì Alexander Friedmann, một nhà vật lý và toán học Nga, lại chuẩn bị giải thích nó.

Friedmann đưa ra hai giả định rất đơn giản về vũ trụ:

(1) Dù chúng ta có nhìn theo phương hướng nào đi nữa thì vũ trụ cũng trông thấy như nhau, và (2) điều nầy cũng sẽ đúng nếu chúng ta quan sát vũ trụ từ một nơi nào khác. Chỉ từ hai ý tưởng đó thôi, Friedmann đã cho thấy rằng chúng ta không thể ước đoán là vũ trụ đứng yên. Thực vậy, năm 1922, vài năm trước khám phá của Edwin Hubble, Friedmann đã tiên đoán chính xác những gì Hubble tìm ra sau đó! Giả định cho rằng vũ trụ trông giống nhau ở bất cứ phương hướng nào rõ ràng là không đúng trên thực tế. Ví dụ, như chúng ta đã thấy, những tinh tú khác trong thiên hà của chúng ta tạo ra một dải ánh sáng riêng biệt xuyên qua bầu trời ban đêm, gọi là Dải Ngân Hà. Nhưng nếu chúng ta nhìn vào các thiên hà xa hơn thì hình như số lượng những thiên hà nầy ít nhiều đều như nhau cả. Do đó, vũ trụ đại để

## Chương III: Vũ Trụ Phân Ly

hình như vẫn trông như là một từ mọi phương hướng, miễn sao chúng ta nhìn nó trên một cự ly lớn so với khoảng cách giữa các thiên hà, và bỏ qua những khác biệt trên những cự ly nhỏ. Qua một thời gian dài, điều nầy đủ biện minh cho phỏng đoán của Friedmann - được xem như một ước đoán đại khái của vũ trụ thực. Nhưng gần đây hơn, một diễn biến may mắn đã khám phá sự thật: Luận đoán của Friedmann quả nhiên là một mô tả cực kỳ chính xác của vũ trụ chúng ta. Năm 1965, hai nhà vật lý Mỹ tại Trung tâm thí nghiệm Bell Telephone Laboratories ở New Jersey, Arno Penzias và Robert Wilson, đã thử nghiệm một bộ thám sát vi ba (microwave detector) rất nhạy cảm. (Vì sóng cũng giống như ánh sáng nhưng có độ dài sóng khoảng 1 centimét.) Penzias và Wilson lo ngại khi thấy bộ thám sát nhận nhiều nhiễu sóng (noise) hơn dự liệu.

Những nhiễu sóng không có vẻ đến từ một phương hướng nào đặc biệt. Đầu tiên họ tìm thấy cứt chim trong bộ thám sát và kiểm tra xem có trục trặc nào khác nữa không, nhưng sau đó họ loại bỏ các giả thuyết nầy. Họ biết rằng, khi bộ thám sát không hướng thẳng lên trời, bất kỳ nhiễu sóng nào nếu đến từ bên trong bầu khí quyển thì phải nghe to hơn là khi bộ thám sát được hướng thẳng, vì ánh sáng đi qua nhiều không khí hơn khi đến gần chân trời so với ánh sáng nhận thẳng từ ngay trên đầu. Nhưng ở đây, những nhiễu sóng phụ trội không thay đổi bất luận bộ thám sát có xoay về hướng nào cũng vậy. Do đó, nó phải đến từ ngoài khí quyển. Nhiễu sóng đó không thay đổi, ngày, đêm, và quanh năm suốt tháng, cho dù trái đất có quay chung quanh trục của nó và quanh mặt trời. Điều nầy chứng tỏ rằng bức xạ phải đến từ bên kia thái dương hệ, hay ngay cả bên kia Dải Ngân Hà, vì nếu không thế thì nó phải thay đổi khi trái đất thay đổi hướng chiếu của bộ thám sát.

## Background Explorer (COBE)

Thực tế, chúng ta biết rằng bức xạ phải đã đi đến chúng ta sau khi xuyên qua đại bộ phận của vũ trụ có thể quan sát được, và vì bức xạ đó không thay đổi trong mọi phương hướng nên vũ trụ cũng phải không thay đổi trong mọi phương hướng, nếu chỉ nói trên cự ly rộng lớn. Bây giờ chúng ta biết rằng dù chúng ta có nhìn về hướng nào đi nữa thì nhiễu sóng nầy cũng không bao giờ thay đổi với một lượng đáng kể: do đó, Penzias và Wilson đã vô hình chung đạp lên sự khẳng quyết cực kỳ chính xác trong phỏng đoán thứ nhất của Friedmann. Tuy nhiên, vì vũ trụ không nhất mực giống nhau trong mọi phương hướng, mà chỉ tính trung bình trên một cự ly rộng lớn mà thôi, nên sóng vi ba cũng không thể nhất mực giống nhau trên mọi phương hướng. Phải có những sai biệt nho nhỏ giữa các phương hướng khác nhau. Những sai biệt nầy lần đầu tiên được quan sát vào năm 1992 bởi vệ tinh thám hiểm Background Explorer (COBE), và được ước tính khoảng một phần trăm ngàn. Mặc dù nhỏ, những sai biệt nầy rất quan trọng, như chúng ta sẽ thấy trong một phần sau của loạt bài nầy.

Gần như cùng thời kỳ mà Penzias và Wilson nghiên cứu nhiễu sóng trong bộ thám sát của họ, hai vật lý gia người Mỹ tại Đại Học Princeton gần đó, Bob Dicke và Jim Peebles, cũng đang quan tâm về sóng vi ba. Họ làm việc dựa trên một gợi ý của George Gamow (có thời kỳ là sinh viên của Friedmann), theo đó, vũ trụ sơ khai có thể rất nóng và cô đọng, phát quang khi nóng lên. Dicke và Peebles luận đoán rằng chúng ta vẫn còn có thể thấy sự chiếu sáng của vũ trụ sơ khai, vì ánh sáng từ những phần rất xa của vũ trụ chỉ đến được chúng ta gần đây thôi. Tuy nhiên, sự bành trướng của vũ trụ có nghĩa là ánh sáng nầy có thể chuyển vị sang bên đỏ của quang phổ rất nhiều đến độ chúng ta trông nó giống như bức xạ của sóng vi ba (microwaves).

Trong lúc Dicke và Peebles đang chuẩn bị truy cứu bức xạ nầy thì Penzias và Wilson nghe được việc làm của hai người trên và nhận thấy họ (tức Penzias và Wilson) đã tìm được nó rồi. Do đó, Penzias và Wilson đã nhận được giải Nobel năm 1978 (đau cho Dicke và Peebles, chưa nói Gamow nữa!).

Bây giờ theo trực quan mà nói thì sự kiện vũ trụ trông ra không thay đổi ở mọi hướng nhìn có thể tựa như gợi ý rằng có một cái gì đặc biệt liên quan đến vị trí của chúng ta trong vũ trụ. Cụ thể hơn, nếu chúng ta quan sát thấy tất cả những thiên thể khác đang di chuyển ra xa chúng ta thì hình như chúng ta phải ở tại trung tâm của vũ trụ. Tuy nhiên, theo lối giải thích phụ bị: vũ trụ cũng trông không thay đổi trong mọi phương hướng khi được nhìn từ bất cứ một thiên hà nào khác. Như chúng ta đã thấy, đây là phỏng đoán thứ nhì của Friedmann. Chúng ta không có bằng chứng nào để tán đồng hay phản bác phỏng đoán nầy. Chúng ta chỉ tin nó trên cơ sở khiêm tốn: Nếu vũ trụ trông không thay đổi trong mọi phương hướng chung quanh chúng ta nhưng không phải chung quanh những vị trí khác trong vũ trụ thì tuyệt vời biết mấy! Trong mô hình của Friedmann, tất cả thiên hà đang trực chỉ di chuyển ra xa với nhau. Tình trạng đó gần như tương tự tình trạng của một bong bóng có hình vẽ của một số điểm trên đó và được tiếp tục bôm lên từ từ. Khi bong bóng trương ra, khoảng cách giữa hai điểm lớn dần ra, nhưng không có điểm nào được gọi là trung tâm của sự trương nở. Ngoài ra, khi khoảng cách những điểm càng lớn thì chúng càng di chuyển xa ra nhanh hơn. Tương tự, trong mô hình của Friedmann, vận tốc tách rời nhau của hai thiên hà tỉ lệ với khoảng cách giữa chúng. Do đó, dự kiến chuyển vị quang phổ sang bên đỏ của một thiên hà sẽ tỉ lệ thuận với khoảng cách của chúng đối với chúng ta, đúng như Hubble đã tìm thấy. Mặc dù thành công trong mô hình của ông và thành công trong tiên đoán của ông đối với những quan sát của Hubble, công trình của Friedmann vẫn ít ai biết đến ở Phương Tây cho đến những mô hình tương tự được khám phá vào năm 1935 bởi nhà vật lý Mỹ Howard Robertson và nhà toán học Anh Arthur Walker, đáp ứng khám phá của Hubble liên quan đến hiện tượng bành trướng của vũ trụ.

Mặc dù Friedmann chỉ đưa ra có hai mô hình, thực tế có ba loại mô hình khác nhau tuân theo hai phỏng đoán cơ bản của Friedmann. Trong loại thứ nhất (do Friedmann tìm ra), vũ trụ bành trướng đủ chậm để sức hút của trọng lực giữa các thiên hà khiến cho sự bành trướng chậm lại và cuối cùng ngừng hẳn. Các thiên hà sau đó bắt đầu di chuyển gần lại nhau và vũ trụ co rút lại. Hình 3.2 cho thấy khoảng cách giữa hai thiên hà lân cận thay đổi theo thời gian. Khoảng cách đó bắt đầu từ *zero*, tăng lên tối đa, và rồi giảm xuống *zero* trở lại.

Trong loại mô hình thứ nhì, vũ trụ bành trướng quá nhanh nên sức hút của trọng lực không bao giờ ngưng được nó, mặc dù có làm cho nó chậm đi chút ít. Hình 3.3 cho thấy sự phân ly của hai thiên hà theo mô hình nầy. Khởi điểm tại *zero*, hai thiên hà từ từ di chuyển ra xa theo một vận tốc đều đặn. Cuối cùng là loại mô hình thứ ba, trong đó vũ trụ chỉ bành trướng đủ nhanh để tránh bị co rút trở lại. Trong trường hợp nầy, như hình 3.4 cho thấy, sự phân ly bắt đầu từ *zero* và gia tăng mãi mãi. Tuy nhiên, vận tốc phân ly càng lúc càng chậm lại, mặc dù không bao giờ về lại *zero*.

# Chương III: Vũ Trụ Phân Ly

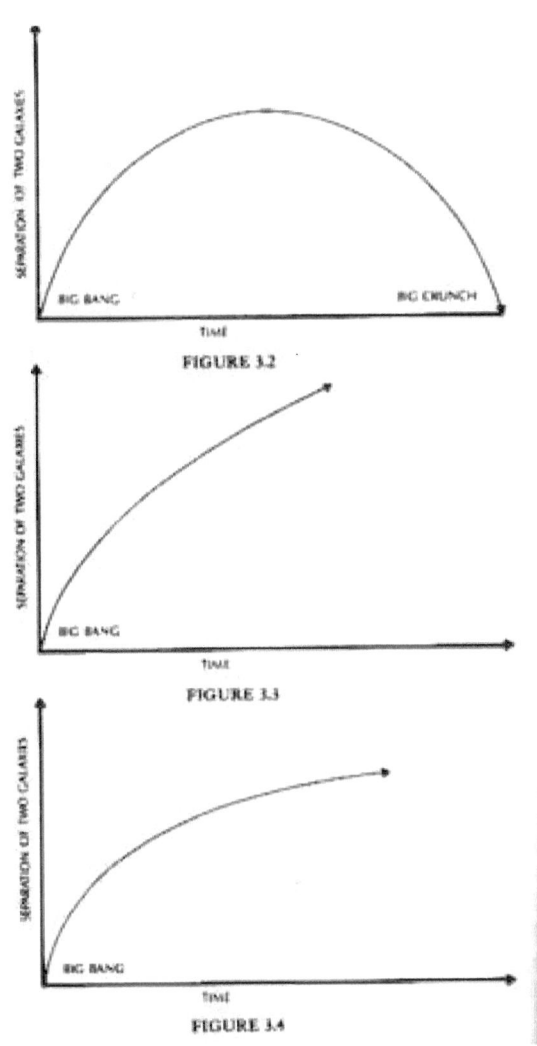

FIGURE 3.2

FIGURE 3.3

FIGURE 3.4

## Chiều thứ tư

Một đặc điểm xuất sắc của mô hình thứ nhất của Friedmann là vũ trụ không vô hạn trong không gian, nhưng không gian cũng không có một biên giới nào cả. Trọng lực quá mạnh nên không gian tự uốn cong trên chính mình, tương tự như bề mặt trái đất. Nếu cứ tiếp tục đi theo một hướng nào đó trên trái đất thì chúng ta không bao giờ gặp phải một đường cùng hay rơi xuống lề, nhưng chung quy trở lại điểm khởi hành. Trong mô hình thứ nhất của Friedmann, không gian tương tự như vậy, nhưng có ba chiều thay vì hai chiều như mặt đất. Chiều thứ tư, thời gian, cũng hữu hạn khi bành trướng, nhưng nó tương tự như một đường thẳng có hai đầu hay hai ranh giới, một khởi điểm và một tận cùng. Sau nầy chúng ta sẽ thấy rằng khi phối hợp tổng thuyết tương đối với nguyên lý bất xác của vật lý *quantum*, không gian và thời gian không thể gọi là hữu hạn mà lại không có bờ bến hay biên giới nào.

Quan niệm cho rằng người ta có thể đi quanh vũ trụ và đến lại điểm khởi hành chỉ đúng trong khoa học giả tưởng nhưng không có một ý nghĩa thực tế, vì nếu thế thì vũ trụ phải co rút trở lại *zero* trước khi chúng ta có thể đi vòng như vậy. Bạn sẽ phải đi nhanh hơn ánh sáng nếu muốn đến lại điểm khởi hành trước khi vũ trụ ngưng bành trướng – và điều nầy không cho phép!

Trong loại mô hình thứ nhất của Friedmann, theo đó vũ trụ bành trướng và co rút trở lại, không gian tự uốn cong trên chính mình, tương tự như mặt đất. Do đó không gian là không gian hữu hạn về kích thước. Trong loại mô hình thứ hai, theo đó vũ trụ bành trướng mãi mãi, không gian được uốn cong theo lối khác, tương tự như bề mặt của một yên ngựa (saddle). Vì vậy, trong trường hợp nầy, không gian trở nên vô hạn. Cuối cùng, trong mô hình thứ ba của Friedmann, với vận tốc bành trường vừa bằng thoát tốc, không gian là một mặt bằng (và do đó cũng vô hạn).

## Chương III: Vũ Trụ Phân Ly

Nhưng mô hình nào của Friedmann mô tả vũ trụ của chúng ta? Liệu vũ trụ cuối cùng sẽ ngưng bành trướng và bắt đầu co rút lại, hay nó sẽ bành trướng mãi mãi? Muốn trả lời câu hỏi nầy, chúng ta cần biết tốc độ bành trướng hiện nay của vũ trụ và tỉ trọng (density) trung bình hiện nay của nó. Nếu tỉ trọng nhỏ hơn một trị số hạn định (critical value) nào đó - trị số nầy tùy vào tốc độ bành trướng – thì sức hút của trọng lực sẽ quá nhỏ không thể chặn đứng sự bành trướng. Nếu tỉ trọng lớn hơn trị số hạn định thì trọng lực sẽ chặn đứng sự bành trướng ở một lúc nào đó trong tương lai và khiến vũ trụ co rút trở lại.

Chúng ta có thể xác định nhịp độ bành trướng hiện nay bằng cách dùng hệ quả Doppler để đo lường phương tốc của những thiên hà đang di chuyển ra xa chúng ta. Sự đo lường nầy có thể thực hiện rất chính xác. Tuy nhiên, khoảng cách giữa các thiên hà không được biết rõ lắm vì chúng ta chỉ có thể đo lường chúng một cách gián tiếp mà thôi. Do đó chúng ta chỉ biết rằng vũ trụ đang bành trướng khoảng 5 đến 10 phần trăm mỗi một tỉ năm. Tuy nhiên, sự bất xác của chúng ta càng lớn hơn thế đối với tỉ trọng trung bình hiện nay của vũ trụ. Nếu chúng ta có thể cộng hết những trọng khối (masses) của tất cả các tinh tú mà chúng ta có thể thấy được trong thiên hà của chúng ta và những thiên hà khác thì tổng số hãy còn nhỏ hơn một phần trăm trọng khối cần có để chặn đứng sự bành trướng của vũ trụ, cả với một ước tính thấp nhất của nhịp độ bành trướng. Tuy nhiên, thiên hà của chúng ta và các thiên hà khác phải chứa đựng một lượng rất lớn "vật thể đen – dark matter" mà chúng ta không thể nhìn thấy trực tiếp nhưng chúng ta biết phải có trong đó căn cứ trên ảnh hưởng trọng lực của nó đối với các quỹ đạo của những thiên hà. Ngoài ra, đa số các thiên hà đều được tìm thấy trong từng cụm (clusters), và chúng ta có thể suy diễn tương tự sự hiện diện của nhiều vật thể đen hơn nữa giữa các thiên hà trong những cụm nầy qua ảnh hưởng của nó trên sự vận chuyển của những thiên hà nầy. Khi chúng ta cộng tất cả vật thể đen nầy lại, chúng ta vẫn chỉ có được khoảng một phần mười số lượng cần thiết để chặn đứng sự bành trướng. Tuy vậy, chúng ta cũng không loại bỏ khả năng có thể có hình thức vật thể khác, được phân phối đồng đều trong vũ trụ, nhưng chúng ta chưa xác định được và hình thức vật thể đó vẫn có thể nâng cao tỉ trọng trung bình của vũ trụ đến trị số hạn định cần có để chặn đứng sự bành trướng. Do đó, bằng chứng hiện nay cho thấy rằng vũ trụ có lẽ sẽ bành trướng mãi mãi, nhưng chúng ta chỉ chắc chắn được một điều là nếu ngay cả vũ trụ có co rút trở lại đi nữa thì chuyện nầy cũng sẽ không xảy ra trong vòng ít nhất là mười tỉ năm tới đây, vì vũ trụ đã bành trướng ít nhất chừng ấy thời gian. Chúng ta không có gì phải lo ngại giả thuyết nầy: đến lúc đó, trừ phi chúng ta đã di cư ra khỏi Thái Dương Hệ, bằng không, nhân loại cũng đã chết mất từ lâu, tận diệt theo mặt trời lâu rồi!

Tất cả các giải pháp của Friedmann đều mang đặc tính: tại một thời điểm nào đó trong quá khứ (từ 10 đến 20 tỉ năm trước đây) khoảng cách giữa các thiên hà lận cận phải là *zero*. Vào thời điểm đó, thời điểm mà chúng ta gọi là *Big Bang* (Đại Bùng Nổ), tỉ trọng của vũ trụ và độ cong của không-thời-gian (curvature of space-time) có thể là vô hạn. Vì toán học thật sự không thể giải quyết được những trị số vô hạn nên điều nầy có nghĩa là tổng thuyết tương đối (căn bản cho các giải pháp của Friedmann) dự đoán phải có một điểm trong vũ trụ, nơi mà thuyết nầy tự triệt tiêu. Một điểm như thế là ví dụ của hiện tượng mà các nhà toán học gọi là đơn trạng (*singularity*). Thực tế, tất cả những lý thuyết khoa học của chúng ta đều xây dựng trên ước đoán rằng không-thời-gian là hầu như bằng phẳng, do đó những thuyết nầy triệt tiêu tại biến cố đơn trạng của *Big Bang*, nơi mà không-thời-gian trở nên vô hạn. Điều nầy có nghĩa là cho dù có những biến cố xảy ra trước *Big Bang* đi nữa thì người ta cũng không thể dùng những biến cố đó để xác định những gì sẽ xảy ra sau đó, vì khả năng tiên liệu bị triệt tiêu tại *Big Bang*.

Tương tự, như trong trường hợp nầy, nếu chúng ta chỉ biết những gì đã xảy ra từ sau biến cố *Big Bang* thôi thì chúng ta cũng không thể xác định những gì xảy ra trước đó. Theo lý thuyết mà nói, những biến cố trước *Big Bang* không thể có những hậu quả nào cả, do đó chúng không thể là thành tố của một mô hình khoa học về vũ trụ. Vì thế, chúng ta đưa chúng ra khỏi mô hình và nói rằng thời gian bắt đầu từ biến cố *Big Bang*.

Nhiều người không thích quan niệm cho rằng thời gian có một bắt đầu, vì như thế là hàm ngụ sự can dự của thần thánh. (Ngược lại Giáo hội Công Giáo chấp nhận mô hình *Big Bang* và năm 1951 đã công khai tuyên bố mô hình đó phù hợp với Thánh Kinh.) Do đó, có nhiều cố gắng tránh né kết luận cho rằng có một *Big Bang*. Đề nghị được nhiều người hỗ trợ nhất được gọi là liên trạng thuyết (steady state theory). Thuyết nầy được đề xướng năm 1948 do Hermann Bondi và Thomas Gold, hai người đào tị từ nước Áo đang bị Đức Quốc Xã chiếm đóng, cùng với Briton, Fred Hoyle, những người cùng làm việc với họ để triển khai *radar* trong cuộc chiến. Trọng tâm của thuyết nầy là, khi các thiên hà di chuyển ra xa nhau, những thiên hà mới tiếp tục hình thành trong những khoảng trống do các thiên hà cũ đã tạo ra, và hình thành từ vật thể mới được liên tục cấu tạo. Vũ trụ vì thế trông giống nhau ở mọi thời điểm cũng như mọi vị trí không gian. Liên trạng thuyết đòi hỏi một sửa đổi trong tổng thuyết tương đối để dung nạp sự sản tạo liên tục vật thể, nhưng nhịp độ sản tạo nầy quá thấp (khoảng một đơn tử cho mỗi kilomét khối mỗi năm) nên nó không mâu thuẫn với cuộc thử nghiệm. Lý thuyết nầy là một lý thuyết khoa học tốt, theo nghĩa: Giản dị và thực hiện những tiên đoán rõ ràng có thể thử nghiệm bằng quan sát. Một trong những tiên đoan nầy là: số lượng thiên hà hay thiên thể tương tự trong một thể tích không gian nào đó sẽ không thay đổi cho dù chúng ta nhìn vào vũ trụ ở bất kỳ nơi nào hay lúc nào.

## Nguồn sóng vô tuyến

Cuối thập niên 1950 và đầu thập niên 1960 một dự án trinh sát nguồn gốc sóng vô tuyến từ ngoài không gian được thực hiện tại Cambridge do một nhóm nhà thiên văn học đứng đầu là Martin Ryle (người cũng từng làm việc với Bondi, Gold, và Hoyle trong công tác *radar* trong chiến tranh). Nhóm Cambridge cho thấy rằng đa số những nguồn sóng vô tuyến nầy phải nằm bên ngoài thiên hà của chúng ta (thực vậy, nhiều nguồn sóng loại nầy có thể nhận diện nơi các thiên hà khác) và cũng cho thấy rằng những nguồn sóng yếu có nhiều hơn nguồn sóng mạnh. Họ giải thích những sóng yếu là những sóng xa hơn và sóng mạnh là những sóng gần hơn. Kế tiếp, nếu tính theo đơn vị thể tích không gian, hình như những sóng gần ít có những nguồn gốc chung hơn là những sóng xa. Điều nầy có thể có nghĩa là chúng ta đang ở tại trung tâm của một vùng rộng lớn trong vũ trụ, nơi có ít nguồn sóng hơn nơi khác. Nói cách khác, điều đó cũng có nghĩa là, so với hiện tại, những nguồn sóng có nhiều hơn trong quá khứ, thời kỳ mà những sóng vô tuyến di hành đến chúng ta. Giải thích theo lối nào cũng mâu thuẫn với những tiên đoán của liên trạng thuyết. Hơn nữa, sự khám phá bức xạ vi ba (microwave radiation) của Penzias và Wilson năm 1965 cũng cho thấy rằng vũ trụ phải có tỉ trọng nặng hơn trong quá khứ. Liên tịnh thuyết do đó phải bị bãi bỏ.

Nhằm né tránh kết luận là phải có *Big Bang* và do đó phải có khởi thủy của thời gian, một cố gắng khác được thực hiện năm 1963 bởi hai khoa học gia người Nga, Evgenii Lifshitzi và Isaac Khalanikov. Họ cho rằng *Big Bang* có thể chỉ là một biệt thái (peculiarity) của những mô hình của Friedmann; những mô hình nầy tựu trung chỉ là những phỏng đoán của vũ trụ thực mà thôi. Có lẽ, trong tất cả những mô hình đại để giống như vũ trụ thực, chỉ có mô hình của Friedmann là có chứa đơn trạng *Big Bang* (*Big Bang singularity*). Trong các mô hình của Friedmann, tất cả các thiên hà đều trực chỉ di chuyển xa ra nhau – do đó, không có gì đáng ngạc nhiên khi nói rằng tại một thời điểm nào đó trong quá khứ tất cả mọi thiên hà đều ở tại một chỗ như nhau. Tuy nhiên, trong vũ trụ thực, những thiên hà không phải chỉ trực chỉ di chuyển xa ra nhau – chúng cũng có những phương tốc nhỏ chuyển sang các bên (small sideways velocities). Do đó, trên thực tế, tuyệt đối không nhất thiết là chúng đã phải ở cùng một nơi, mà chỉ ở rất gần nhau thôi. Có thể vũ trụ đang bành trướng hiện nay không phải bắt nguồn từ đơn trạng *Big Bang*, nhưng từ một giai đoạn co rút trước kia; khi vũ trụ co rút, những đơn tử (particles) trong đó có thể không va chạm vào nhau, nhưng bay qua cạnh nhau và rời xa nhau ra trở lại, tạo nên sự bành trướng hiện nay của vũ trụ. Như thế chúng ta làm sao có thể nói rằng vũ trụ thoát sinh từ *Big Bang*? Mục tiêu của Lifshitz và Khalatnikov là nghiên cứu những mô hình vũ trụ đại để tương tự như những mô hình của Friedmann nhưng lưu tâm đến những hiện tượng bất bình thường và những phương tốc tùy tiện trong vũ trụ thực. Họ cho thấy rằng những mô hình như thế có thể thoát sinh từ một biến cố *Big Bang*, cho dù những thiên hà không còn luôn luôn trực chỉ di chuyển xa ra nhau, nhưng họ nói rằng khả năng đó chỉ có đối với một số mô hình ngoại lệ, trong đó tất cả các thiên hà đều trực chỉ di chuyển xa ra nhau. Họ lý luận rằng, vì hình như có sự hơn hẳn về số lượng của những mô hình theo lối Friedmann không có một đơn trạng *Big Bang* so với những mô hình có đơn trạng *Big Bang* nên chúng ta nên kết luận rằng trên thực tế không có một *Big Bang*. Tuy nhiên, về sau họ nhận thức được rằng có một thể loại tổng quát hơn rất nhiều bao gồm những mô hình tương tự như mô hình của Friedmann có hiện diện của những đơn trạng *Big Bang*, và trong đó những thiên hà không phải di chuyển theo một hướng nào nhất định. Vì thế, họ rút lại luận thuyết của họ vào năm 1970.

Công trình của Lifshitz và Khalanitkov có giá trị vì nó chứng minh được rằng vũ trụ *có thể* có một đơn trạng, một *Big Bang*, nếu tổng thuyết tương đối đúng. Tuy nhiên, công trình đó không trả lời câu hỏi then chốt: Liệu tổng thuyết tương đối có tiên đoán vũ trụ của chúng ta có hay không có một *Big Bang*, một bắt đầu của thời gian? Câu trả lời về việc nầy đến từ một phương án hoàn toàn khác biệt đưa ra năm 1965 bởi Roger Penrose, một nhà toán học và vật lý học người Anh. Xử dụng cách thức mà những hình nón ánh sáng (light cones)[*] tác hành theo luật tổng tương đối, phối hợp với sự kiện trọng lực luôn luôn cuốn hút, ông cho thấy rằng, khi co rút dưới sức ép của chính trọng lực của mình (collapse under its own gravity), tinh tú bị vướng vào một vùng không-thời-gian; kích thước bề mặt của vùng nầy cuối cùng sẽ trở nên *zero*. Và vì bề mặt của vùng nầy co rút thành *zero* nên thể tích của nó cũng trở thành *zero*. Tất cả vật thể trong tinh tú sẽ co rút vào một vùng có thể tích *zero*, do đó tỉ trọng của vật thể và độ cong (curvature) của không-thời-gian trở nên vô hạn. Nói cách khác, chúng ta có một đơn trạng (singularity) chứa đựng trong một vùng không-thời-gian được gọi là một hố đen (black hole).

**[*] *Light Cone (nón ánh sáng)*** là lộ trình của một tia sáng đi xuyên qua không-thời-gian. Khi thời gian triển khai, ánh sáng từ tia sáng tỏa ra thành một vòng tròn, và kết quả là một hình nón. Trong thực tế, có ba chiều không gian nên ánh sáng thực sự tạo thành một khối cầu (sphere) trong *không gian, và nón ánh sáng thực sự là một hình bốn chiều, nhưng dễ nhìn thấy hơn dưới dạng một hình nón.*

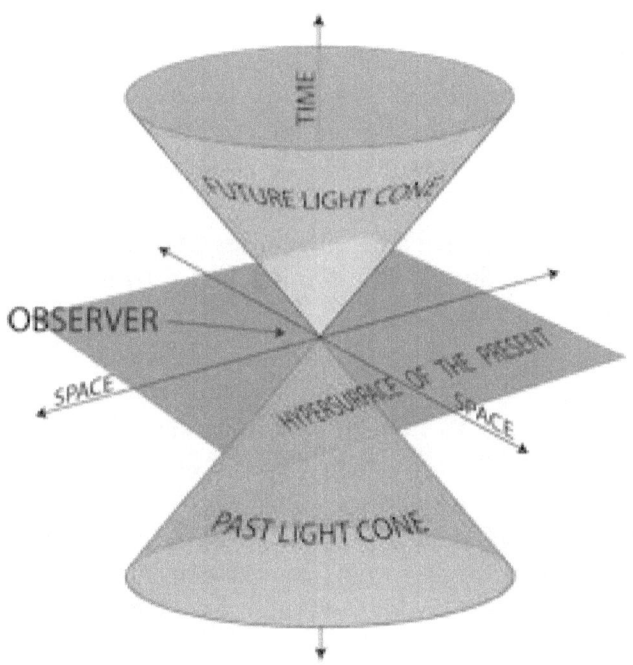

Trong không-thời-gian, trên phương diện hình học, chiều thời gian khác với ba chiều không gian. Với hai chiều không gian, chúng ta có thể xoay (rotate) khung quy chiếu (frame of reference). Nếu trục X xoay theo chiều kim đồng hồ thì trục Y cũng xoay như thế. Cuối cùng, toàn bộ khung quy chiếu có thể xoay trọn một vòng. Điều nầy không thể làm được trong không-thời-gian. Với một chiều thời gian và một chiều không gian, khung quy chiếu sẽ di chuyển thế nào? Nếu chiều thời gian xoay theo chiều kim đồng hồ thì chiều không gian sẽ xoay ngược lại. Những đơn vị thời gian và đơn vị không gian trải dài ra.

*Nếu khung quy chiếu tiếp tục xoay nhanh hơn thì cuối cùng những chiều không gian và thời gian sẽ gặp nhau ở 45 độ, và chúng ta sẽ di chuyển theo vận tốc ánh sáng, dọc theo bề mặt của nón ánh sáng. Những đơn vị thời gian và đơn vị không gian kéo dài ra thành vô hạn, và mọi vật giảm vận tốc để rồi ngừng hẳn lại.*

## Đơn trạng *Big Bang*

Mới nhìn qua, hệ quả Penrose chỉ áp dụng cho tinh tú mà thôi; nó không đề cập đến câu hỏi liệu toàn thể vũ trụ có một đơn trạng *Big Bang* trong quá khứ. Tuy nhiên, vào lúc mà Penrose đưa ra định lý của ông, Stephen Hawking hãy còn là một sinh viên nghiên cứu đang ráo riết tìm kiếm một đề tài nhằm hoàn tất luận án Ph.D. của ông. Hai năm trước đó, ông đã được chẩn đoán mang một chứng bệnh *ALS* thường được gọi là bệnh *Lou Gehrig* hay *motor neuron disease* (bệnh thần kinh vận động). Điều nầy có nghĩa là ông chỉ còn sống được một hay hai năm nữa thôi. Trong hoàn cảnh đó, còn lý do gì mà đeo đuổi văn bằng Ph.D. – Ông không hi vọng sống sót lâu như vậy. Tuy nhiên, hai năm trôi qua và tình trạng sức khỏe của ông không tồi tệ hơn cho lắm. Thực tế, sự việc diễn tiến thuận lợi cho ông và ông đã đính hôn với một cô gái rất xinh đẹp, Jane Wilde. Nhưng muốn làm đám cưới thì ông cần phải có việc làm, và muốn có việc làm thì ông phải có bằng Ph.D. Năm 1965 ông có đọc về định lý của Penrose theo đó bất cứ một vật thể nào chịu sự co rút vì trọng lực cuối cùng đều phải tạo ra một đơn trạng. Ông lập tức nhận thức được rằng, nếu đảo ngược thời gian trong thuyết của Penrose – nghĩa là biến sự co rút (collapse) thành bành trướng (expansion) – thì những điều kiện của định lý vẫn đứng vững, miễn sao vũ trụ phải đại để tương tự như mô hình của Friedmann trên cự ly lớn trong hiện tại. Định lý Penrose cho rằng bất kỳ tinh tú bị co rút nào đều *phải* chấm dứt bằng một đơn trạng. Định lý mới với thời gian bị đảo ngược lại cho thấy rằng bất kỳ một vũ trụ bành trướng nào theo mô hình của Friedmann cũng *phải* bắt đầu bằng một đơn trạng. Vì lý do kỹ thuật, định lý Penrose đòi hỏi vũ trụ phải vô hạn về mặt không gian. Như thế thực tế ông có thể dùng định lý đó để chứng minh rằng chỉ có đơn trạng nếu vũ trụ bành trướng đủ nhanh để tránh bị co rút trở lại một lần nữa (vì chỉ có những mô hình của Friedmann mới vô hạn trong không gian). Trong vài năm sau, ông đã triển khai những kỹ thuật mới để hủy bỏ đòi hỏi nầy và những điều kiện kỹ thuật khác trong các định lý chứng minh rằng những đơn trạng phải xảy ra. Thành quả cuối cùng là một tác phẩm viết chung của Penrose và ông năm 1970; tác phẩm nầy cuối cùng chứng minh rằng đã phải có một đơn trạng *Big Bang* với điều kiện duy nhất là tổng thuyết tương đối phải đúng và vũ trụ phải chứa đủ vật thể như chúng ta quan sát. Nhiều người phản đối quan điểm của họ, một phần là người Nga, vì theo giáo điều Marxist, họ tin vào tất định thuyết khoa học, phần khác là những người cảm thấy ý tưởng đơn trạng là đáng ghét và hủy hoại cái đẹp của lý thuyết Einstein. Tuy nhiên, không ai có thể tranh luận được với một định lý toán học. Vì thế, cuối cùng công trình của họ được chấp nhận rộng rãi và ngày nay gần như mọi người đều giả định vũ trụ bắt đầu từ một đơn trạng *Big Bang*.

Có lẽ thật mỉa mai khi, vì thay đổi tư duy, ông hiện nay đang nỗ lực thuyết phục những vật lý gia khác rằng thực tế không có một đơn trạng nào trong khởi thủy của vũ trụ - như chúng ta sẽ thấy sau nầy, quan niệm đơn trạng đó sẽ triệt tiêu khi chúng ta ý thức vai trò quan trọng của những hệ quả *quantum* (lượng tử). Trong phần tài liệu nầy, chúng ta đã thấy, chưa đầy một nửa thế kỷ, vũ trụ quan của con người đã thay đổi đến mức nào, một vũ trụ quan đã hình thành hơn một thiên kỷ. Sự khám phá của Hubble về sự bành trướng của vũ trụ, và việc nhận thức sự vô nghĩa của hành tinh chúng ta trong vũ trụ bao la chẳng qua chỉ là một khởi điểm. Cùng với sự gia tăng những bằng chứng qua thí nghiệm và lý thuyết, càng ngày càng rõ ràng là vũ trụ phải có một khởi điểm trong thời gian. Cho đến năm 1970, điều đó cuối cùng đã được Penrose và Hawking chứng minh, trên căn bản tổng thuyết tương đối của Einstein. Việc chứng minh nầy cho thấy rằng tổng thuyết tương đối chỉ là một lý thuyết chưa hoàn chỉnh: <u>Nó không thể nói với chúng ta vũ trụ bắt đầu như thế nào, vì nó tiên đoán rằng tất cả lý thuyết vật lý, kể cả tổng thuyết tương đối, đều triệt tiêu tại khởi điểm của vũ trụ</u>. Tuy nhiên, tổng thuyết tương đối tuyên bố chỉ là một lý thuyết phân bộ (partial theory), cho nên điều mà định lý đơn trạng thực sự muốn cho thấy là: Phải có một thời điểm trong thời kỳ sơ khai của vũ trụ, thời điểm mà vũ trụ còn rất nhỏ, nhỏ đến độ người ta không còn có thể làm ngơ trước những hệ quả trên cự ly nhỏ trong phần lớn lao kia của lý thuyết gồm hai phần của thế kỷ hai mươi - tức vật lý *quantum*. <u>Vì vậy, vào đầu thập niên 1970, trong nỗ lực tìm hiểu vũ trụ, chúng ta bị bắt buộc phải xoay chiều từ lý thuyết của những **phạm trù cực đại tượng** sang lý thuyết của những **phạm trù cực vi lượng**. Lý thuyết nầy - tức **vật lý *quantum*** - sẽ được mô tả ở phần tiếp theo, trước khi chúng ta quay sang những cố gắng nhằm tổng hợp hai lý thuyết phân bộ thành một lý thuyết *quantum* duy nhất về trọng lực.

# Chương IV

# Nguyên Lý Bất Xác

(The Uncertainty Principle)

## Tổng Quát

Sự thành công của các lý thuyết khoa học, đặc biệt là thuyết trọng lực của Newton, đã khiến khoa học gia người Pháp là Laplace vào những năm đầu của thế kỷ 19 lý luận rằng vũ trụ là hoàn toàn tất định (deterministic). Laplace cho rằng có thể có một số định luật khoa học cho phép chúng ta tiên đoán mọi điều xảy ra trong vũ trụ nếu chúng ta biết toàn bộ trạng thái hiện hữu của vũ trụ trong một thời điểm nào đó. Ví dụ, nếu biết được vị trí và phương tốc của mặt trời và các hành tinh tại một thời điểm nào đó thì chúng ta có thể xử dụng các định luật của Newton để tính ra trạng thái của Thái Dương Hệ tại một thời điểm khác.

Tất định thuyết hình như khá hiển nhiên đối với trường hợp nầy, nhưng Laplace đi xa hơn và ước đoán rằng có những định luật tương tự chi phối những sự kiện khác, kể cả hành vi con người. Tất định thuyết khoa học (scientific determinism) bị nhiều người phản đối, cho rằng nó vi phạm quyền tự do của Thượng Đế can dự vào thế giới, nhưng thuyết nầy tiếp tục là giả định căn bản của khoa học cho đến những năm đầu của thế kỷ nầy. Một trong những chỉ dấu cho thấy niềm tin tất định thuyết phải được bãi bỏ xảy đến khi những tính toán của hai khoa học gia Lord Rayleigh và Sir James Jeans cho thấy rằng một vật thể hay

## Chương IV: Nguyên Lý Bất Xác

thiên thể nóng như một tinh tú phải phát nhiệt theo một nhịp độ vô hạn (at an infinite rate). Theo những định luật mà chúng ta tin tưởng hiện thời, <u>một thiên thể nóng phải phát ra những sóng điện từ (electromagnetic wave) – như sóng vô tuyến, ánh sáng khả thị (visible light), hay tia X - với một số năng lượng bằng nhau trên tất cả mọi tần số</u> (frequencies). Chẳng hạn, dù với tần số nằm giữa 1 triệu triệu và 2 triệu triệu sóng mỗi giây hay tần số nằm giữa 2 triệu triệu và 3 triệu triệu sóng mỗi giây thì một thiên thể nóng cũng sẽ phát ra một số năng lượng như nhau. Do đó, vì số lượng sóng phát ra trong một giây là vô hạn, điều đó có nghĩa là tổng số năng lượng phát ra cũng sẽ vô hạn.

Để tránh kết quả rõ ràng trớ trêu nầy, khoa học gia người Đức, Max Planck, năm 1900 đã cho gợi ý rằng ánh sáng, tia X, và những sóng khác không thể phát ra theo một nhịp độ tùy tiện (arbitrary rate), nhưng chỉ được phát ra theo từng tổ hợp (packet) được gọi là *quanta* hay *quantum* (lượng tử). Hơn nữa, mỗi *quantum* có một số năng lượng nào đó; số lượng nầy sẽ càng lớn hơn khi tần số càng cao, do đó trên một tần số khá cao một *quantum* khi phát sóng đòi hỏi một số năng lượng vượt ngoài số lượng hiện có. Vì vậy, năng lượng phát ra trên tần số cao sẽ bị giảm sút, và do đó nhịp độ phát (rate of emission) lúc một thiên thể mất năng lượng sẽ hữu hạn (finite).

Giả thuyết *quantum* giải thích rất kỹ nhịp độ phát quan sát được từ các thiên thể nóng, nhưng những hàm ngụ của giải thích nầy liên quan đến tất định thuyết không ai nhận thấy cho mãi đến năm 1926, khi một khoa học gia người Đức khác, Werner Heisenberg, đưa ra nguyên lý bất xác nổi tiếng của ông. Muốn tiên liệu được phương tốc và vị trí của một đơn tử (particle), người ta phải đo lường được vị trí và phương tốc hiện tại của nó một cách chính xác. Phương pháp cụ thể nhất để làm việc nầy là rọi ánh sáng lên đơn tử. Một số quang ba sẽ được phát tán ra từ đơn tử và giúp xác định được vị trí của nó.

Tuy nhiên, người ta không thể xác định vị trí của một đơn tử chính xác nếu không xác định khoảng cách giữa các đỉnh sóng ánh sáng (wave crests of light), và do đó, người ta cần xử dụng ánh sáng có độ dài sóng ngắn để đo lường vị trí của đơn tử một cách chính xác. Bây giờ, theo giả thuyết lượng tử của Planck, người ta không thể tùy tiện xử dụng lượng ánh sáng nào cũng được; phải xử dụng ít nhất là một *quantum*. *Quantum* nầy sẽ nhiễu động (disturb) đơn tử và thay đổi phương tốc của nó theo một cách thức không thể tiên liệu được. Ngoài ra, vị trí được đo lường càng chính xác thì độ dài sóng xử dụng càng ngắn và do đó năng lượng của *quantum* càng cao. Như thế, phương tốc của đơn tử sẽ bị nhiễu động bằng một số lượng năng lượng lớn hơn. Nói cách khác, đo lường vị trí của đơn tử càng chính xác bao nhiêu thì đo lường phương tốc của nó càng kém chính xác bấy nhiêu, và ngược lại. Heisenberg cho thấy rằng tích số của độ bất xác về vị trí, độ bất xác về phương tốc và trọng khối của đơn tử không bao giờ có thể nhỏ hơn một hằng số được gọi là hằng số Planck (Planck's constant). Hơn nữa, giới hạn nầy không lệ thuộc vào phương pháp mà người ta dùng để đo vị trí và phương tốc của đơn tử, hay vào thể loại của đơn tử: Nguyên lý bất xác của Heisenberg là thuộc tính căn bản, tất yếu của vũ trụ.

Nguyên lý bất xác có những hệ quả sâu xa trong cách thức chúng ta nhìn vũ trụ. Sau hơn 17 năm, những hệ quả nầy vẫn không được các triết gia đánh giá đầy đủ và hiện vẫn còn là đề tài của nhiều tranh luận. Nguyên lý bất xác báo hiệu sự cáo chung của giấc mơ Laplace về một lý thuyết khoa học, một mô hình vũ trụ hoàn toàn tất định: Chắc chắn không thể tiên đoán được những biến cố tương lai một cách chính xác nếu không thể đo lường được trạng thái hiện tại của vũ trụ một cách chính xác! Chúng ta vẫn có thể tưởng tượng có một số định luật do một đấng siêu việt nào đó thiết lập nhằm quyết định toàn bộ những biến cố, một đấng có thể quan sát trạng thái hiện có của vũ trụ mà không hề nhiễu động vũ trụ đó. Tuy nhiên, những mô hình như thế về vũ trụ không dính dáng gì với chúng ta, những kẻ trần tục. Tốt hơn nên dùng nguyên tắc kinh tế Occam (Occam's razor) và phân mỏng tất cả những thành phần của một lý thuyết vốn không thể quan sát được. Nguyên tắc nầy đã khiến Heisenberg, Erwin Schrödinger, và Paul Dirac, năm 1920, biến cãi cơ học lại thành một lý thuyết mới được gọi là cơ học lượng tử (*quantum* mechanics), dựa vào nguyên lý bất xác. Theo nguyên lý nầy, các đơn tử không còn có những vị trí và phương tốc riêng biệt, hoàn toàn xác định không thể quan sát được. Thay vì như thế, chúng có một trạng thái lượng tử (*quantum* state), một tổng hợp của vị trí và phương tốc.

Nói chung, cơ học lượng tử không tiên đoán một kết quả riêng biệt nhất định trong quan sát. Trái lại, nó tiên đoán một số kết quả khác nhau có thể có và cho chúng ta thấy mỗi kết quả đó có thể như thế nào. Nghĩa là, nếu thực hiện một đo lường giống nhau trên một số hệ thống tương tự, mỗi hệ bắt đầu như nhau, thì người ta sẽ thấy rằng kết quả đo lường sẽ là *A* trong một số trường hợp nào đó và *B* trong một số trường khác, v.v. Người ta có thể ước đoán bao nhiêu lần xảy ra *A* hay *B*, nhưng không thể tiên đoán kết quả nhất định đối với một đo lường cá biệt nào đó. Do đó, cơ học lượng tử đưa vào khoa học yếu tố tất yếu của tính bất khả tiên liệu (unavoidable element of unpredictability) hay tùy tiện (randomness). Einstein mạnh mẽ phản đối điều nầy, mặc dù ông đã đóng một vai trò quan trọng trong sự phát triển những tư tưởng nầy. Einstein đã được giải Nobel về những đóng góp của ông cho lý thuyết *quantum*. Tuy nhiên, Einstein không bao giờ chấp nhận rằng vũ trụ vận hành một cách tùy tiện. Tư duy của ông được tóm tắt trong câu nói nổi tiếng, "*Thượng đế không chơi trò may rủi – God does not play dice.*" Nhưng hầu hết các khoa học gia khác thích chấp nhận cơ học *quantum* vì nó hoàn toàn phù hợp với thực nghiệm. Thực vậy, *quantum* đã trở thành một lý thuyết thành công phi thường và là nền tảng của gần như tất cả khoa học và kỹ thuật hiện đại. *Quantum* chi phối tác hành của các bộ phận bán dẫn (transistors) và vi mạch (integrated circuits) - những thành tố chủ yếu của các thiết bị điện tử như truyền hình và vi tính, và cũng là nền tảng của hoá học và sinh học hiện đại. Lãnh vực khoa học vật lý duy nhất mà cơ học *quantum* chưa thực sự tham dự vào là trọng lực (gravity) và cấu trúc đại tượng của vũ trụ (large-scale structure of the universe).

## Thuyết *quantum*

Mặc dù ánh sáng là do sóng (waves), thuyết *quantum* của Planck cho thấy rằng, theo thể thức nào đó, ánh sáng tác hành như được cấu tạo bằng những đơn tử: ánh sáng chỉ có thể được phát ra và hấp thụ theo từng những tổ hợp (packets) hay *quanta* (lượng tử). Tương tự, nguyên lý bất xác của Heisenberg hàm ngụ rằng đơn tử, trên một phương diện nào đó, tác hành giống như sóng: chúng không có một vị trí nhất định, nhưng bị "nhạt nhoà (smeared out)" theo một phân phối xác suất nào đó (certain probability distribution). Thuyết cơ học *quantum* được đặt trên một loại toán học hoàn toàn mới không còn có mục đích **mô tả** thế giới thực dựa vào đơn tử và sóng mà chỉ **quan sát** cái thế giới có thể mô tả được dựa vào đơn tử và sóng đó mà thôi. Do đó, có một quan hệ song phương (duality) giữa

## Chương IV: Nguyên Lý Bất Xác

<u>đơn tử và sóng trong cơ học *quantum*: vì những mục tiêu nào đó, nên xem đơn tử như sóng và, vì những mục tiêu khác, tốt hơn nên xem sóng như đơn tử</u>. Một hệ quả của điều nầy là người ta có thể quan sát hiện tượng được gọi là nhiễu xạ (interference) giữa hai hệ sóng hay hai hệ đơn tử. Nghĩa là, những đỉnh (crests) của một hệ sóng có thể trùng hợp với những đáy sóng (troughs) của hệ sóng kia. Trong trường hợp nầy, hai hệ triệt tiêu lẫn nhau thay vì tăng cường để trở thành một sóng mạnh hơn như người ta mong đợi (xin xem hình 4.1).

Một ví dụ tương tự của nhiễu xạ ánh sáng là màu sắc thường được thấy trong những bong bóng xà phòng. Những màu nầy là do phản xạ (reflections) ánh sáng từ hai phía của màng nước mỏng tạo nên bong bóng. Màu trắng gồm sóng ánh sáng của tất cả những độ dài sóng hay màu khác nhau. Đối với một số độ dài sóng, những đỉnh sóng được phản chiếu từ một phía của màng nước xà phòng trùng hợp với những đáy sóng phản chiếu từ phía bên kia. Màu sắc tương ứng với những độ dài sóng nầy vắng mặt trong ánh sáng được phản chiếu, do đó ánh sáng nầy không còn là màu trắng nữa và trở nên có một màu nào khác hơn màu trắng.

Nhiễu xạ cũng có thể xảy ra đối với đơn tử do quan hệ song phương trong cơ học *quantum*. Ví dụ nổi tiếng liên quan đến hiện tượng nầy là thí nghiệm với hai khe ánh sáng (hình 4.2). Hai khe nầy nằm trên vách ngăn phía trước. Nguồn sáng đi đến vách ngăn có một màu sắc đặc biệt (nghĩa là có một độ dài sóng nào đó). Hầu hết ánh sáng sẽ chiếu lên vách ngăn, nhưng một phần nhỏ sẽ đi qua hai khe. Bây giờ chúng ta thử đặt một màn chắn thứ hai phía sau

## Chương IV: Nguyên Lý Bất Xác

màn thứ nhất. Bất kỳ điểm nào trên màn nầy cũng nhận được sóng đi đến từ hai khe. Tuy nhiên, nói chung, có sự khác nhau trong khoảng cách mà ánh sáng đi từ nguồn sáng đến màn chắn thứ hai xuyên qua hai khe. Điều nầy có nghĩa là những sóng ánh sáng đến từ hai khe sẽ không đồng bộ với nhau khi chúng đến màn chắn thứ hai: tại một vài nơi, các sóng triệt tiêu lẫn nhau, và tại những nơi khác, chúng sẽ tăng cường lẫn nhau. Kết quả là một biểu mẫu gồm những vệt sáng và tối.

Điểm đáng chú ý là biểu mẫu đó sẽ không thay đổi nếu chúng ta thay thế nguồn sáng bằng nguồn đơn tử như *electrons* với một vận tốc nhất định (nghĩa là những độ dài sóng tương ứng có một chiều dài nhất định). Hiện tượng đó càng đáng chú ý hơn thế nữa: nếu chỉ có một khe thì người ta không thấy những vệt nào cả mà chỉ là một phát tán đồng đều của *electrons* trên màn chắn. Do đó người ta có thể nghĩ rằng nếu mở một khe thứ nhì thì nhất định sẽ tăng số lượng *electrons* tại mỗi điểm trên màn chắn, nhưng, do hậu quả của nhiễu xạ, số lượng nầy lại giảm đi tại một số nơi. Nếu mỗi lần chỉ gởi đi một *electron* thì người ta có thể tưởng mỗi *electron* sẽ chỉ đi qua một trong hai khe, và như thế sẽ không khác nào chỉ có một khe trên đó mà thôi – nghĩa là sẽ tạo ra một phát tán đồng đều trên màn chắn. Tuy nhiên, trên thực tế, cho dù gởi *electron* đi từng cái một thì những vệt vẫn xuất hiện. Do đó, mỗi *electron* phải đi qua cả **hai** khe cùng một lúc!

# Chương IV: Nguyên Lý Bất Xác

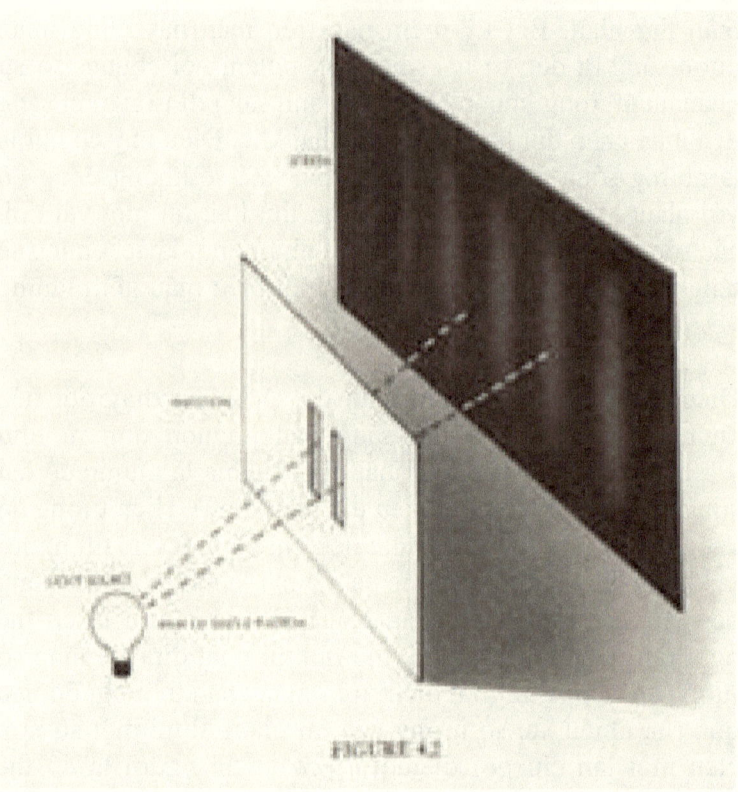

FIGURE 4.2

Hiện tượng nhiễu xạ giữa các đơn tử giúp chúng ta rất nhiều trong việc tìm hiểu cấu trúc của nguyên tử, những đơn thể cơ bản của hóa học và sinh học và là những cấu tố (building blocks) tạo nên sự hiện hữu của chúng ta và mọi vật thể chung quanh chúng ta. Vào đầu thế kỷ nầy, người ta nghĩ rằng nguyên tử không khác gì những hành tinh quay chung quanh mặt trời, với *electrons* (đơn tử mang điện âm) quay chung quanh một nhân trung ương (central nucleus) mang theo điện dương. Sức hút giữa điện âm và điện dương giả định sẽ giữ các *electrons* trên quỹ đạo của chúng tương tự như sức hút của trọng lực giữ các hành tinh trên quỹ đạo quanh mặt trời. Vấn nạn của lối suy nghĩ nầy nằm ở chỗ:

## Chương IV: Nguyên Lý Bất Xác

trước khi có vật lý *quantum*, những định luật về điện và cơ học đều dự đoán những *electrons* sẽ mất năng lượng và do đó sẽ xoắn ốc vào trong cho đến khi chạm phải nhân nguyên tử. Điều nầy có nghĩa là nguyên tử, và thực ra tất cả vật thể, sẽ nhanh chóng co rút lại thành một trạng thái tỉ trọng rất cao. Để giải quyết phần nào cho vấn đề nầy, khoa học gia người Đan Mạch, Niels Bohr đã đưa ra một giải pháp vào năm 1913. Ông cho rằng có lẽ *electrons* không thể xoay vòng chung quanh nhân nguyên tử ở một khoảng cách tùy tiện nhưng phải ở vào những khoảng cách nhất định nào đó. Nếu người ta cũng giả định rằng chỉ một hay hai *electrons* được xoay tại một trong những khoảng cách đó thì có thể giải quyết vấn đề va chạm nguyên tử, vì các *electrons* không thể xoay vòng vượt qua những quỹ đạo với khoảng cách và năng lượng tối thiểu.

Mô hình nầy giải thích rất tốt cấu trúc của một nguyên tử đơn giản nhất, *hydrogen*, vì nguyên tử nầy chỉ có một *electron* xoay quanh nhân. Nhưng không rõ làm thế nào giải thích những nguyên tử phức tạp hơn. Hơn nữa, quan niệm một hệ giới hạn những quỹ đạo được ấn định hình như quá độc đoán. Lý thuyết mới của cơ học *quantum* giải quyết được vấn đề nầy. Lý thuyết nầy cho thấy rằng một *electron* xoay quanh hạt nhân có thể được quan niệm như một sóng, với độ dài sóng tùy vào phương tốc của nó. Với một số quỹ đạo, độ dài có thể tương ứng với một số nguyên (khác với phân số) của những độ dài sóng của *electrons*. Đối với những quỹ đạo nầy, đỉnh sóng sẽ ở vào cùng một vị trí trong mỗi vòng quay, cho nên các sóng sẽ tích lũy lên: những quỹ đạo nầy tương ứng với những quỹ đạo cho phép (allowed orbits) của Bohr. Tuy nhiên, đối với những quỹ đạo mà độ dài sóng không phải là số nguyên thì mỗi đỉnh sóng cuối cùng sẽ bị triệt tiêu bởi một đáy sóng khi *electrons* xoay quanh; những quỹ đạo nầy sẽ không được cho phép.

## Hướng trình tổng sóng

Một phương pháp hữu hiệu nhằm hình dung thế song lập sóng/đơn tử (wave/particle duality) được mệnh danh là hướng trình tổng sóng (sum over histories) do Richard Feynman, khoa học gia người Mỹ, đưa ra. Theo phương pháp nầy, đơn tử không được xem là chỉ có một lịch sử hay lộ trình trong không-thời-gian, như trong lý thuyết cổ điển, phi lượng tử (*non-quantum*). Thay vì như thế, đơn tử giả định đi từ *A* đến *B* theo bất kỳ lộ trình nào có thể có. <u>Mỗi lộ trình đều kèm theo hai con số: một tượng trưng cho kích thước của sóng và một cho vị trí trong chu kỳ</u> (nghĩa là đỉnh sóng hay đáy sóng). Xác suất đi từ *A* đến *B* được tính bằng cách cộng lại những sóng của tất cả các lộ trình. Nói chung, nếu so sánh một hệ các số lộ trình lân cận thì những vị trí trong chu kỳ sẽ khác nhau rất nhiều. Điều nầy có nghĩa là những sóng liên quan đến những lộ trình nầy sẽ gần như triệt tiêu lẫn nhau. Tuy nhiên, đối với một số hệ lộ trình lân cận, vị trí chu kỳ sẽ không thay đổi nhiều giữa các lộ trình. Những sóng liên quan đến những lộ trình nầy sẽ không triệt tiêu lẫn nhau. Những lộ trình như thế tương ứng với những quỹ đạo cho phép của Bohr.

Với những ý niệm nầy, dưới hình thức toán học cụ thể, sẽ tương đối dễ dàng tính ra những quỹ đạo cho phép trong những nguyên tử phức tạp và cả trong những phân tử (*molecules*) được cấu tạo bởi một số nguyên tử quy tụ vào nhau bằng những *electrons* xoay quanh từ hai hạt nhân trở lên. Vì cấu trúc phân tử và những phản ứng của chúng với nhau là nền tảng của tất cả hóa học và sinh học, cơ học *quantum* cho phép chúng ta trên nguyên tắc được tiên đoán

## Chương IV: Nguyên Lý Bất Xác

gần như mọi sự việc mà chúng ta thấy chung quanh, bên trong những giới hạn mà nguyên lý bất xác ấn định. (Tuy nhiên, trong thực tế, những tính toán dành cho những hệ thống gồm nhiều *electrons* thì quá phức tạp nên chúng ta không thể thực hiện được.)

Tổng thuyết tương đối của Einstein dường như chi phối cấu trúc đại quy mô của vũ trụ. Thuyết nầy được gọi là lý thuyết cổ điển, nghĩa là nó không quan tâm đến nguyên lý bất xác của cơ học *quantum*, một quan tâm lẽ ra phải có để phù hợp với các lý thuyết khác. Lý do sự kiện trên không đưa đến một mâu thuẫn nào với những điều quan sát được là vì tất cả từ trường (gravitational fields) mà chúng ta kinh qua đều rất yếu. Tuy nhiên, những định lý đơn trạng (singularity theorems) được trình bày trước đây cho thấy rằng từ trường sẽ trở nên rất mạnh trong ít nhất là hai hoàn cảnh - hố đen và *Big Bang* (*black hole and Big Bang*). Trong những từ trường mạnh như thế, hệ quả của cơ học *quantum* sẽ trở thành quan trọng. Như vậy, theo một nghĩa nào đó, khi tiên đoán hiện tượng tỉ trọng vô hạn, tổng thuyết tương đối cổ điển tiên đoán được sự sụp đổ của chính nó khi cho rằng những nguyên tử sẽ sụp đổ trong tỉ trọng vô hạn. Chúng ta vẫn chưa có được một lý thuyết hoàn chỉnh có hệ thống nhằm thống nhất tổng thuyết tương đối và cơ học *quantum*, nhưng chúng ta biết chắc một số đặc tính của lý thuyết đó. Hậu quả mà những đặc tính nầy sẽ có đối với những hố đen và *Big Bang* sẽ được mô tả trong những chương tiếp theo. Tuy nhiên, trong chương nầy, chúng ta nên quay lại những cố gắng nhằm kết hợp sự hiểu biết của chúng ta về những lực thiên nhiên khác nhau thành một lý thuyết *quantum* duy nhất, đồng bộ.

# Chương V

# Đơn Tử và Lực Thiên Nhiên

**(Elementary Particles and The Forces of Nature)**

## Tổng Quát

Aristote tin rằng mọi vật thể trong vũ trụ đều được cấu tạo bằng 4 yếu tố: đất, không khí, lửa, và nước. Những yếu tố nầy được tác động bởi hai lực: trọng lực (gravity) – khuynh hướng khiến đất và nước sụt xuống - và sức đẩy (levity) – khuynh hướng khiến lửa và không khí dâng lên. Sự phân chia nội dung vũ trụ ra thành vật thể và lực vẫn còn được xử dụng ngày nay.

Aristote tin rằng vật thể là liên tục (continuous), nghĩa là, người ta có thể chia một mảnh vật chất thành những mảnh nhỏ hơn và nhỏ hơn không giới hạn: người ta không bao giờ gặp phải một hạt vật thể nào mà không thể phân nhỏ hơn được. Tuy nhiên, một số người Hy Lạp, như Democrite, cho rằng bản chất của vật thể là gồm những hạt nhỏ và mọi vật đều được cấu tạo bằng nhiều dạng nguyên tử khác nhau (atoms). (Trong tiếng Hy Lạp, từ "atom" có nghĩa là bất khả phân.) Qua nhiều thế kỷ cuộc tranh cãi tiếp tục diễn ra bất phân thắng bại. Năm 1803, nhà hoá học và vật lý người Anh, John Dalton, cho thấy rằng hiện tượng các yếu tố hóa học luôn luôn kết hợp theo những tỉ lệ nào đó có thể được giải thích là do sự phối hợp nguyên tử nhằm

## Chương V: Đơn Tử & Luật Thiên Nhiên

tạo ra những đơn vị được gọi là phân tử (molecules). Tuy nhiên, mãi đến đầu thế kỷ nầy cuộc tranh cãi giữa hai trường phái cuối cùng mới được xử thắng cho phái nguyên tử. Một trong những bằng chứng hiển nhiên là do Einstein cung cấp. Trong một tài liệu viết ra năm 1905, một vài tuần trước khi đưa ra đặc thuyết tương đối (special relativity), Einstein giải thích <u>hiện tượng được gọi là *Brownian motion* (chuyển động Brown), tức là chuyển động bất thường và tùy tiện (irregular and random motion) của những hạt bụi nhỏ đọng lại trong một chất lỏng</u>. Einstein giải thích hiện tượng nầy như là hậu quả sự va chạm giữa các nguyên tử của chất lỏng và các đơn tử bụi.

Vào thời kỳ nầy, đã có những nghi ngờ rằng những nguyên tử nầy tựu trung không phải là bất khả phân. Vài năm trước đó, J.J. Thomson đã chứng minh sự hiện hữu của một đơn tử vật chất được gọi là *electron*, có trọng khối nhỏ hơn một phần ngàn trọng khối của một nguyên tử ánh sáng nhẹ nhất. Ông xử dụng một thiết bị tương tự như một ống tạo hình (picture tube) của truyền hình hiện đại: một sợi kim loại nóng đỏ phát đi *electrons*, và vì những *electrons* nầy có điện âm nên điện trường (electric field) có thể xử dụng để tăng tốc chúng đến một màn hình *phosphor*. Khi chúng chạm màn hình, ánh sáng sẽ lóe lên. Sau đó người ta mới nhận ra rằng những *electrons* nầy phải đến từ bên trong những nguyên tử.

Cuối cùng vào năm 1911, vật lý gia người New Zealand, Ernest Rutherford, cho thấy rằng nguyên tử dứt khoát có một cấu trúc nội tại: chúng được tạo thành bởi một nhân (nucleus) cực nhỏ, mang dương điện, có những *electrons* bay quanh. Ông suy diễn điều nầy bằng cách phân tích những đơn tử *alpha* (alpha- particles), tức đơn tử mang dương điện được phát ra bởi những nguyên tử phóng xạ

## Chương V: Đơn Tử & Luật Thiên Nhiên

(radioactive atoms). Phân tích nầy cho thấy những đơn tử *alpha* đổi hướng khi va chạm với các nguyên tử.

Đầu tiên, người ta nghĩ rằng nhân (nucleus) của nguyên tử được tạo thành bởi những *electrons* và một số đơn tử mang dương điện có tên *protons* - từ Hy Lạp nầy có nghĩa là "đầu tiên" vì được nghĩ là đơn tử căn bản tạo ra vật chất. Tuy nhiên, vào năm 1932, James Chadwick, một đồng sự của Rutherford ở Cambridge, khám phá ra rằng nhân còn chứa một đơn tử khác nữa mang tên *neutron*, có trọng khối gần bằng trọng khối của một *proton* nhưng không mang xung điện. Chadwick nhận giải Nobel nhờ khám phá nầy.

Khoảng 30 năm trước đây, người ta nghĩ rằng *protons* và *neutrons* là những đơn tử "cơ bản", nhưng những thí nghiệm theo đó *protons* va chạm với những *protons* khác hay với *electrons* ở vận tốc cao cho thấy chúng thực sự được tạo thành bởi những đơn tử nhỏ hơn. Những đơn tử được gọi là *quarks* (vi lượng) – tên nầy được đặt ra do vật lý gia Caltech, Murray Gell-Mann, người đoạt giải Nobel năm 1969 nhờ công trình nghiên cứu về vi lượng. Nguồn gốc của từ nầy thực ra hoàn toàn ngẫu nhiên và tùy tiện. "*Quark*" lẽ ra được viết là "*quart*", nhưng người ta dùng chữ "*k*" phía sau để cùng vần với "*lark*".

Có nhiều dạng vi lượng khác nhau: *down, strange, charmed, bottom*, và *top* (chúng tôi không chuyển ngữ những từ nầy để tránh gây phức tạp). Ba loại đầu được biết đến từ năm 1960 nhưng loại *charmed* mới được khám phá năm 1974, loại *bottom* năm 1977, và loại *top* năm 1995. Mỗi loại có ba "màu - colors": red (đỏ), green (xanh lá cây), và blue (xanh). (Xin nhấn mạnh là những từ nầy chỉ dùng để đặt tên cho tiện thôi: *quarks* nhỏ hơn độ dài sóng áng sáng khả thị rất nhiều nên không thể có màu sắc theo nghĩa thông thường. ) <u>Một *proton* hay *neutron* gồm có ba</u>

*quarks* mang ba màu khác nhau. Một *proton* chứa hai *top* và một *down;* một *neutron* chứa hai *down* và một *top*. Chúng ta có thể tạo ra những đơn tử gồm những *quarks* khác (như *strange, charmed*), nhưng tất cả những dạng nầy có trọng khối lớn hơn nhiều và tiêu hủy rất nhanh trong *protons* và *neutrons*.

Bây giờ chúng ta biết rằng cả *atoms* cũng như *protons* và *neutrons* bên trong đều không phải là bất khả phân. Vì vậy, câu hỏi đặt ra là: cái gì là đơn tử thực sự cơ bản, tức những cấu tố cơ bản tạo ra mọi vật? Vì độ dài sóng ánh sáng lớn hơn nhiều so với kích thước của một *atom*, chúng ta không thể hy vọng "nhìn" vào các phần tử của nó theo lối thông thường. Chúng ta cần xử dụng một cái gì có độ dài sóng nhỏ hơn nhiều. Như chúng ta đã thấy trong phần 4 của loạt bài nầy, cơ học *quantum* cho thấy rằng tất cả mọi đơn tử thực chất là sóng, và năng lượng của đơn tử càng cao thì độ dài của sóng tương ứng càng ngắn. Vì thế đáp án tốt nhất cho câu hỏi trên tùy thuộc vào cường độ năng lượng của đơn tử xử dụng cao bao nhiêu, vì cao độ nầy xác định thang độ dài sóng mà chúng ta có thể nhìn nhỏ đến cỡ nào. Năng lượng đơn tử nầy thường được đo lường bằng những đơn vị gọi là *electron volts*. (Trong các thí nghiệm của Thomson dùng *electrons*, ông ta xử dụng một điện trường (electric field) để tăng tốc *electrons*. Năng lượng mà một *electron* nhận được từ điện trường 1 *volt* chính là một *electron volt*.) Trong thế kỷ 19, hình thức năng lượng đơn tử duy nhất mà người ta biết xử dụng là những năng lượng thấp với một ít *electron volt* sản sinh từ những phản ứng hóa học như đốt cháy. Lúc đó người ta nghĩ rằng *atom* chính là đơn tử nhỏ nhất. Trong những thí nghiệm của Rutherford, đơn tử *alpha* có năng lượng cả triệu *electron volts*. Mới đây, chúng ta đã học được cách xử dụng điện từ trường (electromagnetic fields) để tạo ra năng lượng đơn tử trước tiên có hàng triệu sau đó hàng ngàn triệu *electron volts*. Và do đó, những đơn

## Chương V: Đơn Tử & Luật Thiên Nhiên

tử 30 năm trước đây được nghĩ là cơ bản thực ra được tạo thành bởi những đơn tử nhỏ hơn. Nếu chúng ta đi lên xa hơn với những năng lượng lớn hơn thì liệu những đơn tử nhỏ đó được tìm thấy có chứa những đơn tử càng nhỏ hơn thế nữa? Điều nầy đương nhiên co thể, nhưng dứt khoát chúng ta có những cơ sở lý thuyết để tin rằng chúng ta có, hay gần như có, một kiến thức về những cấu tố tối hậu (*ultimate building blocks*) của thiên nhiên.

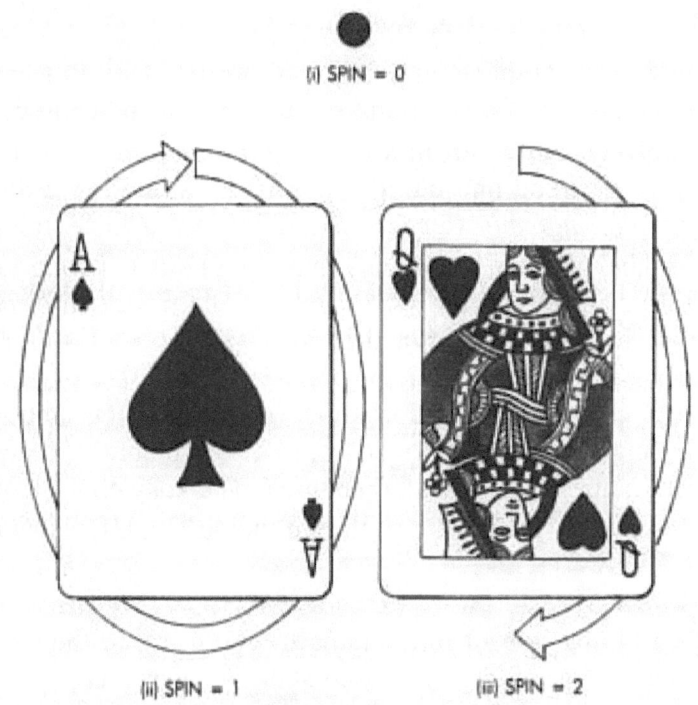

**FIGURE 5.1**

Với thế song lập sóng/đơn tử như đả trình bày trong phần 4, mọi vật trong vũ trụ, kể cả ánh sáng và trọng lực, có thể diễn tả theo chiều hướng những đơn tử. Những đơn tử nầy mang một thuộc tính gọi là **spin** (xoay). Một trong những phương pháp khái niệm về thuộc tính nầy là tưởng tượng những đơn tử như những con vụ đang xoay quanh một trục.

## Nguyên lý tương khắc

Tuy nhiên, cách nầy có thể gây hiểu lầm, vì cơ học *quantum* cho biết những đơn tử không có một trục nào rõ ràng. Khi một đơn tử xoay vòng như thế nó muốn nói với chúng ta nó được trông ra sao từ các hướng nhìn khác nhau. Một đơn tử với vòng quay 0 (*spin 0*) trong giống như một chấm tròn (Hình 5.1-i). Ngược lại, một đơn tử có vòng xoay 1 (*spin 1*) thì trông giống như một mũi tên: nó trông khác nhau khi nhìn từ những hướng khác nhau (Hình 5.1 II). Chỉ khi nào người ta xoay nó trọn một vòng 360° thì đơn tử mới trong như cũ. Một đơn tử với *spin 2 thì trông giống như một mũi tên hai đầu (Hình 5.1 iii)*: nó trông không thay đổi nếu được quay nửa vòng (180°). Tương tự, số spin càng lớn thì đơn tử sẽ trông giống nhau nếu được quay với những độ nhỏ hơn một vòng.

Tất cả những nhận xét trên không có gì khó hiểu, nhưng điều đáng lưu ý là có những đơn tử không trông như cũ nếu chỉ được quay có một vòng: muốn thế phải xoay chúng trọn hai vòng (720°). Những đơn tử như thế được gọi là có *spin ½*.

Tất cả những đơn tử quen thuộc trong vũ trụ có thể chia làm hai nhóm: những đơn tử có *spin ½* - nhóm nầy tạo ra vật chất trong vũ trụ -, và những đơn tử có *spin 0, 1, 2* – nhóm nầy tạo ra lực tác động giữa các đơn tử vật chất. Những đơn tử vật chất tuân theo một nguyên lý mang tên là nguyên lý tương khắc Pauli (Pauli's exclusion principle). Nguyên lý được khám phá năm 1925 bởi vật lý gia người

Áo, Wolfgang Pauli - nhờ khám phá nầy mà ông nhận được giải Nobel năm 1945. Ông là vật lý gia lý thuyết mẫu mực. Nguyên lý nầy khẳng định hai đơn tử giống nhau không thể tồn tại trong cùng một trạng thái; nghĩa là chúng không thể cùng có một vị trí và phương tốc (velocity) giống nhau, trong giới hạn ấn định bởi nguyên lý bất xác. Nguyên lý tương khắc cực kỳ quan trọng vì nó giải thích được tại sao các đơn tử vật chất không sụp đổ vào trạng thái tỉ trọng cực đại dưới ảnh hưởng của các lực tạo ra bởi những đơn tử có *spin 0, 1, 2*: nếu các đơn tử có những vị trí rất gần giống nhau thì chúng phải có phương tốc khác nhau. Điều đó có nghĩa là các đơn tử đó sẽ không ở chung lâu trong cùng một vị trí. Nếu thế giới được tạo ra không có nguyên lý tương khắc thì những vi lượng (*quarks*) sẽ không tạo ra được những *protons* và *neutrons* riêng biệt, xác lập rõ ràng. Và những *protons* và *neutrons* nầy, cùng với *electrons*, sẽ không thể tạo ra những *atoms* riêng biệt, xác lập rõ ràng. Tất cả chúng sẽ sụp đổ để tạo ra một hiện tượng hỗn mang dày đặt và đồng dạng.

Mãi đến năm 1928 người ta mới hiểu biết đúng đắn về *electron* và những đơn tử có *spin ½* khác, khi Paul Dirac đưa ra một lý thuyết. Lý thuyết của Dirac là lý thuyết đầu tiên về loại nầy phù hợp với cơ học *quantum* và đặc thuyết tương đối. Dirac dùng toán học để giải thích tại sao *electron* có *spin ½*, nghĩa là, tại sao nó không trông giống nhau nếu chỉ được xoay một vòng, nhưng nếu quay hai vòng thì nó trông như cũ. Lý thuyết đó còn tiên đoán rằng *electron* có thể có một đối tác (partner): *antielectron* (phản-*electron*), hay *positron*. Sự khám phá ra *positron* vào năm 1932 xác nhận lý thuyết của Dirac và giúp ông được giải Nobel về vật lý vào năm 1933. Ngày nay chúng ta biết rằng mọi đơn tử đều có một phản đơn tử (*antiparticle*), điều kiện để nó có thể triệt tiêu. (Trong trường hợp những đơn tử tải lực – *force-carrying particles* – *particles* và *antiparticles*

## Chương V: Đơn Tử & Luật Thiên Nhiên

giống nhau.) Có thể có những *antiworlds* và *antipeople* sản sinh từ những *antiparticles*. Tuy nhiên, nếu bạn gặp phản thể (antiself) của mình thì chớ có bắt tay! Làm thế thì cả hai sẽ biến mất trong chớp mắt. Người ta có thể tự hỏi tại sao hình như có nhiều *particles* hơn la *antiparticles*. Câu hỏi đó rất quan trọng và chúng ta sẽ trở lại vấn đề nầy ở một phần sau trong chương nầy.

Trong cơ học *quantum*, lực tác động hay lực đối tác (forces or interractions) giữa các đơn tử vật chất (matter particles) tất cả giả định được truyền tải bằng những đơn tử có *spin* mang số nguyên (integer) – 0, 1, 2. Tiến trình xảy ra khi một đơn tử vật chất như *electron* hay *quark* phát ra một đơn tử tải lực. Sức phục hậu (recoil) khi phát ra làm thay đổi phương tốc của đơn tử vật chất. Đơn tử tải lực sau đó va chạm với một đơn tử vật chất khác và bị hấp thụ (absorbed). Sự va chạm nầy làm thay đổi phương tốc của đơn tử thứ nhì, tương tự như va chạm giữa hai đơn tử vật chất. Đặc điểm quan trọng của những đơn tử tải lực là chúng không tuân theo nguyên lý tương khắc. Điều nầy có nghĩa là số lượng đơn tử tích điện trao đổi giữa các đơn tử vật chất sẽ không có giới hạn, và như thế chúng sẽ tạo ra một lực lớn. Tuy nhiên, nếu những đơn tử tích điện có một trọng khối cao thì khó mà tạo chúng ra và trao đổi chúng trên một khoảng cách rộng lớn. Do đó những lực mà chúng mang theo sẽ chỉ có một tầm ngắn mà thôi. Ngược lại, nếu những đơn tử tích điện không có trọng khối của chính mình thì lực sẽ có tầm dài. Những đơn tử tích điện được trao đổi giữa các đơn tử vật chất được gọi là những đơn tử tiềm năng (virtual particles), vì, không giống như những đơn tử "thực", người ta không thể trực tiếp thám sát chúng bằng một máy thám sát đơn tử (particle detector). Tuy nhiên, chúng ta biết rằng chúng có thật, vì chúng có một hệ quả đo lường được: chúng tạo ra lực giữa các đơn tử vật chất. Trong một số trường hợp, những đơn tử có *spin* 0, 1, 2

## Chương V: Đơn Tử & Luật Thiên Nhiên

cũng hiện hữu như những đơn tử thực – khi chúng có thể được trực tiếp thám sát. Trong trường hợp nầy, chúng có vẻ như những gì mà các vật lý gia cổ điển gọi là sóng, như sóng ánh sáng hay sóng trọng lực (gravitational waves). Đôi khi chúng có thể được phát đi khi những đơn tử vật chất đối tác với nhau bằng cách trao đổi những đơn tử tích điện tiềm năng. (Ví dụ, điện lực ly tán – electric repulsive force - giữa hai *electrons* là do sự trao đổi của các quang tử tiềm năng – *virtual photons* - một hiện tượng không bao giờ trực tiếp thám sát được; nhưng nếu *electron* di chuyển qua nhau, những quang tử có thể được phát ra, được quan sát như là những sóng ánh sáng.)

Các đơn tử tích điện có thể chia thành 4 nhóm dựa theo cường độ lực mà chúng tải và những đơn tử mà chúng đối tác. Cần nhấn mạnh là sự phân chia thành nhóm nầy chỉ là giả tạo cho tiện việc xây dựng những lý thuyết phân bộ; sự phân chia đó có thể không tương ứng với cái gì sâu xa hơn. Tựu trung, hầu hết các vật lý gia đều hy vọng tìm ra một lý thuyết nhất quán để giải thích tất cả 4 lực nói trên như những mặt khác nhau của cùng một lực duy nhất. Thực vậy, nhiều người cho rằng đó là mục tiêu hàng đầu của vật lý học ngày nay. Mới đây, thành công đã đạt được trong những nỗ lực nhằm thống nhất ba trong số bốn lực vừa kể - phần cuối của chương nầy sẽ đề cập đến việc nầy. Vấn đề thống nhất lực còn lại - tức trọng lực - sẽ được trình bày sau nầy.

## Trọng lực

Dạng thứ nhất là trọng lực (gravitational force). Lực nầy có phạm vi phổ cập, nghĩa là mọi đơn tử đều chịu ảnh hưởng của trọng lực, tùy theo trọng khối hay năng lượng của nó. Trọng lực là lực yếu nhất và cách biệt xa đối với ba lực kia;

lực nầy yếu đến độ chúng ta thường không hề ý thức được nó nếu nó không mang theo hai thuộc tính đặc biệt nầy: nó tác động trên những khoảng cách lớn, và luôn luôn là một hấp lực (attractive). Điều nầy có nghĩa là những trọng lực rất yếu giữa các đơn tử trong hai thiên thể lớn – như trái đất và mặt trời – có thể tích lũy để tạo ra một lực đáng kể. Ba lực kia hoặc ngắn tầm hoặc khi là hấp lực (attractive) khi là tổng lực (repulsive), nên chúng có khuynh hướng triệt tiêu lẫn nhau. Theo cách nhìn trọng trường (gravitational field) của cơ học *quantum*, lực giữa hai đơn tử vật chất được xem như truyền tải do một đơn tử có *spin 2* mệnh danh là trọng lực tử (*graviton*). Đơn tử nầy không có trọng khối riêng của chính nó cho nên lực mà nó tải đi có tầm xa. Trọng lực giữa mặt trời và trái đất bắt nguồn từ sự trao đổi trọng lực tử (*gravitons*) giữa các đơn tử tạo ra hai thiên thể nầy. Mặc dù những đơn tử được trao đổi là tiềm tàng (virtual), chúng chắc chắn tạo nên một hệ quả đo lường được – chúng làm cho trái đất quay chung quanh mặt trời! Những trọng lực thực sự tạo thành cái mà các vật lý gia cổ điển thường gọi là sóng trọng lực (gravitational waves); những sóng nầy rất yếu – và quá khó không thể thám sát được nên chúng chưa được quan sát thấy.

## Lực điện từ

Dạng thứ hai là lực điện từ (electromagnetic force), tác động trên những đơn tử tích điện (charged particles) như *electrons* và *quarks,* nhưng không tác động được trên những đơn tử không tích điện (uncharged particles) như *gravitons.* Dạng nầy mạnh hơn so với trọng lực: lực điện từ giữa hai *electrons* khoảng một triệu triệu triệu triệu triệu triệu triệu (1 cộng với 40 số 0) lần lớn hơn trọng lực. Tuy nhiên có hai loại tích điện (electric charge), dương và âm. Lực giữa hai tích điện dương là tổng lực (repulsive), tương tự như lực giữa hai tích điện âm, nhưng giữa một tích điện dương và một tích điện âm thì lực trở thành hấp lực (attractive). Một thiên thể lớn như trái đất và mặt trời có số lượng tích điện dương và âm bằng nhau. Do đó tổng lực và hấp lực giữa các đơn tử gần như triệt tiêu lẫn nhau, và lực điện từ có được rất nhỏ. Tuy nhiên, trên quy mô nhỏ của những nguyên tử và phân tử, lực điện từ chiếm ưu thế. Lực điện từ giữa các *electrons* mang âm điện và các *protons* mang dương điện khiến các *electrons* quay chung quanh nhân nguyên tử, giống như trọng lực khiến trái đất quay chung quanh mặt trời. Lực điện từ được xem như phát xuất từ sự trao đổi những số lượng lớn đơn tử tiềm tàng không có trọng khối (virtual massless particles) mang *spin 1*, gọi là quang tử (*photons*).

Nói cách khác, quang tử được trao đổi là những đơn tử tiềm tàng. Tuy nhiên, khi một *electron* di chuyển từ một quỹ đạo cho phép (allowed orbit) sang một quỹ đạo gần với nhân hơn thì năng lượng phát ra và một quang tử thực sự (real photon) được phát đi – có thể quan sát được như ánh sáng khả thị (visible light) bằng mắt thường, nếu chúng có độ dài sóng thích hợp, hay bằng một máy thám sát quang tử (photon detector) như phim nhiếp ảnh. Tương tự, nếu một quang tử thực va chạm với một nguyên tử, nó có thể đẩy một *electron* từ một quỹ đạo đang ở gần với nhân ra một quỹ đạo xa hơn. Chuyển động nầy tiêu pha hết năng lượng của quang tử, do đó nó bị hấp thụ (absorbed).

## Tiểu lực hạt nhân

Dạng thứ ba được gọi là tiểu lực hạt nhân (weak nuclear force), có chức năng tạo ra phản xạ và tác động trên tất cả đơn tử vật chất mang *spin ½*, nhưng không tác động được trên những đơn tử mang *spin 0, 1, 2*, như *photons* và *gravitons*. Tiểu lực hạt nhân không được hiểu biết nhiều cho đến năm 1967, khi Abdus Salam, Đại học Imperial College, Luân Đôn, và Steven Weinberg, Đại học Harvard, đưa ra những lý thuyết nhằm hợp nhất đối tác nầy với lực điện từ, tương tự như Maxwell đã thống nhất điện và từ khoảng 100 năm trước đó. Họ cho biết, ngoài *photon*, còn có ba đơn tử khác mang *spin 1*, mang tên là *massive vector bosons*, có mang theo tiểu lực hạt nhân. Những đơn tử nầy được gọi là $W^+$ *(đọc là W plus),* $W^-$ *(W minus), và* $Z^0$ *(Z nought)*, và mỗi đơn tử có năng lượng khoảng 100 GeV (*gigaelectron-volt* hay 1 ngàn triệu *electron-volts*). Thuyết Weinberg-Salam nêu ra một thuộc tính gọi là phân tán đối xứng tự phát (spontaneous symmetric breaking). Điều nầy có nghĩa là những đơn tử được xem là hoàn toàn khác nhau khi năng lượng còn thấp thực sự được chứng minh là thuộc cùng một loại đơn tử nhưng ở vào những trạng thái khác nhau mà thôi. Khi năng lượng lên cao, tất cả những đơn tử nầy hoạt động giống nhau. Hệ quả gần như tương tự như tác hành của một quả *roulette* chạy trên bánh xe. Khi năng lượng cao (lúc bánh xe quay nhanh) quả *roulette* chạy chủ yếu có một chiều nhất định – nghĩa là quay vòng vòng. Nhưng khi bánh xe quay chậm lại, năng lượng của quả *roulette* giảm bớt, và cuối cùng nó rơi xuống một trong 37 khe của bánh xe. Nói cách khác, khi năng lượng thấp, có 37 trạng thái khác nhau xác định sự tồn tại của quả *roulette*. Nếu, vì lý do gì đó, có thể quan sát quả *roulette* ở năng lượng thấp thì người ta sẽ nghĩ rằng có 37 loại *roulette* khác nhau!

Trong lý thuyết Weinberg-Salam, với năng lượng cao hơn hẳn 100 GeV, ba đơn tử nói trên và *photon* tất cả tác hành như nhau. Nhưng khi năng lượng thấp như trong hầu hết các trường hợp bình thường, sự đối xứng giữa các đơn tử bị phá vỡ. Những đơn tử $W^+$, $W^-$, và $Z^0$ thường có trọng khối lớn khiến lực truyền tải có tầm rất ngắn. Lúc Weinberg và Salam đưa ra thuyết của họ, ít có người tin, và các máy tăng tốc đơn tử (particle accelerators) bấy giờ chưa đủ mạnh để đạt đến năng lượng 100 GeV để tạo ra các đơn tử $W^+$, $W^-$, hay $Z^0$. Tuy nhiên, khoảng 10 năm sau đó, những dự đoán khác liên quan đến thuyết năng lượng thấp được xác nhận rất là đúng qua thí nghiệm, cho nên, năm 1979, Salam và Weinberg được giải Nobel vật lý, cùng với Sheldon Glashow, cũng thuộc Harvard; Sheldon Glashow đã đưa ra những lý thuyết hợp nhất tương tự về lực điện từ và tiểu lực hạt nhân. Năm 1983, Trung Tâm Nghiên Cứu Nguyên Tử Năng Âu Châu (CERN) khám phá ra ba đơn tử nặng (massive partners) của *photon*, với trọng khối

dự kiến đúng và những thuộc khác. Carlo Rubbia và Simon Van de Meer của trung tâm nầy nhận giải Nobel năm 1984.

## Chương V: Đơn Tử & Luật Thiên Nhiên

### Đại lực hạt nhân

Dạng thứ tư là đại lực hạt nhân (strong nuclear force); lực nầy giữ các vi lượng lại với nhau trong *proton* và *neutron*, và giữ các *protons* và *neutrons* lại với nhau trong nhân nguyên tử. Người ta tin rằng lực nầy được truyền tải đi do một đơn tử khác có *spin 1*, gọi là *gluon*; đơn tử nầy đối tác với chính nó và với các *quarks*. Đại lực hạt nhân có một thuộc tính hơi lạ gọi là liên kết đơn tử *(confinement):* nó luôn luôn liên kết những đơn tử lại với nhau thành những phối hợp không có màu. Người ta không thể có một *quark* riêng rẽ vì nếu thế nó sẽ có màu (đỏ, xanh, hoặc xanh lá cây). Thay vì như thế, một *quark* đỏ phải bị buộc chung với một *quark* xanh hay xanh lá cây bằng một "sợi dây" gồm những *gluons* (red+blue+green = white). Một bộ ba như thế tạo thành một *proton* hay *neutron*. Một khả năng khác là một cặp gồm một *quark* và một *antiquark* (red+antired, hay green+antigreen, hay blue+antiblue = white). Những phối hợp như thế tạo thành những đơn tử mang tên *mesons*; đơn tử nầy bấp bênh vì *quark* và *antiquark* có thể triệt tiêu lẫn nhau để tạo ra *electrons* và các đơn tử khác. Tương tự, hiện tượng liên kết đơn tử ngăn cản không cho người ta có được một *gluon* riêng rẽ, vì *gluon* cũng có màu. Thay vì thế, người ta phải có một tập hợp *gluons* trong đó các màu hợp lại thành màu trắng. Một tập hợp như thế tạo thành một đơn tử mang tên *glueball*.

### Hiện tượng liên kết đơn tử

Hiện tượng liên kết đơn tử ngăn cản không cho người ta có được một *quark* hay *gluon* riêng rẽ có thể có vẻ như khiến cho quan niệm về *quark* và *gluon* trở nên giống như siêu hình. Tuy nhiên, có một thuộc tính khác của đại lực hạt nhân, gọi là tự do theo năng lượng triệt giảm (asymptotic

## CHƯƠNG V: Đơn Tử & Luật Thiên Nhiên

freedom), giúp khái niệm về *quarks* và *gluons* xác định rõ ràng hơn. Khi năng lượng còn thấp, đại lực hạt nhân thực sự mạnh, và giữ chặt các *quarks* lại với nhau. Tuy nhiên, những thí nghiệm với những máy tăng tốc đơn tử lớn cho thấy rằng khi năng lượng tăng cao thì đại lực hạt nhân trở nên yếu hẳn đi, và các *quarks* và *gluons* tác hành giống như những đơn tử tự do. Hình 5.2 biểu diễn sự va chạm giữa một *proton* và *antiproton* ở năng lượng cao. Sự thành công trong nỗ lực thống nhất lực điện từ và tiểu lực hạt nhân đưa đến những nỗ lực khác nhằm thống nhất những lực nầy với đại lực hạt nhân nhằm đi đến cái gọi là đại thuyết thống nhất (GUT – grand unified theory). Tên gọi nầy phần nào hơi quá đáng: các lý thuyết đạt được không vĩ đại như thế, và chúng cũng chẳng hoàn toàn thống nhất, vì chúng không bao gồm trọng lực (gravity). Và chúng không phải là những lý thuyết thực sự hoàn chỉnh, vì chúng chứa đựng một ít thông số (parameters) mà trị số không thể dự đoán được qua lý thuyết nhưng phải lựa chọn ra để đưa vào thí nghiệm. Tuy nhiên, chúng có thể là bước đầu đưa đến một lý thuyết thống nhất, hoàn chỉnh, và đầy đủ. Tư tưởng căn bản của đại thuyết thống nhất là: đại lực hạt nhân trở nên yếu hơn khi năng lượng lên cao. Ngược lại, lực điện từ và tiểu lực hạt nhân - vốn không phải tự do theo năng lượng triệt giảm (asymptotic free) - trở nên mạnh hơn khi năng lượng lên cao. Khi năng lượng tăng rất cao, gọi là đại năng lượng thống nhất (grand unified energy), những lực nầy sẽ có cùng một cường độ và do đó trở thành những dạng khác nhau của cùng một lực duy nhất. Những đại thuyết thống nhất cũng tiên đoán rằng, ở năng lượng cực cao nầy, tất cả những đơn tử vật chất khác nhau mang *spin 1/2*, như *electrons* và *quarks*, cũng sẽ chủ yếu là một, do đó đưa đến một sự thống nhất khác.

Trị số của đại năng lượng thống nhất không được biết rõ lắm, nhưng có lẽ nó ít nhất phải là 1000 triệu triệu GeV.

## Chương V: Đơn Tử & Luật Thiên Nhiên

Thế hệ hiện nay của các máy tăng tốc đơn tử có thể cho va chạm đơn tử ở năng lượng khoảng 100 GeV, và những máy tăng tốc hoạch định sẽ nâng mức năng lượng nầy lên một vài ngàn GeV. Nhưng một máy đủ mạnh để tăng tốc đơn tử đơn tử lên đại năng lượng thống nhất sẽ phải lớn bằng Thái Dương Hệ - và không khả năng tài chánh nào có thể làm chuyện nầy trong điều kiện kinh tế hiện nay. Vì thế không thể thí nghiệm đại thuyết thống nhất trực tiếp trong phòng thí nghiệm. Tuy nhiên, cũng như trường hợp của lý thuyết lực điện từ và tiểu lực hạt nhân, có những hệ quả của lý thuyết ở năng lượng thấp có thể thí nghiệm được.

Điểm lý thú nhất của những hệ quả nầy là tiên đoán rằng những *protons* tạo nên nhiều trọng khối của vật thể thông thường có thể tự phát suy hoại thành những đơn tử nhẹ hơn như *antielectrons*. Lý do khiến điều nầy có thể xảy ra được là vì, ở đại năng lượng thống nhất, không có sự khác biệt chủ yếu giữa *quark* và *antielectron*. Ba *quarks* bên trong một *proton* bình thường không đủ năng lượng để đổi sang *antielectrons,* nhưng, do một cơ may ngàn năm một thuở nào đó, một trong ba *quark* nầy có thể có đủ năng lượng để chuyển tiếp vì, theo nguyên lý bất xác, năng lượng của các *quarks* bên trong một *proton* không thể xác định chính xác. Như thế proton có vẻ suy hoại.

Cơ may một quark có đủ năng lượng rất thấp cho nên người ta chắc phải đợi ít nhất một triệu triệu triệu triệu triệu năm (1 và 30 số 0 theo sau). Con số nầy còn dài hơn cả thời gian từ *Big Bang* đến nay, tức chỉ khoảng 10 ngàn triệu năm thôi (1 và 10 số 0 theo sau). Như thế chúng ta có thể nghĩ rằng cơ may một *proton* suy hoại tự phát không thể nào kiểm chứng bằng thí nghiệm được. Tuy nhiên, người ta có thể gia tăng cơ may thám sát sự suy hoại đó bằng cách quan sát một số lượng lớn vật thể có chứa thật nhiều *protons*. (Ví dụ, nếu quan sát một số lượng *protons* tương đương với 1 và

## Chương V: Đơn Tử & Luật Thiên Nhiên

30 số 0 theo sau trong thời gian một năm thì, theo đại thuyết thống nhất, người ta có thể quan sát thấy suy hoại của ít nhất một *proton*.)

Nhiều thí nghiệm như thế đã được thực hiện, nhưng không có thí nghiệm nào đem lại bằng chứng cho thấy sự suy hoại của một *proton* hay *neutron*. Một trong những thí nghiệm xử dụng 1000 tấn nước và được thực hiện ở mỏ muối Morton Salt Mine, Ohio (để tránh những biến cố khác gây ra bởi các tia sáng vũ trụ vốn có thể bị lầm lẫn với suy hoại của *proton*). Vì không thấy được suy hoại nào của *proton* trong quá trình thí nghiệm nên người ta có thể ước tính tuổi thọ giả định của một *proton* có thể dài hơn là (1 và 30 số 0 theo sau) năm. Con số nầy dài hơn tuổi thọ mà đại thuyết thống nhất đơn giản nhất dự đoán, nhưng có những lý thuyết khá hơn dự đoán tuổi thọ dài hơn. Để kiểm chứng những tuổi thọ nầy, người ta sẽ cần nhiều thí nghiệm ý nghĩa hơn xử dụng những khối lượng vật thể lớn hơn.

Cho dù rất khó mà quan sát được sự suy hoại tự phát của *proton*, chúng ta có thể giả định rằng sự sống của chính chúng ta là một hậu quả của quá trình phản hồi (*reverse process*), sản tạo của các *protons*, hay đơn giản hơn, của các *quarks*, phát xuất từ một hoàn cảnh sơ khai trong đó có nhiều *quarks* hơn *antiquarks*; đó là phương thức tự nhiên nhất để tưởng tượng sự khai sinh vũ trụ. Vật thể trên trái đất chủ yếu được cấu tạo bởi *protons* và *neutrons*; chính những đơn tử nầy lại được cấu tạo bởi những *quarks*. Không có *antiprotons* hay *antineutrons* cấu tạo từ *antiquarks*, ngoại trừ một số ít mà các vật lý gia tạo ra trong các máy tăng tốc đơn tử lớn. Chúng ta có bằng chứng lấy từ những tia vũ trụ cho thấy rằng nhận định trên là đúng đối với tất cả vật thể trong thiên hà của chúng ta: không có *antiprotons* hay *antineutrons* ngoại trừ một số nhỏ được sản sinh như những cặp đơn tử/phản đơn tử do những va chạm ở năng lượng cao.

Nếu có những vùng rộng lớn chứa *antimatter* (phản vật thể) trong thiên hà của chúng ta thì chúng ta sẽ hy vọng thấy những khối lượng phản xạ lớn từ những biên giới nằm giữa các vùng vật thể và phản vật thể, nơi mà nhiều đơn tử sẽ va chạm với những phản đơn tử của chúng, triệt tiêu lẫn nhau và tạo ra phản xạ ở năng lượng cao. Chúng ta không có bằng chứng trực tiếp cho thấy liệu vật thể trên các thiên hà khác có được cấu tạo bởi *protons* và *neutrons* hay *antiprotons* và *antineutrons* hay không, nhưng chỉ có một trong hai cách mà thôi: không thể có cả hai cùng một lúc trong một thiên hà, vì nếu thế thì chúng ta sẽ quan sát được nhiều phóng xạ do đơn tử triệt tiêu. Do đó, chúng ta tin rằng tất cả các thiên hà đều cấu tạo bởi *quarks*, thay vì *antiquarks*; dường như có thể là một số thiên hà là vật thể và một số khác là phản vật thể.

Tại sao có quá nhiều *quarks* mà lại ít *antiquarks*? Tại sao không có những số lượng bằng nhau? Chắc chắn đó là điều may mắn cho chúng ta khi không có số lượng bằng nhau vì, nếu thế thì gần như tất cả *quarks* và *antiquarks* sẽ triệt tiêu lẫn nhau trong thời kỳ sơ khai vũ trụ và khiến vũ trụ tràn ngập phóng xạ nhưng chẳng có vật thể. Như thế sẽ không có thiên hà, tinh tú, hay hành tinh cho sự sống con người phát triển. May thay, đại thuyết thông nhất có thể cung ứng một giải thích tại sao vũ trụ bây giờ chứa nhiều *quarks* hơn *antiquarks*, cho dù vũ trụ đã bắt đầu với số lượng *quarks* bằng với số lượng *antiquarks*. Như chúng ta đã thấy, đại thuyết thống nhất cho phép *quarks* biến thành *antielectrons* ở năng lượng cao. Thuyết nầy cũng cho phép quá trình phản hồi, biến *antiquarks* thành *electrons*, và biến *electrons/antielectrons* thành *quarks/ antiquarks*. Có một thời kỳ trong lúc vũ trụ thành hình, lúc đó nhiệt độ quá nóng đến độ năng lượng đơn tử đã tăng cao đủ cho những chuyển hóa nầy xảy ra. Nhưng tại sao đưa đến hiện tượng nhiều *quarks* hơn *antiquarks*? Lý do là vì những định luật vật lý không hoàn toàn giống nhau đối với đơn tử và phản đơn tử.

## Đối xứng riêng biệt

Cho đến năm 1956, người ta tin rằng những định luật vật lý tuân theo ba sự đối xứng riêng biệt (separate symmetries) gọi là C, P, và T. Đối xứng C có nghĩa là những định luật vật lý như nhau đối với đơn tử và phản đơn tử. Đối xứng P có nghĩa là những định luật như nhau đối với mọi hoàn cảnh và ảnh phản chiếu (mirror image) của nó (ảnh phản chiếu của một đơn tử xoay theo chiều kim đồng hồ chính là đơn tử xoay ngược kim đồng hồ). Đối xứng T có nghĩa là, nếu chúng ta đảo ngược chiều chuyển động của tất cả đơn tử và phản đơn tử thì hệ thống sẽ trở về tình trạng nguyên thủy. Nói cách khác, định luật vật lý như nhau trong hai chiều xuôi/ngược của thời gian. Năm 1956, hai vật lý gia người Mỹ, Tsung-Dao Lee và Chen Ning Yang, cho rằng tiểu lực hạt nhân thực ra không tuân theo đối xứng P. Nói cách khác, tiểu lực không làm cho vũ trụ phát triển theo phương cách khác với phương cách ảnh phản chiếu của nó phát triển. Cùng năm đó, một đồng nghiệp, Chien - Shiung Wu, chứng minh dự đoán của họ là đúng. Bà thực hiện việc nầy bằng cách xếp các nhân nguyên tử phóng xạ trong một từ trường để cho chúng xoay theo cùng một chiều, và chứng minh rằng số lượng *electrons* phát ra không bằng nhau trong hai chiều chuyển động. Năm sau, Lee và Yang nhận giải Nobel nhờ chứng minh nầy. Người ta cũng nhận thấy rằng tiểu lực không tuân theo đối xứng C. Nghĩa là, nếu thế thì vũ trụ gồm những phản đơn tử sẽ hoạt động khác với vũ trụ gồm những đơn tử. Tuy nhiên, dường như tiểu lực có tuân theo đối xứng tổng hợp CP. Nghĩa là, vũ trụ sẽ phát triển giống như ảnh phản chiếu của nó nếu, thêm vào đó, mọi đơn tử được hoán đổi với phản đơn tử của nó. Tuy nhiên, năm 1964 hai vật lý gia người Mỹ, J.W. Cronin và Val Fitch, khám phá ra rằng ngay cả đối xứng CP cũng không được tuân theo trong sự suy hoại của một số đơn tử gọi là *K-mesons*. Cronin và Fitch cuối cùng nhận giải Nobel vào năm 1980. (Nhiều giải thưởng được trao vì chứng minh được rằng vũ trụ không đơn thuần như chúng ta tưởng!)

Có một định lý toán học cho rằng bất kỳ lý thuyết nào tuân theo cơ học *quantum* và thuyết tương đối đều phải luôn luôn tuân theo đối xứng tổng hợp CPT. Nói cách khác, vũ trụ có lẽ hoạt động như nhau nếu người ta thay thế đơn tử bằng phản đơn tử, dùng ảnh phản chiếu, và đồng thời đảo ngược chiều thời gian. Tuy nhiên, Cronin và Fitch cho thấy rằng nếu người ta thay thế đơn tử bằng phản đơn tử, dùng ảnh phản chiếu, nhưng không đảo ngược chiều thời gian thì vũ trụ không hoạt động giống nhau. Do đó các định luật vật lý phải thay đổi nếu người ta đảo ngược chiều thời gian - những định luật đó không tuân theo đối xứng T.

Chắc chắn vũ trụ sơ khai không tuân theo đối xứng T: khi thời gian đi về phía trước, vũ trụ bành trướng ra - nếu thời gian đi về phía sau thì vũ trụ sẽ co rút lại. Và vì có những lực không tuân theo đối xứng T cho nên, khi vũ trụ bành trướng ra, những lực nầy có thể khiến nhiều *antielectrons* biến thành *quarks* hơn là *electrons* biến thành *antiquarks*. Tiếp nữa, khi vũ trụ trương nở và nguội lại, những *antiquarks* sẽ triệt tiêu với *quarks*; nhưng vì có nhiều *quarks* hơn *antiquarks* nên một số thặng dư nhỏ của *quarks* sẽ ở lại. Chính những *quarks* nầy tạo ra vật thể mà chúng ta thấy ngày nay và chính chúng đã tạo ra chúng ta. Như thế sự tồn tại của chính chúng ta có thể được xem như một khẳng định của những đại thuyết thống nhất, mặc dù chỉ là một khẳng định về phẩm (qualitative) mà thôi. Nguyên lý bất xác không cho phép chúng ta tiên đoán được có bao nhiêu *quarks* tồn tại sau biến cố triệt tiêu, hay ngay cả tiên đoán liệu những đơn tử còn lại là *quarks* hay *antiquarks*.

(Tuy nhiên, nếu số còn lại là *antiquarks* thì chúng ta chỉ việc gọi *antiquarks* là *quarks*, và *quarks* là *antiquarks*.) Các đại thuyết thống nhất không bao gồm trọng lực (gravity). Điều nầy không quan trọng lắm, vì trọng lực là một lực rất yếu nên những hệ quả của nó có thể thường bị coi nhẹ khi chúng ta nghiên cứu đơn tử hay nguyên tử. Tuy nhiên, sự kiện lực nầy có tác dụng tầm xa và là một hấp lực (attractive) có nghĩa là tất cả những hệ quả của nó tích lũy lại với nhau. Do đó, đối với một số lượng đơn tử vật chất đủ lớn, trọng lực có thể chiếm ưu thế so với tất cả các lực khác. Đây là lý do tại sao trọng lực quyết định sự tuần hoàn của vũ trụ. Ngay cả đối với những thiên thể có kích thước bằng những tinh tú, sức hút của trọng lực có thể chiếm ưu thế trên tất cả các lực khác và khiến tinh tú bị sụp đổ. Công trình nghiên cứu của Hawking tập trung trên những hố đen (*black holes*), hậu quả của sự sụp đổ tinh tú và trọng trường mãnh liệt chung quanh hố đen. Đó chính là điều đưa đến những gợi ý đầu tiên cho thấy tại sao thuyết cơ học *quantum* và tổng thuyết tương đối có thể ảnh hưởng lẫn nhau – sơ ảnh về lý thuyết trọng lực theo vật lý *quantum* hãy chưa hình thành.

# Chương VI
# Số Phận Những Vì Sao

## Tổng Quát

Từ *black hole* (hố đen) phát xuất rất gần đây, do khoa học gia người Mỹ John Wheeler đặt ra nhằm minh họa một khái niệm đã có ít nhất hai trăm năm trước, khi có hai lý thuyết về ánh sáng: một do Newton hỗ trợ, cho rằng ánh sáng được cấu tạo bởi đơn tử (particles); lý thuyết thứ nhì cho rằng ánh sáng được cấu tạo bởi sóng (waves). Bây giờ chúng ta biết rằng thực sự cả hai lý thuyết đều đúng. Theo thế song lập sóng/đơn tử của cơ học *quantum*, ánh sáng có thể xem như vừa sóng vừa đơn tử. <u>Dưới lý thuyết cho rằng ánh sáng được tạo thành bởi sóng, không ai rõ cách thức ánh sáng đáp ứng với trọng lực ra sao</u>. Nhưng nếu ánh sáng được cấu tạo bởi đơn tử thì người ta mong đợi nó bị trọng lực tác động giống như những đạn pháo, hỏa tiễn, và các hành tinh. Thoạt tiên, người ta nghĩ rằng những đơn tử ánh sáng đi nhanh vô hạn, do đó trọng lực không thể làm nó chậm lại, nhưng Roemer khám phá ra rằng ánh sáng đi theo một vận tốc hữu hạn. Điều đó có nghĩa là trọng lực có thể có một ảnh hưởng quan trọng.

Theo ước đoán nầy, John Michell, một giáo sư Đại Học Cambridge, năm 1973 đã viết ra một tài liệu trong tập san *Philosophical Transactions of the Royal Society of London*, trong đó ông cho thấy một tinh tú với trọng khối và tỉ trọng đủ lớn sẽ có một trọng trường rất mạnh nên ánh sáng không thể thoát được: mọi ánh sáng phát đi từ mặt tinh tú sẽ bị trọng lực của tinh tú kéo xuống lại trước khi đi quá xa. Michell cho biết có thể có nhiều tinh tú dưới dạng nầy. Mặc dù chúng ta không thể thấy được chúng vì ánh sáng phát đi từ chúng sẽ không đến được chúng ta, nhưng chúng ta vẫn cảm nhận được sức hút trọng lực của chúng. Những thiên thể như thế mệnh danh là những hố đen, chỉ vì chúng là: những không gian đen trống rỗng. Một giả định tương tự cũng được khoa học gia người Pháp Laplace đưa ra một ít năm sau đó, xem ra độc lập với Michell. Điều đáng chú ý là Laplace chỉ nêu thuyết nầy ra trong lần xuất bản thứ nhất và thứ nhì của cuốn sách *The System of the World* mà thôi, và bỏ nó ra trong các lần xuất bản sau. Có lẽ ông ta quyết rằng đó là nột ý tưởng điên rồ. (Hơn nữa, thuyết đơn tử cũng không còn ai ưa thích trong thế kỷ 19; dường như tất cả đều có thể giải thích bằng thuyết sóng – wave theory, và theo thuyết nầy, không ai rõ ánh sáng có bị ảnh hưởng bởi trọng lực hay không.)

Thực tế, nếu xem ánh sáng giống như những quả đạn như trong thuyết trọng lực của Newton thì không nhất quán, vì vận tốc ánh sáng thì cố định. (Một quả đạn bắn lên từ mặt đất sẽ bị trọng lực làm chậm lại và cuối cùng ngừng lại và rơi xuống lại; ngược lại một quang tử phải tiếp tục đi lên theo một vận tốc cố định. Như thế làm sao trọng lực của Newton có thể tác động trên ánh sáng được?) Một lý thuyết nhất quán về cách thức trọng lực tác động thế nào trên ánh sáng không được đưa ra cho đến khi Einstein đề nghị tổng thuyết tương đối vào năm 1915. Và ngay cả vào thời kỳ đó, và nhiều năm tiếp theo, cũng chưa ai hiểu được gì về những hàm ngụ trong lý thuyết về những tinh tú có trọng khối lớn.

Muốn hiểu cách thức một hố đen hình thành thế nào, trước tiên chúng ta cần hiểu biết về chu kỳ sống của một tinh tú. Một tinh tú được hình thành khi một đại lượng hơi (gas - phần lớn là *hydrogen*) bắt đầu co rút lại vì sức ép của trọng lực. Khi co rút, những nguyên tử hơi va chạm với nhau càng lúc càng thường xuyên hơn và theo một vận tốc càng lúc càng lớn hơn – hơi bị nung nóng. Cuối cùng, hơi trở nên nóng đến độ, khi các nguyên tử **hydrogen** va chạm nhau, chúng không còn dội ra lại được nữa; thay vì như thế, chúng liên kết lại để tạo ra **helium**. Nhiệt độ tạo ra từ phản ứng nầy là nguyên nhân khiến tinh tú phát quang – tương tự như sự phát nổ có kiểm soát của một quả bom *hydrogen*. Nhiệt độ bổ sung cũng làm tăng áp suất của hơi cho đến khi đủ cao để quân bình sức hút của trọng lực, và hơi ngưng co rút. Điều nầy gần tương tự như một bong bóng – có một quân bình giữa sức ép do không khí bên trong - cố làm cho bong bóng trương ra – và sự căng thẳng của cao su - cố làm cho bong bóng nhỏ lại. Tinh tú sẽ giữ được quân bình như thế trong một thời gian dài, nhờ vào nhiệt độ từ những phản ứng hạch tâm giúp quân bình sức hút của trọng lực. Tuy nhiên, cuối cùng, tinh tú sẽ cạn hết *hydrogen* và các nhiên liệu khác. Điều nghịch lý là, nhiên liệu lúc đầu càng nhiều bao nhiên thì mau cạn bấy nhiêu, vì trọng khối tinh tú càng lớn thì cần nhiệt độ càng cao để quân bình sức hút của trọng lực, và nhiệt độ càng cao thì càng tiêu hao nhiên liệu càng nhanh. Mặt trời có lẽ có đủ nhiên liệu để tồn tại khoảng 5 tỉ năm nữa, nhưng những tinh tú có trọng khối lớn hơn có thể cạn hết nhiên liệu tối đa 100 triệu năm tới, ngắn ngủi hơn nhiều so với tuổi thọ của vũ trụ. Khi cạn hết nhiên liệu, một tinh tú sẽ nguội đi và co rút lại. Mãi đến cuối thập niên 1920 người ta mới lần đầu hiểu được những gì sẽ xảy đến cho tinh tú đó.

## Chương VI: Số Phận Những Vì Sao

Năm 1928, một sinh viên cao đẳng Ấn Độ, Subrahmanyan Chandrasekhar, lên đường sang Anh để theo học tại Cambridge với nhà thiên văn người Anh là Sir Arthur Eddington, một chuyên viên về tổng thuyết tương đối. Trong cuộc hành trình từ Ấn Độ, Chandrasekhar hình dung được một tinh tú có thể lớn cỡ nào và vẫn có thể đối phó với trọng lực sau khi cạn hết nhiên liệu. Đây là cách suy luận của ông: khi tinh tú trở nên nhỏ, những đơn tử vật chất tiến lại gần với nhau hơn, và, theo nguyên lý tương khắc Pauli (Pauli exclusion principle), chúng phải có những phương tốc khác nhau. Điều nầy khiến chúng rời xa nhau và như thế có khuynh hướng làm cho tinh tú bành trướng ra. Do đó, một tinh tú có thể tự duy trì tại một bán kính cố định nhờ vào sự quân bình giữa sức hút của trọng lực và sức đẩy xuất phát từ nguyên lý tương khắc, tương tự như trong thời kỳ sơ khai, khi mà trọng lực được quân bình bởi nhiệt độ.

Tuy nhiên, Chandrasekhar nhận thấy rằng có một giới hạn trong sức đẩy mà nguyên lý tương khắc cung ứng. Thuyết tương đối giới hạn sự khác biệt tối đa trong phương tốc của các đơn tử vật chất trong tinh tú vào vận tốc ánh sáng. Điều nầy có nghĩa là khi tỉ trọng tinh tú lớn, sức đẩy phát xuất từ nguyên lý tương khắc sẽ nhỏ hơn sức hút của trọng lực. Chandrasekhar tính toán được rằng một tinh tú nguội có trọng khối lớn hơn khoảng một lần rưỡi trọng khối mặt trời sẽ không thể chống chọi với trọng lực. (Trọng khối nầy ngày nay mang tên là giới hạn Chandrasekhar.) Một khám phá tương tự được khoa học gia người Nga Lev Davidovich Landau đưa ra cùng thời gian.

Điều nầy mang theo những hàm ngụ nghiêm trọng đối với số phận tối hậu của những tinh tú có trọng khối lớn. Nếu trọng khối một tinh tú nhỏ hơn giới hạn Chandrasekhar thì cuối cùng nó có thể ngưng co rút và ổn định thành một trạng thái nhất định nào đó như một "tiểu bạch tinh – *white dwarf*" với bán kính vài ngàn dặm và tỉ trọng hàng trăm tấn trên mỗi *inch* khối. Một tiểu bạch tinh được đảm bảo bởi sức đẩy của nguyên lý tương khắc giữa các *electrons* trong vật chất của nó. Chúng ta quan sát thấy nhiều tiểu bạch tinh nầy. Một trong số những tiểu bạch tinh được khám phá đầu tiên là một tinh tú xoay chung quanh *Serius*, ngôi sao sáng nhất trong bầu trời ban đêm.

Landau cho thấy rằng một tinh tú có thể có một trạng thái ổn định khác, cũng có một trọng khối giới hạn khoảng một hay hai lần trọng khối của mặt trời nhưng nhỏ hơn nhiều so với một tiểu bạch tinh. Những tinh tú nầy được đảm bảo bởi sức đẩy của nguyên lý tương khắc giữa các *neutrons* và *protons*, thay vì giữa các *electrons*. Do đó chúng được gọi là những tinh tú *neutron* (*neutron stars*). Chúng thường chỉ có bán kính khoảng 10 dặm và tỉ trọng hàng trăm triệu tấn trên một *inch* khối. Vào lúc những *neutron stars* nầy được tiên đoán lần đầu không có cách nào quan sát được chúng. Mãi lâu lắm về sau chúng mới được thám sát thấy.

## Giới hạn Chandrasekhar

Ngược lại, những tinh tú có trọng khối trên giới hạn Chandrasekhar có vấn đề lớn khi chúng sắp cạn hết nhiên liệu. Trong một số trường hợp, chúng có thể nổ hay cắt bỏ được vật thể đủ để giảm bớt trọng khối xuống dưới giới hạn và như thế tránh được tai hoạ sụp đổ vì trọng lực, nhưng khó có thể tin được rằng chuyện nầy luôn luôn xảy ra, bất luận tinh tú đó lớn nhỏ cỡ nào. Làm sao tinh tú đó biết được mình phải cắt bỏ bớt trọng khối? Và ngay cả nếu mọi tinh tú thành công trong việc cắt bỏ trọng khối để tránh sụp đổ đi nữa thì điều gì sẽ xảy ra nếu bạn đưa thêm trọng khối

## Chương VI: Số Phận Những Vì Sao

vào một tiểu bạch tinh hay tinh tú *neutron* để nâng nó lên trên giới hạn? Liệu nó có thể sụp đổ để rơi vào tỉ trọng vô hạn (infinite density)? Eddington ngỡ ngàng trước hàm ngụ nầy, và ông ta từ chối tin vào kết quả của Chandrasekhar.

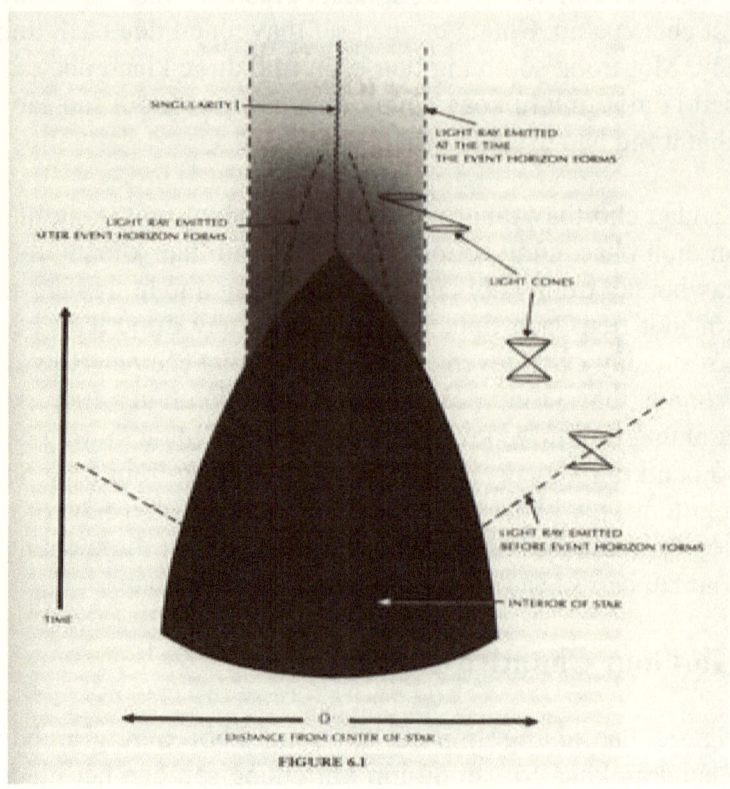

FIGURE 6.1

Eddington nghĩ rằng một tinh tú dứt khoát không thể sụp đổ xuống thành một chấm. Đây là quan điểm của hầu hết các khoa học gia: Trong một tài liệu viết ra, chính Einstein tuyên bố các tinh tú không thể sụp đổ xuống kích thước số không. Do ác cảm đối với giả thuyết của Chandrasekhar, những khoa học gia khác, đặc biệt là Eddington, thầy cũ của ông và thẩm quyền hàng đầu về cấu trúc tinh tú, đã thuyết phục Chandrasekhar từ bỏ công trình nghiên cứu nầy và quay sang những vấn đề thiên văn học khác, chẳng hạn như sự vận hành của những chòm tinh tú (star clusters).

Tuy nhiên, khi ông được giải Nobel vào năm 1983, đó chính vì do, ít nhất một phần nào đó, công trình nghiên cứu trong thời kỳ đầu của ông về trọng khối giới hạn của những tinh tú nguội (cold stars). Chandrasekhar cho thấy rằng nguyên lý tương khắc không thể ngăn cản sự sụp đổ của một tinh tú có trọng khối lớn hơn giới hạn Chandrasekhar.

Nhưng câu hỏi liên quan đến những gì sẽ xảy ra cho một tinh tú như thế theo tổng thuyết tương đối lần đầu tiên được một vật lý gia trẻ tuổi người Mỹ, Robert Oppenheimer, trả lời vào năm 1939. Tuy nhiên, ông cho biết sẽ không có những hệ quả quan sát được qua thám sát của những viễn vọng kính thời đó. Sau đó Đệ Nhị Thế Chiến bùng nổ và Oppenheimer bắt đầu chuyên tâm vào dự án bom nguyên tử. Sau chiến tranh, vấn đề tinh tú sụp đổ do trọng lực phần lớn bị quên lãng vì hầu hết các khoa học gia tập trung nghiên cứu những gì xảy ra trên phạm vi một nguyên tử và nhân của nó. Tuy nhiên, trong thập niên 1960, người ta thấy phục hồi sự quan tâm về những vấn đề thiên văn và vũ trụ trên phạm vi lớn thông qua những sự gia tăng lớn lao về số lượng và tầm vóc của những quan sát thiên văn học nhờ áp dụng kỹ thuật hiện đại. Bấy giờ công trình của Oppenheimer được tái khám phá và tiếp nối với công trình của nhiều người khác. Bức tranh mà nay chúng ta có từ công trình của Oppenheimer được minh họa như sau. Trọng trường của tinh tú chuyển hướng những lộ trình của các tia sáng trong không-thời-gian ra khỏi những lộ trình mà lẽ ra chúng phải theo nếu không có sự hiện diện của tinh tú. Những hình nón trong hình vẽ 61 biểu thị cho những hướng trình trong không-thời-gian của những tia sáng phát đi từ hai đỉnh nón. Những hình nón nầy bị lệch dần về hướng mặt tinh tú. Quá trình nầy có thể nhìn thấy được qua hiện tượng uốn cong ánh sáng từ những tinh tú xa quan sát được khi có nhật thực. Khi tinh tú uốn cong, trọng trường trên mặt tinh tú trở nên mạnh hơn và những hình nón lệch vào trong nhiều hơn.

Điều nầy khiến ánh sáng khó thoát khỏi tinh tú hơn, và ánh sáng trông mờ hơn và đỏ hơn đối với một máy quan sát từ xa. Cuối cùng, khi bán kính tinh tú đã co rút lại đến cực điểm nào đó, trọng trường trên mặt tinh tú trở nên mạnh đến độ những hình nón lệch quá nhiều vào bên trong nên ánh sáng không còn có thể thoát ly được nữa. **Theo tổng thuyết tương đối, không một vật thể nào có thể đi nhanh hơn ánh sáng**. Như thế, nếu ánh sáng không thể thoát ly thì không có cái gí khác có thể thoát ly được; mọi vật đều bị trọng trường kéo xuống trở lại. Do đó người ta có một chuỗi biến cố, một vùng không-thời-gian, từ đó không thể thoát ly để đi đến điểm quan sát ở xa. Nay chúng ta gọi vùng nầy là một hố đen. Biên giới của nó được gọi là chân trời biến cố (event horizon) và nó trùng hợp với những hướng trình của những tia sáng không thoát ly được ra khỏi hố đen.

Muốn hiểu được những gì bạn có thể thấy khi quan sát một tinh tú bị sụp đổ để tạo ra một hố đen, bạn nên nhớ rằng **trong thuyết tương đối không có thời gian tuyệt đối** (absolute time). Mỗi vị trí quan sát có sự đo lường thời gian riêng của nó. Thời gian đối với một người trên một tinh tú sẽ khác với thời gian đối với một người ở cách xa, do ảnh hưởng trọng trường của tinh tú. Giả sử có một phi hành gia gan dạ đứng trên mặt một tinh tú đang sụp đổ, cùng sụp đổ theo vào bên trong với nó, liên tục gởi tín hiệu đi mỗi giây theo đồng hồ riêng của mình đến một tàu không gian đang quay chung quanh tinh tú. Vào một lúc nào đó trên đồng hồ của y, 11: 00 chẳng hạn, bán kính tinh tú sẽ co rút qua giới hạn từ đó trọng trường sẽ rất mạnh đến độ không một cái gì có thể thoát ly được, và những tín hiệu của y sẽ không còn đến được con tàu. Khi 11:00 giờ gần đến, những bạn đồng hành của y trên con tàu sẽ nhận thấy những khoảng cách giữa các tín hiệu liên tiếp từ phi hành gia trở nên dài hơn, nhưng cảm giác đó sẽ rất nhỏ trước 10:59:59. Từ tín hiệu gởi đi lúc 10:59:58 đến tín hiệu gởi đi lúc 10:59:59 theo đồng hồ phi hành gia, những người trên tàu không gian phải chờ lâu hơn một ít thay vì chỉ một giây thôi; nhưng với tín hiệu gởi đi lúc 11:00 họ phải chờ bất tận. Những sóng ánh sáng phát đi từ mặt tinh tú giữa 10:59:59 và 11:00 theo đồng hồ của phi hành gia sẽ trải dài ra một khoảng thời gian vô tận, theo quan sát trên tàu không gian. Khoảng cách giữa những sóng được tiếp nhận tại tàu không gian sẽ càng lúc càng dài và như thế tinh tú sẽ trông càng lúc càng đỏ hơn và yếu nhạt hơn. Cuối cùng, tinh tú sẽ mờ hẳn đi đến độ trên tàu không gian không nhìn thấy nó nữa: tất cả những gì còn lại chỉ là một hố đen trong không gian. Tuy nhiên, tinh tú sẽ tiếp tục tạo ra một trọng lực không thay đổi trên con tàu không gian khiến con tàu tiếp tục quay chung quanh nó. Tuy nhiên, viễn cảnh đó hoàn toàn không thực tế vì vấn đề sau đây. Trọng lực càng yếu đi khi ta càng cách xa tinh tú, cho nên trọng lực trên chân phi hành gia sẽ luôn luôn yếu hơn trọng lực trên đầu y. Sự khác biệt đó sẽ căng dài phi hành gia ra giống như cộng măng tây hay xé y ra từng mảnh trước khi bán kính tinh tú co rút đến độ bắt đầu hình thành chân trời biến cố! Tuy nhiên, chúng ta tin rằng có những thiên thể lớn hơn nhiều trong vũ trụ, như những vùng trung tâm của các thiên hà, cũng có thể nhận chịu sự sụp đổ vì trọng lực để tạo ra hố đen; một phi hành gia trên một trong những thiên thể đó sẽ không bị xé ra từng mảnh trước khi thành hình những hố đen. Thực tế, y sẽ không cảm thấy điều gí đặc biệt khi đến gần bán kính định mệnh, và có thể vượt qua điểm bất phục hồi mà không ý thức được điều đó. Tuy nhiên, chỉ trong vài giờ, khi toàn vùng bị sụp đổ, sự khác nhau về trọng lực trên đầu và dưới chân sẽ trở nên rất mạnh nên y lại sẽ bị xé ra từng mảnh.

## Đơn trạng tỉ trọng vô hạn

Công trình mà Roger Penrose và Hawking thực hiện giữa năm 1965 và 1970 cho thấy rằng, theo tổng thuyết tương đối, phải có một đơn trạng tỉ trọng vô hạn (singularity of infinite density) và uốn cong không-thời-gian (space-time curvature) bên trong hố đen. Đây không khác nào biến cố *Big Bang* lúc khởi thủy của thời gian, chỉ khác ở chỗ đây là sự tận cùng của thời gian đối với thiên thể đang sụp đổ và phi hành gia trên đó. Tại biến cố đơn trạng, những quy luật khoa học và khả năng tiên đoán tương lai của chúng ta sẽ tan vỡ. Tuy nhiên, mọi máy quan sát bên ngoài hố đen sẽ không bị ảnh hưởng bởi sự tan vỡ đó, vì ánh sáng cũng như các tín hiệu khác không thể đến được máy quan sát từ đơn trạng. Thực trạng đáng lưu ý nầy khiến Roger Penrose đề xuất giả thuyết bảo hộ vũ trụ (cosmic censorship hypothesis), có thể diễn dịch lại như "Thượng Đế không muốn thấy một đơn trạng trần truồng (God abhors a naked singularity)". Nói cách khác, những đơn trạng tạo ra do sự sụp đổ trọng lực chỉ xảy ra trong những nơi, như hố đen, ở đó chúng được chân trời biến cố che dấu đàng hoàng không cho bên ngoài thấy được. Nói đúng hơn, đây được gọi là giả thuyết bảo hộ vũ trụ yếu: nó bảo hộ những máy quan sát nằm bên ngoài hố đen tránh khỏi những hậu quả do sự tan vỡ khả năng tiên đoán xảy ra tại đơn trạng, nhưng nó chẳng làm gì cả đối với phi hành gia xấu số bị rơi vào hố đen.

## Chương VI: Số Phận Những Vì Sao

Có một vài phép giải những phương trình tổng thuyết tương đối nhờ đó có thể giúp phi hành gia thấy được một đơn trạng trần truồng: thay vì va chạm đơn trạng, y có thể rơi qua một lỗ giun (wormhole) và thoát ra một vùng khác của vũ trụ. Nếu thế thì cơ may sẽ rất lớn để du hành trong không-thời-gian, nhưng bất hạnh thay, tất cả những phép giải nầy dường như rất mong manh; một nhiễu động nhẹ nhất, như sự hiện diện của phi hành gia chẳng hạn, có thể làm thay đổi tình thế và phi hành gia sẽ không có thể thấy được đơn trạng cho đến khi chạm vào nó và thời gian của y đã kết liễu. Nói cách khác, đơn trạng luôn luôn nằm trong tương lai và không bao giờ trong quá khứ. Phiên bản mạnh của giả thuyết bảo hộ vũ trụ nói rằng, trong một phép giải thực tế, đơn trạng luôn luôn nằm trọn vẹn hoặc trong tương lai (như đơn trạng do sụp đổ trọng lực) hoặc trong quá khứ (như *Big Bang*). Hawking tin tưởng mãnh liệt vào thuyết bảo hộ vũ trụ nên ông đánh cuộc với Kip Thorne và John Preskill của Cal Tech rằng thuyết đó luôn luôn đúng. Ông đã thua cuộc theo một chứng minh kỹ thuật, vì có những phép giải cho thấy đơn trạng được nhìn thấy từ xa. Do đó ông phải trả, nghĩa là, theo giao ước đánh cuộc, ông phải che dấu sự trần truồng của những đơn trạng. Nhưng ông có thể tuyên bố chiến thắng trên phương diện đạo lý. Những đơn trạng trần truồng rất mong manh: một nhiễu động nhẹ nhất có thể làm chúng biến mất hay che khuất sau chân trời biến cố. Như thế, chúng không xảy ra trong những phép giải thực tế.

Chân trời biến cố, vùng không-thời-gian xác định biên giới thoát ly, tác hành như một bức màn bất phục hồi chung quanh hố đen: Những vật thể, như các phi hành gia khinh suất, có thể rơi vào hố đen qua chân trời biến cố, nhưng không vật thể nào có thể thoát ra khỏi hố đen qua chân trời nầy. (Xin nhớ rằng chân trời biến cố là hướng trình trong không-thời-gian của ánh sáng đang cố thoát khỏi hố đen, và không cái gí có thể đi nhanh hơn ánh sáng.) Người ta có thể nói về chân trời biến cố như nhà thơ Dante nói về đường xuống Địa Ngục: "Hãy từ bỏ mọi hy vọng những ai đi vào đây." Bất kỳ vật gì hay bất kỳ ai đã rơi qua chân trời biến cố sẽ chốc lát đi đến vùng tỉ trọng vô hạn và tận cùng thời gian. Tổng thuyết tương đối tiên đoán rằng những thiên thể nặng đang di chuyển sẽ khiến phát đi những sóng trọng lực, những gợn sóng lăn tăn đi theo vận tốc ánh sáng trong vòng cong của không gian. Những sóng nầy tương tự như những sóng ánh sáng, những sóng lăn tăn của điện từ trường, nhưng chúng khó thám sát hơn nhiều. Chúng có thể quan sát được nhờ vào sự thay đổi rất nhẹ về chuyển dịch mà chúng tạo ra giữa các thiên thể láng giềng đang di chuyển tự do. Nhiều máy thám sát đang được xây dựng tại Hoa Kỳ, Âu Châu, và Nhật sẽ đo được những chuyển dịch của một phần trong một ngàn triệu triệu triệu phần, hay chuyển dịch nhỏ hơn một nhân nguyên tử trên khoảng cách 10 dặm.

Cũng như ánh sáng, sóng trọng lực kéo đi năng lượng của những thiên thể phát chúng đi. Do đó người ta trông đợi những hệ thiên thể nặng cuối cùng sẽ ổn định ở một tịnh thế, vì năng lượng trong bất kỳ chuyển động nào cũng sẽ mất đi do phát đi sóng trọng lực. (Không khác nào vứt một phao điên điển xuống nước: lúc đầu nó nhô lên nhô xuống nhiều lần, nhưng sau khi những sóng lăn tăn kéo đi hết năng lượng của nó, cuối cùng nó ổn định lại trong tịnh thế.) Cụ thể, vận chuyển trái đất chung quanh mặt trời tạo nên sóng trọng lực. Hậu quả của việc mất năng lượng sẽ thay đổi quỹ đạo của trái đất cho nên nó càng lúc càng tiến gần đến mặt trời hơn, cuối cùng chạm vào nó và ổn định trong tịnh thế. Trong trường hợp trái đất, mức độ năng lượng bị mất rất thấp - khoảng vừa đủ để chạy một máy sưởi nhỏ. Điều nầy có nghĩa là phải mất khoảng một ngàn triệu triệu

triệu triệu năm trái đất mới chạm phải mặt trời, do đó không phải lo lúc nầy! Sự thay đổi của quỹ đạo trái đất quá chậm không thể quan sát được, nhưng hệ quả nầy trong mấy năm qua đã từng được khẳng định là có xảy ra trong hệ mang tên PSR 1913 + 16 (PSR tượng trưng cho *pulsar*, một tinh tú *neutron* đặc biệt phát ra những làn sóng vô tuyến đều đặn). Hệ nầy gồm có hai *neutron stars* quay chung quanh nhau, và năng lượng bị mất vì phát đi sóng trọng lượng khiến chúng quay xoắn ốc vào nhau. Nhờ sự khẳng định tổng thuyết tương đối nầy mà J. H. Taylor và Hulse được giải Nobel năm 1993. Sẽ mất khoảng ba trăm triệu năm hai tinh tú nầy mới chạm nhau. Trước khi chạm nhau, chúng sẽ quay nhanh đến độ chúng phát ra những sóng trọng lực đủ để những máy thám sát như *LIGO* có thể bắt được.

Trong khi một tinh tú sụp đổ vì trọng lực để tạo ra hố đen, những chuyển động sẽ mạnh hơn nhiều, do đó nhịp độ năng lượng mất đi sẽ cao hơn nhiều. Cho nên sẽ không bao lâu nữa chúng sẽ ổn định vào một tịnh thế. Giai đoạn chung cuộc nầy sẽ ra sao? Người ta có thể giả đoán rằng giai đoạn nầy tùy thuộc vào tất cả những đặc tính phức tạp của tinh tú liên quan – không những chỉ trọng khối và vận tốc xoay của nó, nhưng còn tùy thuộc những tỉ trọng khác nhau của những phần khác nhau của tinh tú, và những vận hành phức tạp của những chất hơi trong tinh tú. Và nếu những hố đen cũng khác nhau như những tinh tú đã sụp đổ để tạo ra chúng thì khó mà tiên đoán được gì về những hố đen nói chung. Tuy nhiên, vào năm 1967, việc nghiên cứu hố đen được cách mạng hóa nhờ vào Wener Israel, một khoa học gia người Canada (ông sinh ra tại Berlin, lớn lên tại Nam Phi, và lấy bằng tiến sỹ ở Ireland). Israel cho thấy rằng, theo tổng thuyết tương đối, những hố đen không xoay phải rất đơn giản; chúng thực sự hình cầu (spherical), kích thước của chúng chỉ tùy thuộc vào trọng khối của chúng mà thôi, và bất cứ hai hố đen nào có trọng khối giống nhau thì giống nhau. Thực sự chúng có thể được mô tả bằng một phép giải đặc biệt những phương trình của Einstein được biết đến từ 1917, do Kark Schwarschild tìm ra ít lâu sau khám phá tổng thuyết tương đối. Lúc đầu nhiều người, kể cả Israel, lý luận rằng, vì hố đen phải tuyệt đối hình cầu, nên nó chỉ có thể phát sinh từ sự sụp đổ của một thiên thể tuyệt đối hình cầu. Một tinh tú thật – không bao giờ tuyệt đối hình cầu – như thế chỉ có thể sụp đổ để tạo ra một đơn trạng trần truồng mà thôi.

## Hố Đen

Tuy nhiên, có một lối diễn dịch khác về hệ quả của Israel, đặc biệt do Roger Penrose và John Wheeler đề xuất. Họ cho rằng những chuyển động nhanh phát sinh khi một tinh tú sụp đổ có nghĩa là những sóng trọng lực mà tinh tú phát ra sẽ làm cho nó tròn hơn bao giờ hết, và khi nó ổn định lại trong tịnh thế nó sẽ hoàn toàn tròn. Theo quan điểm nầy, một tinh tú không quay tròn, dù hình dáng và cấu trúc nội tại có phức tạp đến đâu, sau khi sụp đổ cũng sẽ tận cùng bằng một hố đen hoàn toàn hình cầu, kích thước sẽ chỉ tùy thuộc vào trọng khối của nó mà thôi. Những tính toán sau đó hỗ trợ quan điểm nầy, và do đó nó được toàn thể chấp nhận. Công trình của Israel chỉ giải quyết trường hợp những hố đen tạo nên do những thiên thể không quay tròn. Năm 1963, Roy Kerr, một người New Zealand, đã tìm ra một chuỗi phép giải phương trình của tổng thuyết tương đối nhằm mô tả những hố đen quay tròn. Những hố đen của Kerr xoay theo một vận tốc cố định, kích thước và hình dáng của chúng chỉ tùy thuộc vào trọng khối và vận tốc quay của chúng mà thôi. Nếu không quay thì hố đen hoàn toàn tròn và phép giải phương trình giống hệt như phép giải của Schwarzschild. Nếu có quay thì những hố đen phình ra tại những vùng gần xích đạo (tương tự như trái đất và mặt trời phình ra khi chúng quay). Càng quay nhanh thì chúng càng phình ra nhiều hơn. Do đó, để nối dài hệ quả Israel nhằm bao gồm luôn những thiên thể quay tròn, người ta giả đoán rằng, khi sụp đổ để tạo ra hố đen, mọi thiên thể quay tròn cuối cùng đều phải ổn định và một tịnh thế theo lối giải của Kerr mô tả.

Năm 1970, Brandon Carter, một đồng sự và cũng là đồng nghiên cứu sinh của Hawking tại Cambridge, thực hiện bước đầu nhằm tiến đến chứng minh giả đoán nầy. Ông cho thấy rằng, nếu một hố đen quay tròn và ngưng lại trong tịnh thế có một trục đối xứng, như một con vụ, thì kích thước và hình dáng của nó sẽ chỉ tùy thuộc vào trọng khối và vận tốc quay của nó mà thôi. Sau đó, năm 1971, Hawking chứng minh rằng mọi hố đen quay tròn ngưng lại trong tịnh thế đều có một trục đối xứng như thế. Cuối cùng, năm 1973, David Robinson tại Đại Học Kings College, London, dùng kết quả nghiên cứu của tôi và Carter để chứng minh giả đoán là đúng: một hố đen như thế quả nhiên phải là phép giải Kerr. Như thế, sau khi sụp đổ, một hố đen phải ổn định vào một tịnh thế trong đó nó có thể vẫn quay nhưng không phình xẹp nữa. Hơn nữa, kích thước và hình dáng của nó sẽ chỉ tùy thuộc và trọng lực và vận tốc xoay của nó chứ không tùy thuộc vào đặc tính của thiên thể đã sụp đổ để tạo ra nó. Hệ quả nầy được biết qua câu, "Một hố đen không có lông." Biểu đề "không lông" mang một ý nghĩa thực tế lớn, vì nó giới hạn chặt chẽ những loại hố đen có thể có. Do đó, người ta có thể thiết lập những mô hình thiên thể có khả năng có chứa hố đen và so sánh những tiên đoán của mô hình với những gì quan sát được. Điều nầy cũng có nghĩa là rất nhiều thông tin liên quan đến thiên thể sụp đổ chắc chắn phải bị mất khi hình thành hố đen, vì chung quy tất cả

## Chương VI: Số Phận Những Vì Sao

những gì mà chúng ta có thể đo lường được về thiên thể chỉ là trọng khối và vận tốc quay của nó mà thôi. Khái niệm về điều nầy sẽ được trình bày trong chương kế tiếp.

Hố đen chỉ là một trong ít trường hợp trong lịch sử khoa học trong đó một lý thuyết được triển khai chi tiết như một mô hình toán học trước khi có bằng chứng cho thấy là đúng qua quan sát. Thực vậy, đây thường là lập luận chính của những người phản đối thuyết hố đen: Làm sao có thể tin vào những thiên thể chỉ có thể chứng minh qua những tính toán dựa trên biểu đề nghi ngờ của tổng thuyết tương đối? Hơn nữa, năm 1963, Marten Schmidt, một nhà thiên văn ở Đài Quan Sát Palomar Observatory ở California, đo được sự chuyển vị quang phổ sang đỏ của một thiên thể lờ mờ giống như một tinh tú trong hướng phát của nguồn sóng vô tuyến mang tên 3C273 (nghĩa là, nguồn số 273 trong danh mục số 3 của Cambridge về nguồn vô tuyến). Ông thấy rằng chuyển vị đó quá lớn không thể do một trọng trường: nếu đó là một chuyển vị do trọng trường thì thiên thể phải rất nặng và rất gần với chúng ta khiến có thể nhiễu động được những quỹ đạo của các hành tinh trong Thái Dương Hệ. Điều đó cho thấy rằng sự chuyển vị quang phổ sang đỏ là do sự bành trướng của vũ trụ; điều nầy lại có nghĩa là thiên thể đó đang ở rất xa. Và nếu thấy được ở khoảng cách xa như thế, thiên thể phải rất sáng, nói cách khác, phải phát ra một khối năng lượng rất lớn. Hiện tượng duy nhất có thể tưởng tượng được có khả năng sản sinh một khối năng lượng lớn như thế dường như là sự sụp đổ do trọng lực không phải chỉ của một tinh tú nhưng của nguyên một vùng trung tâm của một thiên hà. Một số thiên thể trông tựa như tinh tú (*quasi-stellar* hay *quasars*) đã được khám phá, tất cả đều có chuyển vị quang phổ sang đỏ. Nhưng tất cả chúng đều ở rất xa và do đó khó mà quan sát được để cung ứng chứng cứ kết luận về hố đen.

## Chương VI: Số Phận Những Vì Sao

FIGURE 6.2 The brighter of the two stars near the center of the photograph is Cygnus X-1, which is thought to consist of a black hole and a normal star, orbiting around each other.

Những thôi thúc mạnh hơn về sự tồn tại của hố đen xảy đến vào năm 1967 với sự khám phá của Joselyn Bell-Burnell, một nghiên cứu sinh tại Đại Học Cambridge, liên quan đến những thiên thể phát ra những sóng vô tuyến đều đặn. Thoạt đầu, Bell và người quản lý Antony Hewish nghĩ có thể họ đã tiếp xúc được với một nền văn minh trong thiên hà! Thực vậy, tại một buổi hội thảo trong đó họ loan báo những khám phá của họ, Hawking còn nhớ họ đã đặt tên bốn nguồn sóng đầu tiên tìm được là *LGM1-4*, *LGM* viết tắt cho "Little Green Men - những chú lùn màu xanh". Tuy nhiên, tựu trung, họ và mọi người đã đi đến kết luận kém lãng mạn hơn: những thiên thể nầy, mang tên *pulsars*, thực ra là những *neutron stars;* chúng phát ra những sóng vô tuyến vì một đối tác phức tạp giữa từ trường của chúng và vật thể chung quanh. Đây là tin xấu cho những người viết phiêu lưu ký không gian, nhưng mang đến rất nhiều hy vọng cho một số khoa học gia đang tin tưởng có hố đen thời đó: Đó là bằng chứng đầu tiên cho thấy những *neutron stars* có thật. *Neutron stars* có bán kính khoảng 10 *miles*, chỉ nhỏ hơn bán kính định mệnh (critical radius) một vài lần thôi. Nếu một tinh tú có thể sụp đổ xuống một kích thước nhỏ như vậy thì cũng có lý do để tin rằng những tinh tú khác cũng có thể sụp đổ xuống kích thước nhỏ hơn và trở thành những hố đen.

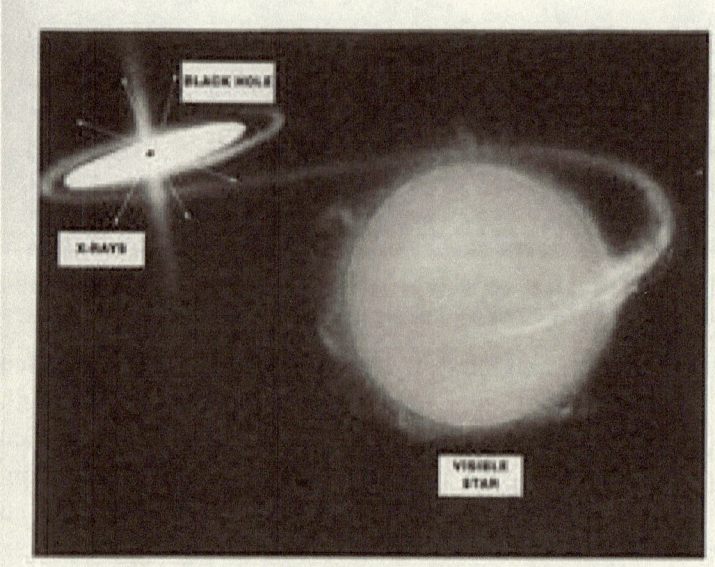

FIGURE 6.3

# Cygnus X-1

Làm sao chúng ta hy vọng thám sát được một hố đen, vì, theo định nghĩa, nó không phát ra ánh sáng? Không khác nào tìm một con mèo đen trong một hầm than. May thay, có một cách. Như John Michell cho thấy trong tài liệu tiên phong của ông năm 1783, một hố đen phát ra một trọng lực trên những thiên thể kế cận. Các nhà thiên văn đã quan sát được nhiều hệ tinh tú trong đó hai thiên thể quay chung

## Chương VI: Số Phận Những Vì Sao

quanh nhau, thu hút nhau bằng trọng lực. Họ cũng quan sát được những hệ trong đó chỉ có một tinh tú thấy được đang quay chung quanh một đồng hành vô hình nào đó. Dĩ nhiên, người ta không thể kết luận ngay đồng hành đó là một hố đen: đó chỉ có thể là một tinh tú quá mờ nhạt không thể thấy được. Tuy nhiên, một số hệ loại nầy, như hệ mang tên *Cygnus X-1* trong hình 6.2, cũng là những nguồn tia X mạnh. Giải thích tốt nhất cho hiện tượng nầy là: vật thể được phóng ra từ bề mặt của tinh tú khả thị. Khi vật thể tiến về phía đồng hành vô hình, nó tạo ra một chuyển động trôn ốc (như nước chảy ra khỏi bể), và trở nên rất nóng, phát ra tia X như trong hình 6.3. Muốn hiện tượng nầy xảy ra, thiên thể vô hình phải rất nhỏ, giống như một tiểu bạch tinh (white dwarf), *neutron star*, hay hố đen. Từ quỹ đạo được quan sát của tinh tú trông thấy được, người ta có thể xác định được trọng khối thấp nhất có thể xác định được của thiên thể vô hình. Trong trường hợp của Cygnus X-1, trọng khối nầy lớn hơn trọng khối mặt trời khoảng 6 lần. Theo hệ quả Chandrasekhar trọng khối nầy quá lớn không thể khiến thiên thể vô hình trở thành một tiểu bạch tinh. Trọng khối đó cũng quá lớn không thể có đối với một *neutron star*. Do đó, có lẽ đó là một hố đen.

Có những mô hình khác dùng giải thích *Cygnus X-1* để loại bỏ khả năng hiện hữu của hố đen, nhưng tất cả những mô hình nầy đi hơi quá xa. Hố đen dường như là lối giải thích thực sự tự nhiên duy nhất cho những gì quan sát được. Mặc dù vậy, Hawking vẫn cá với Kip Thorne của viện Kỹ thuật California rằng thực tế *Cygnus X-1* không chứa một hố đen! Đó là bằng chứng bảo hiểm cho ông. Ông đã thực hiện nhiều công trình về hố đen, và tất cả chỉ là phung phí thời gian nếu chung quy không có hố đen. Nhưng trong trường hợp đó, ông sẽ được an ủi là thắng được cá và sẽ được đọc tập san *Private Eye* 4 năm không phải trả tiền. Thực tế, mặc dù tình hình liên quan đến *Cygnus X-1* không thay đổi nhiều từ khi ông đánh cuộc năm 1975, bây giờ có rất nhiều bằng chứng quan sát cho thấy khả năng có hố đen nên ông đã chịu thua cuộc và chịu đền cho bà vợ khai phóng của Kip bằng một năm báo *Penthouse*.

Nay chúng ta cũng có bằng chứng về một số hố đen khác trong những hệ như *Cygnus X-1* trong Dải Ngân Hà của chúng ta và trong hai thiên hà kế cận mang tên Magellanic Clouds. Tuy nhiên số lượng hố đen gần như chắc chắn cao hơn nhiều. Trong lịch sử lâu đời của vũ trụ, nhiều tinh tú đã phải cháy hết nhiên liệu và đã phải sụp đổ. Số lượng hố đen có thể chắc chắn lớn hơn cả số lượng những tinh tú khả thị, hiện có khoảng một trăm tỉ chỉ trong thiên hà của chúng ta thôi. Sức hút trọng lực bổ sung của số lượng hố đen lớn như thế có thể giải thích tại sao thiên hà của chúng ta quay theo nhịp độ hiện nay: trọng khối của những tinh tú khả thị không đủ để giải thích điều nầy. Chúng ta cũng có bằng chứng về một hố đen lớn hơn nhiều trăm ngàn trong trung tâm thiên hà của chúng ta, với trọng khối khoảng một trăm ngàn lần lớn hơn trọng khối mặt trời. Những tinh tú trong thiên hà đến quá gần hố đen nầy sẽ bị xé tan từng mảnh do sự khác biệt giữa trọng lực trên phía xa và trọng lực trên phía gần của chúng. Những mảnh vụn của chúng và hơi thoát ra từ những tinh tú khác sẽ rơi vào hố đen. Như trong trường hợp của *Cygnus X-1*, hơi sẽ xoắn ốc vào bên trong và nung nóng lên, tuy không nhiều như thế. Nó sẽ không đủ nóng để phát ra tia X, nhưng cũng có thể giải thích được nguồn sóng vô tuyến và hồng ngoại rất súc tích quan sát thấy tại trung tâm thiên hà.

Người ta nghĩ rằng những hố đen tương tự nhưng lớn hơn, với trọng khối khoảng trăm triệu lần lớn hơn trọng khối mặt trời, xảy ra tại trung tâm của các *quasars*. Cụ thể, qua quan sát của viễn vọng kính Hubble, thiên hà mang tên M87 có chứa một đĩa hơi có đường kính dài 130 năm ánh sáng (130* 9,460,730,472,580.8 Kilometers) quay chung quanh một thiên thể trung ương có trọng khối hai tỉ lần lớn hơn trọng khối mặt trời. Đây chỉ có thể là một hố đen. Vật thể rơi vào một hố đen siêu nặng như thế mới cung ứng nguồn lực đủ lớn để giải thích những khối năng lượng khổng lồ mà những thiên thể nầy phát ra. Khi xoắn ốc vào trong hố đen, vật thể sẽ làm cho hố đen quay theo cùng chiều, khiến nó tạo ra một từ trường tương tự như từ trường của trái đất. Những đơn tử có năng lượng cao sẽ được tạo ra gần hố đen do vật thể rơi vào. Từ trường sẽ rất mạnh nên có thể hội tụ những đơn tử nầy thành những tia phóng (jets) hướng ra bên ngoài dọc theo trục xoay của hố đen, nghĩa là, theo hướng bắc và nam cực của nó. Những tia phóng như thế thực sự được quan sát trong một số thiên hà và *quasars*. Người ta cũng có thể nghĩ đến khả năng có những hố đen với trọng khối nhỏ hơn nhiều so với trọng khối của mặt trời. Những hố đen như thế không thể tạo nên bởi sụp đổ trọng lực, vì trọng lực của chúng ở dưới giới hạn trọng lực Chandrasekhar: Những tinh tú có trọng khối nhỏ nầy có thể chống lại được trọng lực ngay cả khi chúng cạn hết nhiên liệu nguyên tử. Những hố đen có trọng khối nhỏ chỉ có thể hình thành nếu vật thể bị ép xuống tỉ trọng cực lớn do những sức ép cực lớn bên ngoài.

**Vũ trụ sơ khai**

Những điều kiện như thế có thể xảy ra trong một quả bom *hydrogen* lớn: vật lý gia John Wheeler có lần tính rằng nếu dùng hết nước trong tất cả đại dương của trái đất thì người ta có thể chế tạo được một quả bom *hydrogen* có khả năng ép vật chất tại trung tâm đến mức tạo ra được một hố đen. (Dĩ nhiên sẽ không còn ai sống sót để quan sát chuyện nầy.) Một khả năng thực tiễn hơn là những hố đen có trọng khối nhỏ như thế có thể đã được hình thành do nhiệt độ và áp suất cao của vũ trụ sơ khai. Hố đen chỉ có thể hình thành nếu vũ trụ sơ khai không hoàn toàn phẳng phiu và đồng bộ (perfectly smooth and uniform), vì chỉ có một vùng nhỏ có tỉ trọng cao hơn trung bình mới có thể ép lại theo cách nầy để tạo ra một hố đen. Nhưng chúng ta biết rằng đã phải có một số bất đồng đều (irregularities), vì nếu không thì vật thể trong vũ trụ vẫn còn được phân bố hoàn toàn đồng bộ trong kỷ nguyên hiện tại, thay vì có từng quần thể tinh tú và thiên hà.

Những bất đồng đều phải có mới giải thích được các tinh tú và thiên hà. Nhưng những bất đồng đều đó có dẫn tới sự hình thành của nhiều hố đen sơ khai (primordial black holes) hay không thì rõ ràng tùy vào chi tiết của những điều kiện của vũ trụ sơ khai. Cho nên, nếu có thể xác định hiện có được bao nhiêu hố đen sơ khai thì chúng ta sẽ biết được rất nhiều về những thời kỳ sơ khai của vũ trụ. Những hố đen sơ khai với trọng khối lớn hơn một tỉ tấn (trọng khối của một quả núi lớn) chỉ có thể được phát hiện do ảnh hưởng trọng lực của nó trên vật thể khả thị khác hay trên sự bành trướng của vũ trụ. Tuy nhiên, như chúng ta sẽ thấy trong chương kế tiếp, tựu trung hố đen không thực sự màu đen: chúng lòe sáng như một thiên thể nóng, và càng nhỏ thì chúng càng sáng nhiều hơn. Như thế, nghịch lý thay, những hố đen nhỏ hơn hoá ra lại dễ phát hiện hơn là những hố đen lớn!

# Chương VII
# Màu Sắc Hố Đen

## Tổng Quát

Trước năm 1970, công trình nghiên cứu của Hawking về tổng thuyết tương đối chủ yếu tập trung vào câu hỏi liệu có một đơn trạng *Big Bang* (*Big Bang* singularity) hay không. Tuy nhiên, vào một buổi chiều tháng 11 năm đó, ít lâu sau khi Lucy, đứa con gái của họ, ra đời, ông bắt đầu nghĩ đến hố đen khi ông đi ngủ. Tình trạng tật nguyền của ông làm ông khó ngủ cho nên ông có nhiều thời gian để suy nghĩ.

Vào thời kỳ đó, không có một định nghĩa chính xác những điểm nào trong không-thời-gian nằm bên trong hố đen và những điểm nào nằm ngoài. Hawking đã từng đề cập với Roger Penrose ý nghĩ định nghĩa hố đen như một chuỗi biến cố từ đó không thiên thể nào có thể thoát ly đi xa được; định nghĩa nầy ngày nay được toàn thể chấp nhận. Điều nầy có nghĩa là biên giới của hố đen, hay chân trời biến cố, được hình thành bởi những tia sáng không khả năng thoát khỏi hố đen, vĩnh viễn đứng lại tại đường ranh như mô tả trong hình 7.1. Đó không khác nào chạy trước cảnh sát chỉ một bước nhưng lại bị kẹt đường phía trước!

Bất ngờ ông nhận ra rằng những hướng trình của những tia sáng nầy không bao giờ có thể tiếp cận với nhau. Nếu tiếp cận được thì cuối cùng chúng phải chạm vào nhau. Như thế

# Chương VII: Màu Sắc Hố Đen

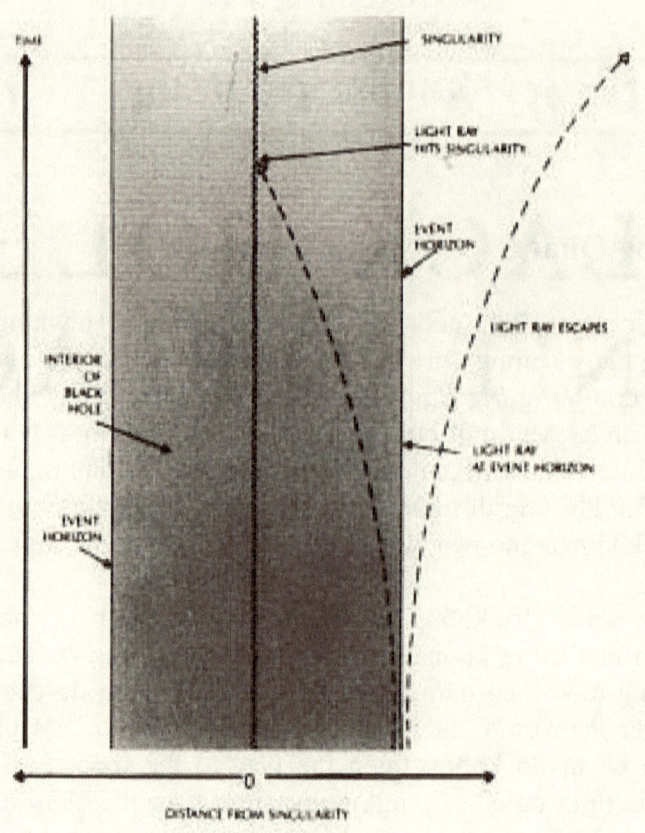

**FIGURE 7.1**

chẳng khác nào chạm phải một người khác chạy ngược chiều cũng để trốn cảnh sát - cả hai sẽ bị tóm. (Trường hợp nầy là rơi vào hố đen.) Nhưng nếu những tia sáng nầy bị hố đen hút hết thì chúng không thể nào lưu lại trên biên giới hố đen.

## Chương VII: Màu Sắc Hố Đen

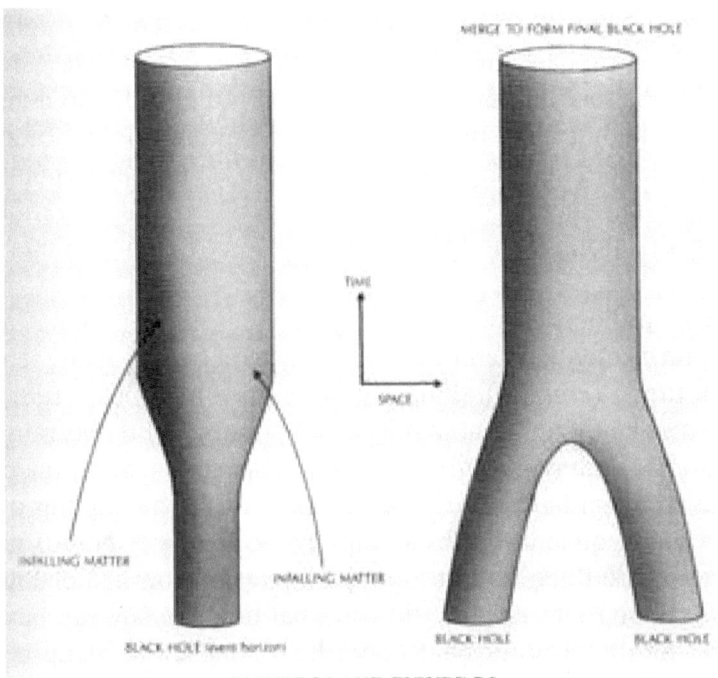

FIGURE 7.2 AND FIGURE 7.3

Một phương thức khác để hình dung điều nầy là: chân trời biến cố, hay biên giới hố đen, cũng tương tự như đường ranh của một cái bóng (shadow) – bóng của địa ngục cận kề. Nếu nhìn vào bóng của một vật ở một khoảng cách xa, như mặt trời chẳng hạn, bạn sẽ thấy những tia sáng ở ngoài biên không tiếp cận với nhau.

Hoặc nếu hai hố đen chạm nhau và nhập lại để tạo thành một hố đen duy nhất thì diện tích chân trời biến cố của hố đen vừa tạo ra sẽ lớn hơn hay bằng với diện tích của tổng số diện tích chân trời của những hố đen nguyên thủy (hình 7.3). Đặc tính không suy giảm nầy của diện tích chân trời biến cố đặt ra một giới hạn quan trọng đối với tác hành có thể có của hố đen. Hawking phấn khởi với khám phá trên đến độ mất ngủ đêm hôm đó. Hôm sau ông gọi Roger

## Chương VII: Màu Sắc Hố Đen

Penrose. Ông nầy đồng ý với Hawking. Thực ra ông nghĩ rằng Penrose đã ý thức được đặc tính nầy về diện tích. Tuy nhiên, Penrose đã dùng một định nghĩa hơi khác về hố đen. Ông ta không nhận ra rằng, dựa theo hai định nghĩa, biên giới của hố đen giống nhau, và do đó diện tích của chúng cũng giống nhau, với điều kiện hố đen đã ổn định vào một trạng thái trong đó nó không còn thay đổi với thời gian nữa.

Đặc tính diện tích hố đen không suy giảm khiến chúng ta liên tưởng đến tác hành của một định lượng vật lý mang tên biến tướng (*entropy*), dùng đo lường độ rối loạn (*disorder*) của một hệ thống. Kinh nghiệm thông thường cho thấy rằng *entropy* có khuynh hướng gia tăng nếu mọi sự được phép chuyển hóa một cách tự nhiên. (Người ta chỉ việc ngưng tu sửa chung quanh nhà thì sẽ thấy ngay kết quả!) Người ta cũng có thể thiết lập trật tự từ rối loạn (như sơn nhà chẳng hạn), nhưng làm như thế thì cần phải tiêu pha sức lực hay năng lượng và do đó làm giảm đi số năng lượng đang có trong trật tự.

Nói một cách chính xác, <u>đó là định luật động nhiệt học thứ nhì (second law of thermodynamics). Định luật nầy nói rằng *entropy* của một hệ thống riêng rẽ luôn luôn gia tăng</u>, và, khi hai hệ thống nối kết với nhau, *entropy* của hệ mới tạo ra sẽ lớn hơn tổng số *entropy* của hai hệ nguyên thủy. Ví dụ, một hệ phân tử hơi (system of gas molecules) trong một hộp. Những phân tử có thể được xem như những quả bi da nhỏ liên tục va chạm vào nhau và dội lại từ thành hộp. Nhiệt độ hơi càng cao thì những phân tử di chuyển càng nhanh, và do đó khi chúng va chạm vào thành hộp càng thường xuyên và mạnh hơn thì áp suất đẩy ra mà chúng tạo trên thành hộp càng lớn hơn. Giả sử lúc đầu chúng ta dùng một vách ngăn để giới hạn những phân tử hơi vào nửa phần bên trái của hộp. Nếu sau đó vách ngăn được tháo ra thì những phân tử sẽ có khuynh hướng giãn ra và chiếm cả hai nửa phần hộp. Một lúc sau, chúng có thể tùy tiện qua phải, vào chính giữa hay qua trái trở lại, nhưng khả năng gần như chắc chắn nhất là chúng sẽ chia đều ra hai bên. Trạng thái đó kém trật tự hơn, rối loạn hơn so với trạng thái ban đầu khi tất cả chúng đều ở bên nửa phần trái. Do đó người ta nói rằng *entropy* của hơi đã gia tăng.

Tương tự, giả sử chúng ta bắt đầu bằng hai hộp, một chứa phân tử *oxygen* và một chứa phân tử *nitrogen*. Nếu người ta nối kết hai hộp lại với nhau và lấy đi vách ngăn thì các phân tử *oxygen* và *nitrogen* sẽ trộn lẫn với nhau. Sau một thời gian, khả năng chắc chắn nhất sẽ là một hỗn hợp tương đối đồng bộ (uniform mixture) gồm *oxygen* và *nitrogen* khắp nơi trong hộp. Trạng thái đó sẽ kém trật tự, và do đó có nhiều *entropy* hơn so với trạng thái ban đầu khi hai hộp rời nhau.

Định luật động nhiệt học thứ nhì có một tư thế hơi khác với tư thế của những định luật khoa học khác, như định luật trọng lực của Newton chẳng hạn, vì nó không phải lúc nào cũng đúng, chỉ đúng trong đa số các trường hợp mà thôi. Khả năng tất cả những phân tử hơi trong hộp của ví dụ thứ nhất chuyển qua một nửa phần hộp sau một thời gian có xác suất rất nhỏ, khoảng 1 phần triệu triệu, nhưng khả năng đó có thể xảy ra. Vả lại, nếu có một hố đen đâu đó thì dường như dễ đánh đổ định luật thứ nhì: chỉ cần ném vào hố đen một số vật thể có nhiều *entropy*, như một hộp hơi chẳng hạn. Tổng số *entropy* vật thể bên ngoài hố đen sẽ giảm đi. Dĩ nhiên người ta vẫn có thể nói rằng tổng số *entropy*, kể cả *entropy* bên trong hố đen, đã không giảm xuống – nhưng vì không có cách gì nhìn vào bên trong hố đen nên chúng ta không thể thấy được vật thể bên trong hố có bao nhiêu *entropy*.

Vì thế, tình trạng sẽ khá hơn nếu có một thuộc tính nào đó của hố đen nhờ đó bên ngoài có thể biết được số *entropy* của nó, và cho biết liệu những entropy có gia tăng khi vật thể rơi vào có mang theo *entropy*. Căn cứ trên khám phá cho rằng diện tích chân trời biến cố gia tăng khi có vật thể rơi vào hố đen, một nghiên cứu sinh tại Princeton có tên Jacob Bekenstein cho rằng diện tích chân trời biến cố là thước đo *entropy* của hố đen. Khi vật thể có mang *entropy* rơi vào hố đen, diện tích chân trời biên cố của nó sẽ gia tăng, cho nên tổng số *entropy* vật thể bên ngoài hố đen và diện tích chân trời sẽ không bao giờ giảm xuống.

### Chân trời biến cố

Đề xuất nầy dường như ngăn chặn định luật động nhiệt học thứ nhì khỏi bị vi phạm trong hầu hết các trường hợp. Tuy nhiên, có một khuyết điểm có tính cách sinh tử. Nếu hố đen có *entropy* thì cũng phải có nhiệt độ. Nhưng một thiên thể có một nhiệt độ đặc biệt phải phát ra bức xạ theo một nhịp độ nào đó. Kinh nghiệm thông thường cho thấy rằng, nếu người ta nung nóng một que kim loại trong lửa thì nó sẽ phát ra bức xạ, nhưng những thiên thể có nhiệt độ thấp hơn cũng phát ra bức xạ; chỉ là người ta bình thường không để ý đến nó vì số lượng quá nhỏ. Bức xạ nầy bắt buộc phải có mới không vi phạm định luật thứ nhì. Cho nên hố đen phải phát ra bức xạ. Nhưng theo chính định nghĩa của chúng, hố đen là những thiên thể được giả định không phát ra bất cứ cái gì. Do đó hình như diện tích chân trời biến cố của hố đen không thể được xem như *entropy* của nó. Năm 1972, Hawking viết một tài liệu cùng với Brandon Carter và một đồng sự người Mỹ có tên Jim Bardeen, trong đó họ có cho thấy rằng, mặc dù có nhiều tương đồng giữa *entropy* và chân trời biến cố, rõ ràng có vấn nạn sinh tử ở đây.

## Chương VII: Màu Sắc Hố Đen

Hawking phải thú nhận rằng động lực khiến ông viết sách nầy một phần là do tức giận với Bekenstein; theo ông nghĩ, Bekenstein đã vận dụng sai khám phá của Hawking về gia tăng diện tích chân trời biến cố. Tuy nhiên, tựu trung cơ bản Bekenstein đúng, mặc dù trong một phương cách mà chắc chắn ông đã không ngờ tới. Tháng 9/1973, trong khi thăm viếng Moscow, Hawking có bàn luận hố đen với hai chuyên viên hàng đầu của Nga, Yakov Zeldovich và Alexander Starobinsky. Họ thuyết phục ông rằng, theo nguyên lý bất xác của cơ học *quantum*, những hố đen xoay tròn (rotating black holes) sẽ tạo ra đơn tử và phát chúng đi. Ông tin tưởng những luận cứ của họ trên cơ sở vật lý, nhưng ông không thích phương pháp toán học họ dùng để tính đơn tử được phát ra. Do đó, ông bắt đầu sáng tạo ra một phương pháp toán học khá hơn, được ông mô tả trong một cuộc hội thảo bán chính thức tại Oxford vào cuối tháng 11/1973. Thời kỳ đó ông chưa hoàn tất những tính toán nhằm tìm ra bao nhiêu đơn tử thực sự được phát ra. Ông hy vọng tìm ra đúng con số bức xạ mà Zeldovich và Starobinsky đã tiên đoán phát ra từ những hố đen xoay tròn. Tuy nhiên, khi làm tính, ông hết sức ngạc nhiên và bực bội khi thấy rằng ngay cả những hố đen không xoay cũng rõ ràng tạo ra và phát ra những đơn tử theo một nhịp độ đều đặn. Lúc đầu ông nghĩ rằng bức xạ nầy là do một trong những ước tính của ông không đúng. Ông sợ nếu Bekenstein biết chuyện nầy thì ông ta sẽ xử dụng nó như một luận cứ nữa để hỗ trợ quan niệm của ông về *entropy* của hố đen, điều mà Hawking vẫn không thích. Tuy nhiên, khi tôi càng suy nghĩ về việc nầy thì càng có vẻ như những ước tính của ông phải đứng vững. Nhưng chung quy điều khiến ông tin rằng bức xạ có thực chính là: quang phổ của những đơn tử phát ra đúng là quang phổ phát đi từ một thiên thể nóng, và hố đen phát ra đơn tử hoàn toàn theo đúng nhịp độ nhằm ngăn chặn vi phạm định luật thứ nhì. Từ lúc đó, những tính toán được lặp đi lặp lại dưới nhiều hình thức khác nhau và do nhiều người khác nhau. Tất cả họ đều khẳng định rằng một hố đen phải phát ra đơn tử và bức xạ tương tự như một thiên thể nóng với một nhiệt độ chỉ tuỳ thuộc vào trọng khối của hố đen: trọng khối càng nặng thì nhiệt độ càng thấp.

Tại sao hố đen có vẻ như phát đi đơn tử vì chúng ta biết rằng không vật gì có thể thoát ly khỏi chân trời biến cố? Theo thuyết *quantum*, đáp án là: những đơn tử không đến từ bên trong hố đen, nhưng từ vùng không gian "trống" ngay bên ngoài chân trời biến cố của hố đen! Chúng ta có thể hiểu điều nầy theo cách sau đây: cái mà chúng ta nghĩ là không gian "trống" không thể hoàn toàn trống, vì nếu thế thì tất cả hoạt trường, như trọng trường và điện từ trường, sẽ phải dứt khoát *zero*. Tuy nhiên, trị số của một hoạt trường và nhịp độ thay đổi của nó theo thời gian cũng tương tự như vị trí và phương tốc của một đơn tử. Nguyên lý bất xác hàm ngụ rằng, giữa hai trị số của vị trí và phương tốc nói trên, người ta càng biết chính xác hơn về trị số nầy thì càng biết ít chính xác hơn đối với trị số kia. Do đó, trong không gian trống hoạt trường không có thể luôn luôn ở *zero*, vì nếu thế thì nó sẽ vừa có một trị số chính xác về vị trí bằng không và một nhịp độ thay đổi chính xác cũng bằng không. Phải có một trị số tối thiểu bất xác hay dao động lượng tử (*quantum* fluctuations) nào đó, trong trị số của hoạt trường. Người ta có thể nghĩ về những dao động nầy như những cặp đơn tử ánh sáng hay trọng lực cùng xuất hiện với nhau tại một lúc nào đó, tách xa nhau, và sau đó gặp lại nhau và triệt tiêu lẫn nhau. Những đơn tử nầy là những đơn tử tiềm năng (virtual particles) giống như những đơn tử có mang theo trọng lực của mặt trời: khác với những đơn tử thật, chúng không thể trực tiếp quan sát được bằng một máy thám sát đơn tử. Tuy nhiên, những hậu quả gián tiếp của chúng, như những thay đổi nhỏ về năng lượng của những quỹ đạo *electrons* trong các nguyên tử, có thể được

## Chương VII: Màu Sắc Hố Đen

đo lường và phù hợp với những tiên đoán lý thuyết một cách chính xác đáng kể. Nguyên lý bất xác nầy cũng tiên đoán sẽ có những cặp đơn tử vật chất tiềm năng tương tự, như *electrons* hay *quarks*. Tuy nhiên, trong trường hợp nầy, một vế trong cặp sẽ là một đơn tử và vế kia là một phản đơn tử (phản đơn tử và đơn tử của ánh sáng và trọng lực đều như nhau).

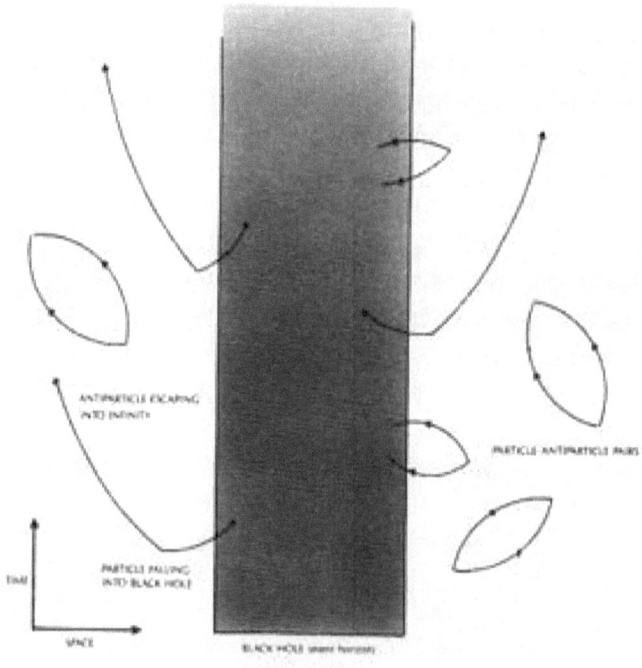

FIGURE 7.4

Vì năng lượng không thể được cấu tạo từ hư không, một trong hai vế của cặp đơn tử/phản đơn tử sẽ có năng lượng dương, và vế kia mang năng lượng âm. Vế mang năng lượng âm bị bắt buộc phải là một đơn tử tiềm năng yếu mệnh (short-lived virtual particle) vì những đơn tử thực luôn luôn có năng lượng dương trong những tình trạng bình thường. Do đó, đơn tử tiềm năng đó phải ra ngoài tìm về đối của mình để triệt tiêu với nó. Tuy nhiên, một đơn tử thực ở gần một thiên thể nặng có ít năng lượng hơn so với khi nó ở xa, vì phải dùng năng lượng để chống lại sức hút trọng lực của thiên thể đó. Bình thường, năng lượng của một đơn tử vẫn là dương, nhưng trọng lực bên trong một hố đen quá mạnh nên ngay cả một đơn tử thực cũng có thể có năng lượng âm ở đó. Như thế, với sự hiện diện của một hố đen, đơn tử tiềm năng mang năng lượng âm có thể rơi vào hố đen và trở thành một đơn tử hay phản đơn tử thực. Trong trường hợp nầy, nó không phải triệt tiêu với vế đối của nó nữa. Vế đối bị bỏ rơi kia có thể cũng rơi vào hố đen. Hay, nhờ có năng lượng dương, nó cũng có thể thoát ly khỏi vùng tiếp cận của hố đen như một đơn tử hay phản đơn tử thực (hình 7.4). Đối với một máy quan sát từ xa, nó có vẻ như phát xuất từ một hố đen. Hố đen càng nhỏ thì khoảng cách đơn tử mang năng lượng âm phải đi càng ngắn trước khi trở thành một đơn tử thật, và như thế nhịp độ phát và nhiệt độ bên ngoài của hố đen càng lớn.

### Phương trình của Einstein

Năng lượng dương của bức xạ phát đi sẽ được quân bình nhờ một luồng đơn tử mang năng lượng âm đi vào hố đen. Theo phương trình của Einstein

$$E = mc^2$$

(*E*: năng lượng, *m*: trọng khối, và *c:* vận tốc ánh sáng) năng lượng tỉ lệ thuận với trọng khối. Do đó, một luồng năng lượng âm đi vào hố đen làm giảm trọng khối của nó. Khi hố đen mất trọng khối, diện tích chân trời biến cố của nó sẽ nhỏ lại, nhưng số *entropy* giảm đi trong hố đen được bù lại nhiều hơn nhờ số *entropy* do bức xạ tạo ra, cho nên định luật thứ nhì không bao giờ bị vi phạm.

## Chương VII: Màu Sắc Hố Đen

Hơn nữa, trọng khối của hố đen càng nhỏ thì nhiệt độ của nó càng cao. Vì thế, khi hố đen mất trọng khối, nhiệt độ và nhịp độ bức xạ của nó tăng lên, cho nên trọng khối của nó mất đi nhanh hơn. Không ai rõ lắm về những gì sẽ xảy ra khi trọng khối của hố đen cuối cùng trở nên cực nhỏ, nhưng suy đoán hữu lý nhất là: nó sẽ hoàn toàn biến mất trong một bùng nổ bức xạ khủng khiếp cuối cùng, tương đương với sự bùng nổ của hàng triệu quả bom H.

Một hố đen có trọng khối vài lần lớn hơn trọng khối mặt trời chỉ có nhiệt độ $1/10,000,000°$ trên không độ tuyệt đối (absolute zero). Nhiệt độ nầy thấp hơn nhiều so với nhiệt độ bức xạ vi ba có khắp nơi trong vũ trụ ($2.7°$ trên không độ tuyệt đối), cho nên những hố đen như thế sẽ phát đi ít hơn thu vào. Nếu vũ trụ phải bành trướng bất tận thì nhiệt độ của bức xạ vi ba cuối cùng sẽ giảm xuống, không bằng nhiệt độ của một hố đen như thế, lúc đó nó bắt đầu mất trọng lực. Nhưng ngay cả lúc đó, nhiệt độ của nó sẽ thấp đến mức muốn bốc hơi hoàn toàn nó phải mất khoảng một triệu triệu triệu triệu triệu triệu triệu triệu triệu triệu năm (1 và 66 số không tiếp theo sau). Thời gian nầy dài hơn nhiều so với tuổi của vũ trụ - chỉ khoảng 10 hay 20 ngàn triệu năm (1 hay 2 và 10 số không tiếp theo sau). Ngược lại, như đã trình bày trong chương 6, có thể có những hố đen nguyên thủy (primordial black holes) với trọng khối nhỏ hơn rất nhiều đã được thành hình do những bất đồng đều trong những thời kỳ sơ khai của vũ trụ. Những hố đen như thế sẽ có một nhiệt độ cao hơn nhiều và sẽ phát ra bức xạ theo một nhịp độ lớn hơn nhiều. Một hố đen sơ khai với một trọng khối sơ khai bằng 1000 triệu tấn sẽ có tuổi thọ gần bằng tuổi của vũ trụ. Những hố đen sơ khai với trọng khối nhỏ hơn con số nầy có thể đã hoàn toàn bốc hơi, nhưng những hố đen nào có trọng khối lớn hơn sẽ vẫn phát ra bức xạ dưới hình thức những tia X và tia

## Chương VII: Màu Sắc Hố Đen

*Gamma*. Những hố đen nầy khó lòng mang hình dung từ "*black - đen*": chúng thực sự nóng trắng và phát ra năng lượng theo một nhịp độ khoảng 10 ngàn *megawatts*.

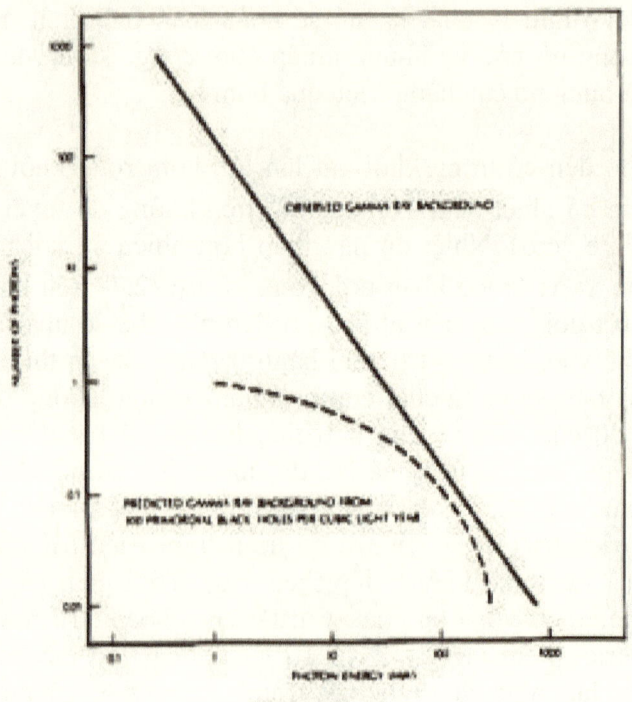

**FIGURE 7.5**

Một hố đen như thế có thể chạy được 10 nhà máy điện cỡ lớn, nếu chúng ta có thể khống chế được năng lượng của nó. Tuy nhiên, điều nầy hơi khó: hố đen có trọng khối của một quả núi được nén xuống nhỏ hơn một phần triệu triệu *inch*, hay kích thước của một nhân nguyên tử! Nếu chúng ta có một hố đen như thế trên mặt địa cầu thì sẽ không có cách nào ngăn cản nó rơi vào trung tâm trái đất. Nó sẽ dao động qua lại xuyên qua trái đất và cuối cùng ổn định tại trung tâm. Do đó, nơi duy nhất có thể đặt một hố đen như thế chỉ có thể là trên quỹ đạo trái đất. Làm được thế thì người ta có thể xử dụng được năng lượng mà nó phát ra. Và cách duy nhất đặt nó vào quỹ đạo sẽ là lôi kéo nó bằng một trọng khối lớn ở phía trước nó, tương tự như củ ca rốt đặt trước mũi con lừa. Điều nầy nghe ra không phải là một đề xuất thực tiễn, ít nhất trong một tương lai gần.

Nhưng nếu chúng ta không thể khống chế được bức xạ từ những hố đen sơ khai thì liệu chúng ta có cơ may nào để quan sát được nó? Chúng ta có thể tìm kiếm những tia *gamma* mà những hố đen sơ khai phát ra trong phần lớn cuộc đời chúng ta. Mặc dù bức xạ phát đi từ đa số những hố đen đó đều rất yếu vì chúng ở xa, tổng số bức xạ từ chúng vẫn có thể thám sát được. Thực sự chúng ta quan sát được một bối cảnh tia *gamma* (background of gamma rays): hình 7.5 cho thấy cường độ quan sát được khác nhau thế nào ở những tần số khác nhau (số lượng sóng phát đi trong một giây). Tuy nhiên, bối cảnh nầy có thể, và có lẽ, được sản sinh do những quá trình không phải là những hố đen sơ khai. Đường chấm trong hình 7.5 cho thấy cường độ sẽ thay đổi ra sao với tần số *gamma* phát ra từ những hố đen sơ khai nếu có trung bình 300 hố đen mỗi năm ánh sáng khối (cubic light year hay $9,460,730,472,580^3$ kilomét khối). Do đó người ta có thể nói rằng những gì quan sát được liên quan đến bối cảnh tia *gamma* không cung ứng một bằng chứng tích cực nào đối với những hố đen sơ khai, nhưng dứt khoát chúng cho ta biết rằng bình quân không thể có hơn 300 hố đen sơ khai mỗi năm ánh sáng khối trong vũ trụ.

Vì hố đen sơ khai ít ỏi như vậy nên dường như không có cơ may có được một hố đen như thế đủ gần chúng ta để thấy được như một nguồn tia *gamma*. Nhưng vì trọng lực thường thu hút những hố đen sơ khai lại gần mọi vật thể, chúng sẽ thường hiện diện kế cận hay chung quanh những

Chương VII: Màu Sắc Hố Đen

thiên hà nhiều hơn. Cho nên, dù bối cảnh tia *gamma* cho chúng ta biết rằng bình quân không thể có hơn 300 hố đen sơ khai cho mỗi năm ánh sáng khối, bối cảnh đó cũng không cho biết con số nầy ước tính là bao nhiêu trong thiên hà của chúng ta. Ví dụ, nếu con số đó là một triệu lần nhiều hơn là 300 thì hố đen gần chúng ta nhất có lẽ ở cách xa chúng ta khoảng một tỉ kilomét, hay gần bằng khoảng cách của Pluto, hành tinh xa nhất mà chúng ta biết được. Với khoảng cách nầy cũng vẫn rất khó mà thám sát được bức xạ liên tục của một hố đen, ngay cả với 10 ngàn *megawatts*. Muốn quan sát được một hố đen sơ khai người ta phải thám sát một số lượng tử *gamma* (gamma ray quanta) đến từ cùng một hướng trong một khoảng thời gian hợp lý, như một tuần chẳng hạn. Nếu không, chúng sẽ chỉ như một phần của bối cảnh. Nhưng nguyên lý lượng tử Planck (Planck's quantum principle) cho chúng ta biết rằng mỗi lượng tử tia *gamma* có một năng lượng rất cao, vì tia *gamma* có một tần số rất cao nên không phải cần đến nhiều lượng tử mới phát đi được cho dù 10 ngàn *megawatts* đi nữa. Và muốn quan sát được số lượng ít ỏi nầy đi từ khoảng cách của Pluto người ta cần có một máy thám sát lớn hơn là bất kỳ máy nào đã được chế tạo từ trước đến nay. Hơn nữa, máy thám sát phải ở trong không gian, vì tia *gamma* không thể đi qua khí quyển.

### Những tia *gamma*

Dĩ nhiên, nếu một hố đen ở gần như Pluto bước vào thời kỳ tận số và nổ tung thì sẽ dễ thám sát được phát xạ cuối cùng của nó. Nhưng nếu hố đen đã từng phát xạ từ 10 hay 20 tỉ năm qua thì hiếm có cơ may bước vào thời kỳ tận số trong vòng ít năm tới, có chăng phải vài triệu năm trong quá khứ hay trong tương lai! Do đó, muốn có cơ may thấy được một bùng nổ nào trước khi tài trợ nghiên cứu cạn đi thì bạn phải tìm ra một cách tham sát cho được những bùng nổ trong vòng khoảng một năm ánh sáng. Thực tế, những tia *gamma* từ không gian đã từng được phát hiện qua vệ tinh vốn chế tạo để dò tìm những vi phạm Hiệp Định Cấm Thí Nghiệm Vũ Khí Nguyên Tử (Test Ban Treaty). Những bùng nổ nầy dường như xảy ra khoảng 16 lần mỗi tháng và được phân bố đồng đều về phương hướng xuyên qua bầu trời. Điều nầy chứng tỏ chúng đến từ bên ngoài Thái Dương Hệ, vì nếu không thì chúng sẽ tập trung vào mặt phẳng quỹ đạo của các hành tinh. Sự phân bố đồng đều cũng cho thấy rằng những nguồn phát hoặc khá gần với chúng ta trong thiên hà hoặc ngay bên ngoài thiên hà theo những khoảng cách vũ trụ (cosmological distances), vì, nếu không, thì, một lần nữa, chúng lại tập trung vào mặt phẳng của thiên hà. Trong trường hợp thứ hai, năng lượng cần để giải thích những bùng nổ sẽ quá sức lớn không thể nào được tạo ra do những hố đen nhỏ bé, nhưng nếu nguồn phát ở gần theo phạm vi thiên hà thì có thể những bùng nổ đó là những hố đen phát nổ. Hawking rất muốn giả đoán nầy đúng, nhưng ông phải nhìn nhận rằng có thể có những giải thích khác về sự bùng nổ của tia *gamma*, như sự va chạm của những *neutron stars*. Những quan sát mới trong những năm tới, đặc biệt do những máy thám sát sóng trọng lực (gravitational wave detectors) như *LIGO*, sẽ giúp chúng ta khám phá được nguồn gốc những bùng nổ của tia *gamma*.

Cho dù sự tìm kiếm những hố đen sơ khai không kết quả đi nữa – như có vẻ là thế - thì nó cũng giúp chúng ta có được những thông tin quan trọng về những thời kỳ sơ khai của vũ trụ. Nếu vũ trụ sơ khai là hỗn loạn hay bất đồng đều, hay nếu áp suất vật thể lúc đó thấp thì người ta hy vọng vũ trụ đó sản sinh ra được nhiều hố đen sơ khai hơn là cái giới hạn vạch ra do những quan sát của chúng ta liên quan đến bối cảnh tia *gamma*. Chỉ trong điều kiện vũ trụ sơ khai rất nhẵn nhụi và đồng bộ, với áp suất cao, người ta mới có thể

## Chương VII: Màu Sắc Hố Đen

giải thích được sự vắng mặt của số lượng đông đảo những hố đen sơ khai có thể quan sát được.

Quan niệm bức xạ từ những hố đen là ví dụ đầu tiên của sự tiên đoán chủ yếu dựa trên cả hai lý thuyết lớn của thế kỷ, tức tổng thuyết tương đối và cơ học *quantum*. Quan niệm nầy đã đưa đến nhiều chống đối thoạt tiên vì nó xúc phạm quan điểm hiện có: "Làm sao một hố đen có thể phát đi bất cứ cái gì?" Khi lần đầu tiên Hawking thông báo kết quả những tính toán của ông tại một hội nghị trong phòng thí nghiệm Rutherford-Appleton gần Oxford, mọi người phản ứng với sự ngờ vực. Sau cuộc nói chuyện, chủ tọa John G. Taylor thuộc trường Đại Học Kings College, London, tuyên bố quan niệm của ông là hoàn toàn vô lý. Ông ta còn viết ra một tài liệu về vấn đề nầy. Tuy nhiên, rốt cuộc, đa số, kể cả John Taylor, đều đi đến kết luận rằng hố đen phải phát xạ giống như những thiên thể nóng nếu những quan niệm khác của chúng ta về tổng thuyết tương đối và cơ học *quantum* là đúng. Như thế, cho dù chúng ta không tìm ra được một hố đen sơ khai đi nữa thì mọi người cũng có thể đồng ý rằng, nếu chúng ta tìm được một hố đen như thế, nó sẽ phát ra nhiều tia *gamma* và tia X.

<u>Sự hiện hữu của bức xạ từ hố đen dường như hàm ngụ rằng sự sụp đổ vì trọng lực không tuyệt tận và bất vãn hồi như chúng ta từng nghĩ</u>. Nếu một phi hành gia rơi vào một hố đen, trọng khối của nó sẽ gia tăng, nhưng năng lượng tương đương với trọng khối gia tăng đó sẽ được hoàn trả lại vũ trụ dưới hình thức bức xạ. Như thế, theo một nghĩa nào đó, phi hành gia sẽ bị "tái chế - recycled". Tuy nhiên, đó sẽ là một hình thức trường sinh đáng thương, vì thời gian theo bất kỳ quan niệm chủ quan nào đối với phi hành gia cũng đều gần như chắc chắn phải chấm dứt khi y bị xé ra từng mảnh bên trong hố đen! Ngay cả những loại đơn tử được phát ra từ những hố đen nói chung sẽ khác với những đơn tử đã tạo ra

phi hành gia: năng tính duy nhất còn lại của phi hành gia sẽ chỉ là trọng khối hay năng lượng của y mà thôi.

Những ước đoán mà Hawking xử dụng để suy diễn phát xạ từ hố đen sẽ có hiệu quả khi hố đen có một trọng khối lớn hơn một phần của một *gram*. Tuy nhiên, những ước đoán đó sẽ sụp đổ khi hố đen tận mạng, lúc mà trọng khối của nó trở nên rất nhỏ. Dường như chung cuộc khả thể lớn nhất sẽ là: hố đen sẽ biến mất, ít nhất khỏi vùng vũ trụ của chúng ta, mang theo phi hành gia và một đơn trạng có thể có trong đó, nếu thực sự có đơn trạng nào. Đây là bằng chứng đầu tiên cho thấy cơ học *quantum* có thể tháo gỡ những đơn trạng tiên đoán theo tổng thuyết tương đối. Tuy nhiên, những phương pháp mà ông và những người khác đã dùng trong năm 1974 không thể trả lời các câu hỏi như: liệu đơn trạng có xảy ra trong trọng lực *quantum* (*quantum gravity*) hay không? Do đó, từ năm 1975 về sau, ông bắt đầu triển khai một phương pháp hiệu nghiệm hơn để nghiên cứu trọng lực *quantum* dựa trên khái niệm của Richard Feynman về hướng trình tổng sóng (sum over histories). Những đáp án mà phương pháp nầy đưa ra liên quan đến nguồn gốc và số phận của vũ trụ và những thành tố của nó, như các phi hành gia chẳng hạn, sẽ được mô tả trong hai chương tới. Chúng ta sẽ thấy rằng mặc dù nguyên lý bất xác đặt ra những giới hạn về độ chính xác của tất cả những tiên đoán của chúng ta, nguyên lý đó đồng thời cũng có thể tháo gỡ sự bất khả tiên liệu cơ bản xảy ra trong một đơn trạng không-thời-gian.

# Chương VIII

# Nguồn Gốc và Số Phận Vũ Trụ

## Tổng Quát

Tổng thuyết tương đối của Einstein đơn phương tiên đoan rằng không-thời-gian bắt đầu từ đơn trạng thời *Big Bang* và sẽ tận số khi xảy ra đại biến cố đơn trạng do cạn kiệt năng lượng – *big crunch singularity* - (nếu toàn thể vũ trụ sụp đổ một lần nữa), hoặc khi xảy ra một đơn trạng trong một hố đen (nếu một vùng địa phương, như một tinh tú, bị sụp đổ). Mọi vật thể khi rơi vào hố đen đều bị hủy diệt trong đơn trạng, và chỉ có hậu quả trọng lực của trọng khối của nó được tiếp tục cảm nhận bên ngoài. Ngược lại, khi xem xét những hệ quả *quantum*, dường như trọng khối hay năng lượng của vật thể cuối cùng sẽ trở về tịnh thế của vũ trụ, và hố đen, cùng với đơn trạng trong nó, sẽ bốc hơi rồi cuối cùng biến mất. Liệu cơ học *quantum* có một hậu quả quan yếu tương đương nào trên đơn trạng *Big Bang* hay đơn trạng do cạn kiệt năng lượng? Những gì thực sự xảy ra trong các giai đoạn sơ khai hay tận cùng của vũ trụ, khi những trọng trường quá mạnh đến độ những hệ quả *quantum* không thể bỏ qua. Liệu vũ trụ thực sự có một bắt

## Chương VIII: Số Phận Vũ Trụ

đầu hay kết thúc hay không? Và nếu có thì chúng như thế nào?

Xuyên suốt thập niên 1970 Hawking chủ yếu nghiên cứu hố đen, nhưng năm 1981 ông lại bắt đầu quan tâm trở lại nguồn gốc vũ trụ khi ông tham dự một hội nghị vũ trụ học do dòng Chúa Cứu Thế tổ chức tại Vatican. Giáo Hội Công Giáo đã phạm một sai lầm đối với Galileo khi cố dùng luật pháp để khống chế khoa học và tuyên bố rằng mặt trời quay chung quanh trái đất. Ngày nay, sau bao nhiêu thế kỷ, Tòa Thánh đã quyết định mời một số chuyên viên để tham vấn về vũ trụ học. Sau khi hội nghị bế mạc, những thành viên tham dự được hội kiến với Đức Giáo Hoàng. Ngài nói với chúng tôi rằng sẽ không có vấn đề gì nếu chỉ nghiên cứu sự tiến hóa của vũ trụ sau biến cố *Big Bang,* nhưng chúng ta không nên tìm hiểu chính biến cố *Big Bang,* vì đó là thời kỳ Sáng Thế (moment of Creation) và như thế là việc làm của Thượng Đế. Lúc đó Hawking vui mừng vì Ngài không biết được đề tài mà ông đã trình bày tại hội nghị - khả năng không-thời-gian là hữu hạn (finite) nhưng không có biên giới, nghĩa là nó không có bắt đầu, không có thời kỳ Sáng Thế. Ông không muốn chia xẻ số phận của Galileo, một thân phận mà ông cảm thấy rất giống với ông, một phần vì sự trùng hợp ông đã sinh ra đúng 300 năm sau khi ông ta Galileo qua đời!

Muốn giải thích những khái niệm mà ông và những người khác đã có về cách thức cơ học *quantum* có thể ảnh hưởng trên nguồn gốc và số phận vũ trụ, trước tiên cần hiểu biết lịch sử được mọi người chấp nhận của vũ trụ, dựa theo một mô hình mệnh danh là "mô hình *Big Bang* nóng – *hot Big Bang model*". Mô hình nầy giả định rằng vũ trụ được mô tả theo mô hình của Friedmann, bắt đầu trở lại từ thời kỳ *Big Bang.* Trong những mô hình như thế, người ta thấy rằng, khi vũ trụ bành trướng, mọi vật thể hay bức xạ trong đó

## Chương VIII: Số Phận Vũ Trụ

nguội đi dần. (Khi kích thước vũ trụ tăng gấp đôi, nhiệt độ của nó giảm xuống phân nửa.) Vì nhiệt độ đơn thuần là thước đo năng lượng trung bình – hay vận tốc - của các đơn tử, hiện tượng vũ trụ nguội lại sẽ có một ảnh hưởng lớn trên vật thể trong đó. Khi nhiệt độ lên cao, những đơn tử sẽ di chuyển chung quanh rất nhanh khiến chúng có thể thoát khỏi sức hút kéo chúng lại với nhau do những lực hạt nhân hay điện từ, nhưng khi chúng nguội lại, người ta ước đoán những đơn tử cuốn hút vào nhau sẽ bắt đầu dính lại với nhau. Hơn nữa, ngay cả những đơn tử hiện hữu trong vũ trụ cũng phụ thuộc vào nhiệt độ. Khi nhiệt độ lên thật cao, các đơn tử có nhiều năng lượng đến độ, bất kỳ khi nào chúng va chạm với nhau, những cặp đơn tử/phản đơn tử khác nhau sẽ được sản sinh ra - và mặc dù một số đơn tử nầy có bị tiêu hủy khi va chạm các phản đơn tử, nhịp độ chúng được sản sinh ra vẫn nhanh hơn nhịp độ chúng bị tiêu hủy.

Vào chính thời kỳ *Big Bang*, người ta nghĩ rằng vũ trụ có kích thước số không, và như thế có nhiệt độ vô cực. Nhưng khi vũ trụ bành trướng, nhiệt độ bức xạ giảm xuống. Một giây sau biến cố *Big Bang*, nhiệt độ đó có thể đã xuống còn khoảng 10 tỉ độ, tức khoảng 1000 lần lớn hơn nhiệt độ tại trung tâm mặt trời, nhưng những nhiệt độ cao như thế tạo ra được khi nổ bom H. Vào thời kỳ nầy, vũ trụ có lẽ hầu hết chỉ gồm những quang tử (*photons*), *electrons*, và *neutrinos* (những đơn tử cực nhẹ chỉ chịu ảnh hưởng của lực và trọng lực yếu) và những phản đơn tử của chúng, cùng với một số *protons* và *neutrons*. Khi vũ trụ tiếp tục bành trướng và nhiệt độ giảm xuống, nhịp độ những cặp *electron/antielectron* sinh ra do va chạm sẽ xuống thấp hơn nhịp độ chúng triệt tiêu lẫn nhau. Do đó, đa số các *electrons* và *antielectrons* đã triệt tiêu lẫn nhau để tạo ra nhiều *photons* hơn, chỉ chừa lại một ít *electrons*. Tuy nhiên, những *neutrinos* va *antineutrinos* sẽ triệt tiêu lẫn nhau, vì những đơn tử nầy chỉ đối tác với nhau và với những đơn tử khác

## Chương VIII: Số Phận Vũ Trụ

rất yếu ớt. Cho nên chúng vẫn còn tồn tại cho đến ngày nay. Nếu có thể quan sát được chúng thì chúng ta có thể có được phương tiện thử nghiệm bức tranh nầy liên quan đến một thời kỳ sơ khai của vũ trụ. Bất hạnh thay, năng lượng của chúng đến ngày nay sẽ còn quá thấp nên chúng ta không thể trực tiếp quan sát được nữa. Tuy nhiên, nếu *neutrinos* không phải là vô trọng khối (massless), nhưng có một trọng khối nhỏ của riêng chúng theo kết quả một số thí nghiệm gần đây, thì chúng ta có thể thám sát chúng một cách gián tiếp: chúng có thể là một hình thức "vật thể đen – *dark matter*", tương tự như loại vật thể được đề cập trước đây, có trọng lực đủ để khiến vũ trụ ngưng bành trướng và co rút trở lại.

Khoảng 100 giây sau biến cố *Big Bang*, nhiệt độ sẽ xuống còn một tỉ độ, tức nhiệt độ bên trong những tinh tú nóng nhất. Với nhiệt độ nầy, những *protons* và *neutrons* sẽ không còn đủ năng lượng để thoát được sức hút của lực hạt nhân mạnh, và sẽ bắt đầu kết hợp lại với nhau để tạo ra những nhân nguyên tử *deuterium* (dạng *hydrogen* nặng), gồm một *proton* và một *neutron*. Kế đó, những nhân *deuterium* sẽ kết hợp với nhiều *protons* và *neutrons* hơn nữa để tạo ra nhân *helium* (helium nuclei), gồm hai *protons* và hai *neutrons*, và cùng với một vài yếu tố nặng hơn, *lithium* và *beryllium*. Người ta có thể tính toán được rằng trong mô hình *Big Bang* nóng, khoảng ¼ *protons* và *neutrons* đã được chuyển qua nhân *helium*, cùng với một số lượng nhỏ *hydrogen* nhẹ và các yếu tố khác. Số *neutrons* còn lại có thể đã suy thoái thành *protons*, tức nhân của những nguyên tử *hydrogen* thông thường.

Bức tranh nầy nói về thời kỳ sơ khai vũ trụ đầu tiên được khoa học gia George Ganow đưa ra trong một tài liệu viết năm 1948 cùng với một sinh viên của ông tên Ralph Alpher. Gamow quả có óc trào phúng – ông ta thuyết phục khoa học gia nguyên tử Hans Bethe đưa tên ông ta vào danh sách các tác giả "Alpher, Bethe, Gamow", giống như ba chữ đầu trong bộ chữ cái Hy Lạp, *alpha, beta, gamma*: đặc biệt thích hợp cho một tài liệu liên quan đến sự bắt đầu của vũ trụ! Trong tài liệu nầy, họ đưa ra một tiên đoán xuất sắc rằng bức xạ (dưới hình thức *photons*) từ những giai đoạn sơ khai rất nóng của vũ trụ vẫn còn tồn tại ngày nay, nhưng với nhiệt độ giảm xuống chỉ còn vài độ trên không độ tuyệt đối (-273° C). Đó chính là bức xạ mà Penzias và Wilson đã tìm ra năm 1965. Vào lúc mà Alpher, Bethe, và Gamow viết tài liệu nầy, không ai biết gì nhiêu về phản ứng hạt nhân của *protons* va *neutrons*. Những tiên đoán về tỉ lệ giữa các yếu tố trong vũ trụ sơ khai do đó hơi thiếu chính xác, nhưng những tính toán nầy đã được lặp lại trong ánh sáng của những kiến thức tốt hơn và ngày nay phù hợp rất tốt với những gì chúng ta quan sát được. Ngoài ra, rất khó mà giải thích bằng cách nào khác tại sao lại có quá nhiều *helium* trong vũ trụ. Do đó, chúng ta tương đối yên chí đã có được một bức tranh đúng, ít nhất vào thời điểm một giây sau biến cố *Big Bang*.

## Vũ trụ bành trướng

Chỉ trong một vài giờ sau *Big Bang*, sự sản sinh của *helium* và những yếu tố khác sẽ ngưng lại. Sau đó, cho đến khoảng một triệu năm sau, vũ trụ chỉ tiếp tục bành trướng, không có gí nhiều xảy ra nữa. Cuối cùng, một khi nhiệt độ giảm xuống còn vài ngàn độ, và *electrons* và những nhân không còn đủ năng lượng để đối phó với sức hút của điện từ trường giữa chúng, chúng sẽ bắt đầu liên kết lại để tạo ra các nguyên tử. Vũ trụ, trong tổng thể, sẽ tiếp tục bành trướng và nguội lại, nhưng trong những vùng có tỉ trọng tương đối nhẹ hơn trung bình, sự bành trướng sẽ bị chậm lại do trọng lực thặng dư. Hiện tượng nầy cuối cùng chặn

## Chương VIII: Số Phận Vũ Trụ

đứng sự bành trướng tại một số vùng và khiến chúng co rút trở lại. Khi chúng sụp đổ, trọng lực của vật thể bên ngoài những vùng nầy có thể bắt đầu xoay tròn một ít. Khi vùng sụp đổ co rút lại nhỏ hơn, nó sẽ quay nhanh hơn – tương tự như những người trượt tuyết xoay nhanh hơn trên tuyết khi họ rút gọn hai tay vào. Cuối cùng, khi vùng trở nên đủ nhỏ, nó sẽ xoay đủ nhanh để quân bình sức hút của trọng lực, và theo cách nầy, những thiên hà xoay theo hình đĩa được tạo ra. Những vùng khác, vì không xoay, nên trở thành những thiên thể hình bầu dục gọi là những thiên hà bầu dục. Trong những thiên hà nầy, vùng nói trên sẽ ngưng sụp đổ vì những thành phần thiên hà sẽ xoay một cách ổn định quanh trung tâm của nó, nhưng thiên hà sẽ không có hiện tượng xoay vòng tổng thể (overall rotation).

Theo thời gian, hơi *hydrogen* và *helium* trong các thiên hà sẽ tan vỡ thành những đám mây không sụp đổ vì trọng lực của chính chúng. Khi những thiên hà nầy co rút lại, và những nguyên tử trong đó va chạm lẫn nhau, nhiệt độ hơi sẽ tăng lên, cho đến khi cuối cùng nó trở nên đủ nóng để khởi sự phản ứng hạch tâm (nuclear fusion reactions). Những phản ứng nầy sẽ chuyển biến *hydrogen* thành nhiều *helium* hơn, và nhiệt bốc ra sẽ gia tăng áp suất, và do đó ngăn chặn những đám mây co rút hơn nữa. Mây nầy sẽ ổn định lại trong trạng thái nầy trong một thời gian dài không khác nào những tinh tú như mặt trời, đốt cháy *hydrogen* thành *helium* và phát ra năng lượng dưới hình thức nhiệt và ánh sáng. Những tinh tú nặng hơn phải cần nóng hơn để quân bình sức hút mạnh hơn của trọng lực, khiến những phản ứng nguyên tử xảy ra nhanh hơn rất nhiều đến độ chúng thu hút hết *hydrogen* của mình chỉ trong vòng 100 triệu năm. Sau đó, chúng sẽ co rút lại chút ít, và khi bị nung nóng hơn nữa, chúng sẽ khởi sự biến *helium* thành những yếu tố nặng hơn như *carbon* hay *oxygen*. Tuy nhiên, quá trình nầy sẽ không phát ra nhiều năng lượng nữa, do đó một

## Chương VIII: Số Phận Vũ Trụ

khủng hoảng sẽ xảy ra, như đã được mô tả trong chương nói về hố đen. Những gì xảy ra tiếp theo không ai rõ hoàn toàn, nhưng dường như những vùng trung tâm của tinh tú sẽ sụp đổ xuống một trạng thái có tỉ trọng rất cao, như một *neutron star* hay hố đen. Những vùng bên ngoài của tinh tú đôi khi có thể cuốn vào một bùng nổ kinh thiên được gọi là *supernova* lòe sáng át hết ánh sáng của tất cả tinh tú trong thiên hà liên hệ. Một số yếu tố nặng hơn được tạo ra lúc tinh tú gần kết liễu sẽ bị ném trở lại vào hơi bên trong thiên hà, và sẽ cung ứng một số nguyên liệu cho thế hệ tinh tú kế tiếp. Mặt trời của chúng ta chứa khoảng 2% những yếu tố nặng nầy, vì nó là tinh tú thuộc thế hệ thứ nhì hay thứ ba, được tạo ra khoảng 5 tỉ năm trước từ một đám mây xoay gồm những mảnh vụn của những *supernova* trước kia để lại. Hầu hết hơi trong đám mây nầy chuyển hoá để tạo ra mặt trời hay bị thổi đi mất, nhưng một số nhỏ những yếu tố nặng liên kết lại để tạo ra những hành tinh ngày nay quay chung quanh quỹ đạo mặt trời như trái đất.

Trái đất thoạt tiên rất nóng và không có khí quyển. Theo thời gian nó nguội lại và có được một khí quyển từ hơi do đá phát ra. Khí quyển sơ khai nầy không phải là khí quyển giúp chúng ta sinh tồn. Nó không chứa *oxygen* mà chứa nhiều chất hơi khác độc hại đối với chúng ta, như *hydrogen sulfide* (hơi ngửi thấy trong những trứng thúi). Tuy nhiên, có những hình thức sống sơ khai khác có thể phát triển dưới những điều kiện như thế. Chúng được nghĩ là đã phát triển trong đại dương, có thể do kết quả của những phối hợp tình cờ của các nguyên tử thành những cấu trúc lớn, được gọi là *macromolecules* (đại phân tử), có khả năng liên kết những nguyên tử khác trong đại dương thành những cấu trúc tương tự. Như thế, chúng có thể đã tự sinh sản và nhân bội. Trong một số trường hợp, có xảy ra sai lần trong sinh sản. Hầu hết những sai lầm nầy rất nghiêm trọng đến độ đại phân tử mới không thể tự sinh sản và cuối cùng bị tiêu diệt.

## Chương VIII: Số Phận Vũ Trụ

Tuy nhiên, một số sai lầm có thể đã sản sinh ra được những đại phân tử có khả năng tự sinh sản khá hơn. Do đó, chúng có thể đã có được một lợi thế và có khuynh hướng thay thế những đại phân tử ban đầu. Trong chiều hướng nầy, đã bắt đầu một tiến hoá đưa đến sự phát triển những sinh vật phức tạp hơn và tự sinh sản được. Hình thức sơ khai về sự sống hấp thụ nhiều vật chất khác nhau, kể cả *hydrogen sulfide*, và tiết ra *oxygen*. Quá trình dần dần thay đổi thành phần khí quyển như có được ngày nay, và cho phép phát triển những hình thức sống cao hơn như cá, bò sát, động vật có vú, và cuối cùng là nhân loại.

Bức tranh về một vũ trụ ban đầu rất nóng và nguội dần khi bành trướng phù hợp với bằng chứng mà chúng ta có được ngày nay qua quan sát. Tuy nhiên, vẫn còn một số câu hỏi quan trọng chưa được trả lời:

Tại sao vũ trụ sơ khai lại nóng như vậy?

Tại sao vũ trụ lại đồng bộ (uniform) đến thế trên một quy mô rộng lớn? Tại sao nó được nhìn thấy giống nhau từ mọi điểm không gian và trong mọi phương hướng? Cụ thể, tại sao nhiệt độ bức xạ hậu cảnh vi ba (microwave background radiation) gần như không thay đổi khi được nhìn từ những phương hướng khác nhau? Đây tương tự như đưa ra một câu hỏi để khảo sát một số sinh viên. Nếu tất cả họ đều cho một đáp án hoàn toàn giống nhau thì bạn có thể chắc chắn rằng họ đã hội ý lẫn nhau. Tuy nhiên, trong mô hình mô tả ở trên, từ khi xảy biến cố *Big Bang*, ánh sáng có thể đã không đủ thời gian để đi từ một vùng xa xôi nầy đến một vùng xa xôi khác, cho dù những vùng nầy ở gần nhau trong vũ trụ sơ khai. Theo thuyết tương đối, nếu ánh sáng không thể đi từ vùng nầy sang vùng khác thì không một thông tin nào có thể làm được như thế. Do đó, những vùng khác nhau trong vũ trụ sơ khai không thể có cách gì để có được nhiệt độ giống y như những vùng khác, trừ phi, vì một lý do không giải thích được nào đó, chúng đã bắt đầu với một nhiệt độ như nhau.

Tại sao vũ trụ bắt đầu với một nhịp độ bành trướng quá cận kề với nhịp độ giới định (critical rate of expansion) - tức nhịp độ phân biệt những mô hình tái sụp đổ (re-collapse) với những mô hình bành trướng vô hạn - cận kề đến độ ngày nay, 10 tỉ năm sau, nó vẫn tiếp tục bành trướng với nhịp độ đó? Nếu một giây sau biến cố *Big Bang* nhịp độ bành trướng chỉ cần nhỏ hơn một phần trăm ngàn tỉ thôi thì vũ trụ có thể đã sụp đổ trở lại trước khi đạt đến kích thước hiện nay.

Bất chấp sự kiện vũ trụ đồng bộ và thuần nhất như vậy (so uniform and homogeneous) trên một quy mô lớn, nó chứa đựng những bất đồng đều địa phương (local irregularities), như tinh tú và thiên hà. Những bất đồng đều nầy được nghĩ là đã phát triển từ những khác biệt nhỏ trong tỉ trọng của vũ trụ sơ khai từ vùng nầy sang vùng khác. Nhưng dao động về tỉ trọng nầy bắt nguồn từ đâu?

Tổng thuyết tương đối tự nó không thể giải thích những điểm nầy hay trả lời những câu hỏi nầy, vì nó tiên đoán rằng vũ trụ bắt đầu với một tỉ trọng vô hạn tại đơn trạng *Big Bang* (*Big Bang singularity*). Tại đơn trạng, tổng thuyết tương đối và tất cả những định luật vật lý sẽ đổ vỡ: người ta không thể tiên đoán những gì sẽ xảy ra từ đơn trạng. Như giải thích bên trên, điều nầy có nghĩa là người ta có thể cắt *Big Bang* và những biến cố trước nó ra khỏi lý thuyết, vì chúng không thể có một hậu quả nào đối với những quan sát của chúng ta. Không-thời-gian sẽ có một biên giới (boundary) - một bắt đầu tại *Big Bang*.

# Chương VIII: Số Phận Vũ Trụ

## Nguyên lý bất xác

Khoa học dường như đã khám phá một số định luật cho biết rằng, trong giới hạn của nguyên lý bất xác, vũ trụ sẽ phát triển thế nào với thời gian, nếu chúng ta biết được trạng thái của nó tại một thời điểm nào đó. Có thể từ đầu những định luật nầy đã do Thượng Đế thiết định, nhưng dường như từ đó ngài đã để cho vũ trụ tự tiến hoá và bây giờ không can thiệp vào. Nhưng tại sao ngài lại chọn lựa trạng thái thiết định sơ khai (initial configuration) của vũ trụ? Cái gì là những "điều kiện giới hạn – boundary conditions" lúc thời gian bắt đầu?

Một trong những cách có thể trả lời là Thượng Đế chọn lựa trạng thái thiết định sơ khai của vũ trụ vì những lý do mà chúng ta không thể hy vọng hiểu được. Đây chắc có thể nằm trong quyền năng của một đấng toàn năng, nhưng nếu chọn lựa một bắt đầu bất khả tri như vậy thì tại sao ngài lại để cho nó tiến hóa theo những định luật khả tri? Toàn bộ lịch sử khoa học là sự nhận thức từng bước những biến cố không xảy ra một cách tùy tiện (randomly), nhưng phản ảnh một trật tự căn bản nào đó, trật tự đó có thể hoặc không có thể, do một đấng thiêng liêng nào tạo ra. Theo lý lẽ tự nhiên thôi, chúng ta có thể giả định rằng trật tự nầy không những chỉ áp dụng cho những định luật mà còn cho những điều kiện tại biên giới không-thời-gian xác định trạng thái sơ khai của vũ trụ. Có thể có nhiều mô hình vũ trụ với những điều kiện sơ khai khác nhau, tất cả đều tuân theo các định luật. Phải có một nguyên tắc nào đó để chọn lựa ra một trạng thái sơ khai, và từ đó một mô hình, để biểu trưng vũ trụ của chung ta.

Một trong những khả thể như thế được gọi là những điều kiện giới hạn hỗn loạn (chaotic boundary conditions).

Những điều kiện nầy mặc nhiên giả định rằng vũ trụ là vô hạn về không gian, bằng không phải có vô số vũ trụ. Theo những điều kiện giới hạn hỗn loạn, xác suất tìm được một vùng không gian nào đó trong một thiết định sơ khai nào đó ngay sau khi *Big Bang,* theo một nghĩa nào đó, cũng tương tự như xác suất tìm được nó trong bất kỳ thiết định nào khác: trạng thái vũ trụ sơ khai được chọn lựa một cách tùy tiện. Điều nầy có nghĩa là vũ trụ sơ khai có thể rất hỗn loạn và bất đồng đều vì số lượng thiết định hỗn loạn và vô trật tự nhiều hơn số lượng thiết định trật tự và đồng đều. (Nếu mọi thiết định có xác suất bằng nhau thì vũ trụ có thể đã bắt đầu trong một trạng thái hỗn loạn và vô trật tự, đơn giản vì có nhiều thiết định hỗn loạn hơn.) Thật khó thấy được tại sao những điều kiện sơ khai hỗn loạn như thế lại có thể đưa đến một vũ trụ đều đặn và bình thường trên một quy mô lớn như vũ trụ của chúng ta ngày nay. Người ta cũng có thể mong đợi những dao động về tỉ trọng trong một mô hình như thế có thể đã đưa đến sự hình thành nhiều hố đen sơ khai hơn so với số lượng do giới hạn cực đại quy định qua quan sát hậu cảnh tia *gamma* (*gamma* ray background).

Nếu vũ trụ thực sự vô hạn về mặt không gian, hay nếu có vô số vũ trụ, thì có thể có những vùng rộng lớn tại một nơi nào đó đã bắt đầu hình thành một cách đồng bộ và phẳng phiu. Đây không khác nào một đàn khỉ nổi tiếng gõ lung tung trên những máy đánh chữ - đa số những gì chúng viết ra đều là vô nghĩa, nhưng đôi khi do tình cờ chúng viết ra được một trong những bài thơ của Shakespeare. Tương tự, trong trường hợp vũ trụ, có thể nào chúng ta lại đang sống trong một vùng đơn thuần do tình cờ mà phẳng phiu và đồng bộ không? Thoạt tiên, điều nầy có thể dường như không thể có, vì những vùng phẳng phiu như thế quá ít ỏi so với số lượng những vùng hỗn loạn và bất đồng đều. Tuy nhiên, giả sử chỉ trong những vùng phẳng phiu mới hình thành được những tinh tú và thiên hà và mới có những điều

## Chương VIII: Số Phận Vũ Trụ

kiện thuận lợi cho sự phát triển những sinh vật phức tạp có khả năng tự sinh sản như chúng ta, những sinh vật có khả năng nêu ra câu hỏi: tại sao vũ trụ lại phẳng phiu như vậy? Đây là một ví dụ cụ thể của một nguyên lý mệnh danh là "nguyên lý nhân chủng – anthropic principle", có thể diễn đạt lại như thế nầy: "Chúng ta nhìn thấy vũ trụ như thế là vì chúng ta hiện hữu. (*We see the universe the way it is because we exist*.)"

Có hai phiên bản về nguyên lý nhân chủng, phiên bản yếu và phiên bản mạnh. <u>Phiên bản yếu cho rằng trong một vũ trụ rộng lớn hay vô hạn về mặt không gian hay cả thời gian, những điều kiện cần để phát triển sự sống thông minh (intelligent life) chỉ có trong một số vùng được giới hạn trong không gian và thời gian mà thôi. Những sinh vật thông minh trong những vùng nầy do đó sẽ không thấy ngạc nhiên nếu chúng thấy rằng địa bàn của mình trong vũ trụ thoả mãn được những điều kiện cần thiết cho sự sống của mình.</u> Đây không khác nào một người giàu sống trong một khu giàu không nhìn thấy sự nghèo khổ nào cả.

Một ví dụ áp dụng của phiên bản yếu là "giải thích - explain" tại sao *Big Bang* xảy ra khoảng 10 tỉ năm trước đây - những sinh vật thông minh cần có khoảng thời gian dài như thế để tiến hoá. Như giải thích bên trên, trước tiên một thế hệ sơ khai của các tinh tú phải được hình thành. Những tinh tú nầy hoán chuyển một số *hydrogen* và *helium* nguyên thủy thành những yếu tố như *carbon* và *oxygen*, nhờ đó sinh ra chúng ta. Kế đó, những tinh tú nổ tung dưới dạng *supernova*, và những mảnh vụn của chúng ra đi để tạo thành những tinh tú và hành tinh khác, trong đó có Thái Dương Hệ của chúng ta, ra đời cách đây khoảng 5 tỉ năm. Một hay hai tỉ năm đầu của trái đất rất nóng nên không thể phát triển được gì phức tạp. Khoảng 3 tỉ năm tiếp theo đã được chuyển hoá từ từ do quá trình tiến hóa sinh học, đưa

## Chương VIII: Số Phận Vũ Trụ

đến sự sống từ những sinh vật đơn giản đến những sinh vật có khả năng đo được thời gian từ thời *Big Bang*.

Ít ai tranh cãi về giá trị và ích lợi của phiên bản yếu về nguyên lý nhân chủng. Tuy nhiên, một số đi xa hơn nhiều và đề xướng một phiên bản mạnh cho nguyên lý nầy. Theo lý thuyết nầy, hoặc có nhiều vũ trụ khác nhau, hoặc có nhiều vùng khác nhau của một vũ trụ duy nhất, mỗi vùng có thiết định ban đầu riêng của mình và, có lẽ, có một hệ định luật khoa học riêng. Trong hầu hết các vũ trụ nầy, những điều kiện thường không thích hợp cho sự phát triển những sinh vật phức tạp; chỉ trong một số ít vũ trụ như vũ trụ của chúng ta những sinh vật thông minh mới phát triển và nêu lên câu hỏi: "Tại sao vũ trụ lại như thế?" Và câu trả lời rất đơn giản: nếu không như thế thì chúng ta không có ở đây! Những định luật khoa học, theo hiểu biết của chúng ta hiện nay, bao gồm nhiều con số căn bản, như kích thước tích điện của *electron* và tỉ lệ trọng khối của *proton* và *electron*. Ít nhất trong lúc nầy, chúng ta không thể tiên đoán được trị số của những đại lượng nầy từ lý thuyết – chúng ta phải tìm ra chúng qua quan sát. Có thể một ngày nào đó chúng ta sẽ khám phá ra một lý thuyết thống nhất hoàn chỉnh để tiên đoán tất cả chúng, nhưng cũng có thể một số hay toàn bộ chúng thay đổi từ vũ trụ nầy sang vũ trụ khác hay ngay bên trong một vũ trụ. Điều đáng chú ý là những trị số của những đại lượng nầy dường như đã được điều chỉnh rất khéo léo để giúp phát triển sự sống. Ví dụ, nếu tích điện của *electron* chỉ cần khác đi rất ít thôi thì các tinh tú hoặc đã không có khả năng đốt cháy *hydrogen* và *helium*, hoặc chúng đã không bùng nổ. Dĩ nhiên có thể có những hình thức sống có trí khôn khác mà ngay cả những người viết khoa học giả tưởng cũng không nghĩ tới; những hình thức nầy không đòi hỏi ánh sáng tinh tú như mặt trời hay những yếu tố hóa học nặng được cấu tạo trong các tinh tú và bị ném trở lại vào không gian khi tinh tú phát nổ. Tuy

## Chương VIII: Số Phận Vũ Trụ

nhiên, dường như rõ ràng là tương đối có ít hệ cấp trị số (ranges of values) về các đại lượng có thể cho phép phát triển bất kỳ dạng sinh vật thông minh nào. Hầu hết các hệ trị số đều đưa đến những vũ trụ có thể là rất đẹp, và cho dù rất đẹp đi nữa thì cũng chẳng có ai trên đó để thắc mắc về vẻ đẹp đó. Người ta có thể lấy đó hoặc như bằng chứng của một mục tiêu thiêng liêng (divine purpose) trong Sáng Thế (Creation) và sự lựa chọn của các định luật khoa học hoặc như một hỗ trợ cho phiên bản mạnh về nguyên lý nhân chủng.

### Thuyết nhân chủng

Có một số phản đối có thể đưa ra đối với phiên bản mạnh của thuyết nhân chủng được dùng để giải thích trạng thái quan sát được của vũ trụ. Trước tiên, theo nghĩa nào tất cả những vũ trụ khác nhau nầy có thể được nói là hiện hữu? Nếu chúng thực sự tách biệt với nhau thì những gì xảy ra trong một vũ trụ khác có thể không có những hậu quả có thể quan sát được trong vũ trụ của chúng ta. Do đó, chúng ta nên xử dụng nguyên tắc kinh tế và cắt bớt chúng ra khỏi lý thuyết. Ngược lại nếu chúng chỉ là những vùng khác nhau của cùng một vũ trụ duy nhất, thì những định luật khoa học sẽ phải như nhau trong mỗi vùng, vì, nếu không, người ta không thể di chuyển từ vùng nầy sang vùng khác được. Trong trường hợp nầy, sự khác biệt duy nhất giữa các vùng sẽ là những thiết định sơ khai của chúng và do đó phiên bản mạnh của nguyên lý nhân chủng sẽ giản lược thành phiên bản yếu.

Phản đối thứ nhì đối với phiên bản mạnh cho rằng lý thuyết nầy đi ngược với trào lưu của toàn thể lịch sử khoa học. Chúng ta đã phát triển từ những vũ trụ học lấy trái đất làm trung tâm của Ptolemy và những tiền bối của ông, xuyên

## Chương VIII: Số Phận Vũ Trụ

qua vũ trụ học lấy mặt trời làm trung tâm của Copernicus và Galileo, đến bức tranh hiện đại trong đó trái đất là một hành tinh với kích thước trung bình quay chung quanh một tinh tú trung bình trong những ngoại vi của một thiên hà xoắn ốc bình thường; chính thiên hà nầy cũng chỉ là một trong triệu triệu thiên hà trong vũ trụ có thể quan sát được. Tuy nhiên, phiên bản mạnh của nguyên lý nhân chủng cho rằng cấu trúc toàn cảnh bao la nầy chính là vì sự sinh tồn của chúng ta. Điều nầy rất khó tin. Đành rằng Thái Dương Hệ của chúng ta là một đòi hỏi tiên khởi (prerequisite) đối với sự sinh tồn của chúng ta, và người ta có thể suy diễn điều nầy đối với toàn thể thiên hà của chúng ta nhằm giả đoán sự khai sinh buổi đầu của những tinh tú đã tạo ra những yếu tố nặng (heavy elements). Nhưng điều nầy dường như không đòi hỏi những thiên hà khác, hay cả vũ trụ phải đồng bộ và đồng dạng như thế trong mọi phương hướng trên quy mô rộng lớn.

Người ta sẽ cảm thấy sung sướng về nguyên lý nhân chủng, ít nhất trong phiên bản yếu của nó, nếu chứng minh được rằng rất nhiều thiết định sơ khai khác nhau về vũ trụ có thể đã tiến hóa để tạo ra một vũ trụ giống như vũ trụ mà chúng ta quan sát. Nếu điều nầy đúng thì một vũ trụ vốn phát triển từ một dạng điều kiện sơ khai tùy tiện nào đó sẽ bao gồm một số vùng phẳng phiu và đồng bộ và thích hợp cho tiến hóa của sinh vật thông minh. Ngược lại, nếu trạng thái sơ khai của vũ trụ đã phải được lựa chọn cực kỳ kỹ lưỡng để đưa đến những gì chúng ta thấy chung quanh, thì vũ trụ có lẽ không có cơ may bao gồm bất cứ vùng nào có hiện diện của sự sống. Trong mô hình *Big Bang* nóng (hot *Big Bang* model) được mô tả ở trên, trong vũ trụ sơ khai thời gian không đủ để hơi nóng đi từ vùng nầy sang vùng khác. Điều nầy có nghĩa là trạng thái ban đầu của vũ trụ có lẽ đã có cùng một nhiệt độ ở khắp mọi nơi mới có thể giải thích được sự kiện hậu cảnh vi ba (microwave background) có

## Chương VIII: Số Phận Vũ Trụ

cùng một nhiệt độ trong mọi phương hướng ta nhìn. Nhịp độ bành trướng sơ khai có thể cũng đã được lựa chọn rất chính xác để mãi mãi cận kề với nhịp độ giới định (critical rate) cần có để tránh tái sụp đổ. Điều nầy có nghĩa là, nếu mô hình *Big Bang* là đúng ngay tại buổi khởi thủy của thời gian, thì trạng thái sơ khai của vũ trụ quả nhiên đã phải được lựa chọn cẩn thận. Rất khó mà giải thích tại sao vũ trụ lại bắt đầu duy nhất bằng lối đó, ngoại trừ đó là ý hướng của một Thượng Đế muốn tạo ra những sinh vật như chúng ta. Trong một cố gắng tìm ra một mô hình vũ trụ trong đó nhiều thiết định sơ khai có thể đã tiến hóa để trở thành những gì giống như vũ trụ ngày nay, Alan Guth, một khoa học gia tại Viện *Massachusetts Institute of Technology*, cho rằng vũ trụ sơ khai có thể đã kinh qua một thời kỳ bành trướng rất nhanh. Sự bành trướng nầy được gọi là "tăng tốc - inflationary", nghĩa là vào một lúc nào đó vũ trụ đã bành trướng theo một nhịp độ tăng tốc thay vì giảm tốc như ngày nay. Theo Guth, bán kính của vũ trụ đã tăng một triệu triệu triệu triệu triệu lần chỉ trong một khoảnh khắc ngắn ngủi của một giây.

Guth cho thấy rằng vũ trụ bắt đầu từ *Big Bang* trong một trạng thái rất nóng nhưng tương đối hỗn loạn. Những nhiệt độ cao nầy có nghĩa là những đơn tử trong vũ trụ đã di chuyển rất nhanh và đã có những năng lượng cao. Như đã trình bày trước đây, người ta mong đợi rằng tại những nhiệt độ cao như thế những lực hạt nhân mạnh và yếu cùng lực điện từ tất cả sẽ hợp nhất lại thành một lực duy nhất. Khi vũ trụ bành trướng, nó sẽ nguội dần, và những năng lượng đơn tử sẽ giảm xuống. Cuối cùng sẽ đưa đến cái gọi là chuyển tiếp công đoạn (phase transition) và sự đối xứng giữa những lực sẽ bị phá vỡ: lực mạnh sẽ khác với lực yếu và lực điện từ. Một ví dụ thông thường của chuyển tiếp công đoạn là hiện tượng nước đóng băng khi được làm lạnh. Nước trong trạng thái lỏng là đối xứng, như nhau trong mọi điểm và mọi phương hướng. Tuy nhiên, khi đông đá, những cục đá sẽ có những vị trí nhất định và sẽ gióng hàng lại theo một hướng nào đó. Như thế đối xứng của nước bị phá vỡ.

Trong trường hợp của nước, nếu cẩn thận, người ta có thể "siêu đông lạnh – supercool": nghĩa là có thể giảm nhiệt độ xuống dưới độ đông đá ($0^{o}C$) nhưng không để đông đá. Guth cho rằng vũ trụ có thể đã tiến hóa tương tự như thế: nhiệt độ có thể rớt xuống dưới trị số giới định (critical value) nhưng không phá vỡ sự đối xứng giữa các lực. Nếu điều nầy xảy ra, vũ trụ sẽ ở trong một trạng thái bất ổn định, có nhiều năng lượng hơn so với khi đối xứng bị phá vỡ. Số năng lượng thặng dư nầy có thể được chứng minh là có một hệ quả chống trọng lực (anti-gravitational effect): nó tác hành giống như hằng số vũ trụ (cosmological constant) mà Einstein đưa ra trong tổng thuyết tương đối khi ông cố thiết lập một mô hình tịnh thế (static model) về vũ trụ. Vì vũ trụ vốn đã bành trướng như trong mô hình *Big Bang* nóng, hậu quả đẩy ra (repulsive effect) của hằng số vũ trụ nầy do đó có thể đã khiến vũ trụ trương nở theo một tăng tốc vĩnh viễn. Ngay trong những vùng có số lượng đơn tử vật chất trên trung bình, sức hút trọng lực của vật thể có thể đã được khống chế lại nhờ sức đẩy mạnh hơn của hằng số vũ trụ linh nghiệm. Như thế, những vùng nầy cũng sẽ bành trướng theo lối tăng tốc. Khi chúng bành trướng và những đơn tử vật chất tách rời nhau xa hơn, sẽ còn lại một vũ trụ bành trướng không bao gồm một đơn tử nào nữa và ổn định lại trong trạng thái cực lạnh. Mọi bất đồng đều nào trong vũ trụ sẽ đơn thuần bị san bằng do sức bành trướng, tương tự như những nếp nhăn trên một bong bóng bị san bằng khi được thổi căng lên. Như thế trạng thái phẳng phiu và đồng bộ của vũ trụ hiện nay có thể đã tiến hóa từ nhiều trạng thái sơ khai bất đồng bộ khác nhau.

Trong một vũ trụ như thế - vũ trụ trong đó sự bành trướng tăng tốc do một hằng số vũ trụ thay vì chậm lại do trọng lực của vật thể - sẽ có đủ thời gian để ánh sáng đi từ vùng nầy sang vùng khác trong vũ trụ sơ khai. Điều nầy có thể cung ứng một giải pháp cho vấn đề nêu ra bên trên liên quan đến lý do tại sao những vùng khác nhau trong vũ trụ sơ khai lại có những thuộc tính giống nhau. Hơn nữa, nhịp độ bành trướng của vũ trụ sẽ tự động trở nên rất gần với nhịp độ giới định bởi tỉ trọng năng lượng của vũ trụ. Điều nầy cũng có thể giải thích tại sao nhịp độ bành trướng vẫn còn kề cận với nhịp độ giới định mà không cần phải giả định rằng nhịp độ bành trướng đó đã được lựa chọn rất cẩn thận.

## Nguyên lý bảo tồn năng lượng

Thuyết bành trướng cũng có thể giải thích tại sao lại có quá nhiều vật thể như thế trong vũ trụ. Có khoảng 10 triệu triệu triệu triệu triệu triệu triệu triệu triệu triệu triệu triệu (1 và theo sau là 80 số không) đơn tử trong vùng vũ trụ mà chúng ta có thể quan sát được. Tất cả chúng đến từ đâu? Câu trả lời là: <u>theo thuyết *quantum*, đơn tử có thể được tạo ra từ năng lượng dưới hình thức những cặp đơn tử/phản đơn tử</u>. Nhưng điều đó mới chỉ nêu ra câu hỏi liên quan đến nguồn gốc của năng lượng. Câu trả lời là: tổng số năng lượng của vũ trụ là hoàn toàn bằng không. Vật thể trong vũ trụ được tạo ra do năng lượng dương (positive energy). Tuy nhiên, mọi vật thể kéo hút lẫn nhau qua trọng lực. Hai mảnh vật thể gần nhau mang năng lượng ít hơn so với khi chúng ở cách xa nhau, vì chúng ta phải cần tiêu pha năng lượng để tách chúng ra bằng cách chống trả với sức hút của trọng lực kéo hút chúng vào với nhau. Như thế, theo một nghĩa nào đó, trọng trường mang năng lượng âm. Trong trường hợp một vũ trụ đại để đồng bộ trong không gian, người có thể ta chứng minh được rằng năng lượng âm

## Chương VIII: Số Phận Vũ Trụ

của trọng lực dứt khoát triệt tiêu năng lượng dương biểu thị trong vật thể. Do đó, tổng số năng lượng của vũ trụ là không.

Và hai lần không vẫn là không. Như thế vũ trụ có thể nhân đôi số lượng năng lượng dương của vật thể và cũng có thể nhân đôi năng lượng âm của trọng lực mà không vi phạm nguyên lý bảo tồn năng lượng (conservation of energy). Điều nầy không xảy ra trong sự bành trướng bình thường của vũ trụ trong đó tỉ trọng năng lượng vật thể sút giảm khi vũ trụ trở nên lớn hơn. Tuy nhiên, nó không xảy ra trong sự bành trướng tăng tốc vì tỉ trọng năng lượng của trạng thái cực lạnh vẫn cố định không thay đổi khi vũ trụ bành trướng: khi kích thước vũ trụ tăng gấp đôi, năng lượng vật thể dương và năng lượng âm của trọng lực cả hai cùng tăng gấp đôi, do đó tổng số năng lượng vẫn ở số không. Trong giai đoạn bành trướng, vũ trụ tăng kích thước rất nhiều. Như thế, tổng số năng lượng hiện có để tạo ra đơn tử sẽ trở nên rất lớn. Theo ghi nhận của Guth, "Người ta thường nói không có chuyện cho ăn miễn phí. Nhưng vũ trụ là bữa ăn miễn phí tối hậu." (*It is said that there's no such thing as a free lunch. But the universe is the ultimate free lunch.*)

Ngày nay vũ trụ không bành trướng theo lối tăng tốc nữa. Do đó, phải có một then máy nào đó (some mechanism) có thể loại bỏ hằng số vũ trụ linh nghiệm lớn lao và thay đổi nhịp độ bành trướng từ tăng tốc xuống giảm tốc vì trọng lực, như có được ngày nay. Trong sự bành trướng tăng tốc, người ta có thể mong đợi rằng chung quy thế đối xứng giữa những lực sẽ bị phá vỡ, tương tự như nước siêu lạnh (supercooled) luôn luôn đi đến đông đá.

Năng lượng thặng dư của trạng thái đối xứng không bị phá vỡ sau đó sẽ được giải tỏa và sẽ nung nóng vũ trụ lên một nhiệt độ ngay bên dưới nhiệt độ giới định (critical

## Chương VIII: Số Phận Vũ Trụ

temperature) cho thế đối xứng giữa các lực. Kế đó, vũ trụ sẽ tiếp tục bành trướng và nguội y hệt như mô hình *Big Bang* nóng, nhưng bấy giờ sẽ có một lối giải thích tại sao vũ trụ lại bành trướng với đúng nhịp độ giới định và tại sao những vùng khác nhau lại có cùng một nhiệt độ.

Theo đề nghị ban đầu của Guth, sự chuyển tiếp công đoạn được giả định xảy ra bất ngờ, tương tự như sự xuất hiện của những cục nước đá trong nước rất lạnh. Quan niệm đó cho rằng những "bong bóng - bubbles" của công đoạn mới của thế đối xứng có thể đã thành hình trong công đoạn cũ, như bong bóng của hơi nước vây quanh bởi nước đang sôi. Những bong bóng được giả định bành trướng và gặp lại nhau cho đến khi toàn thể vũ trụ đi vào công đoạn mới. Vấn đề là, như Hawking và một số người khác cho thấy, vũ trụ bành trướng rất nhanh nên cho dù những bong bóng gia tăng theo vận tốc ánh sáng đi nữa thì chúng sẽ di chuyển xa ra nhau và như thế không thể gặp lại nhau được. Vũ trụ sẽ bị để lại trong một trạng thái rất là bất đồng bộ; một số vùng vẫn còn thế đối xứng giữa những lực khác nhau. Một mô hình như thế của vũ trụ sẽ không tương ứng với những gì chúng ta thấy ngày nay.

Tháng 10/1981, Hawking đi Moscow để tham dự một hội nghị về trọng lực *quantum*. Sau cuộc hội nghị, ông có tổ chức một cuộc hội thảo về mô hình bành trướng tăng tốc và những vấn đề của nó tại Viện Thiên Văn Học Sternberg Astronomical Institute. Trước đó, ông đã nhờ một người khác để trình bày những bài thuyết trình của ông, vì hầu hết mọi người đều không thể hiểu được giọng nói của ông. Nhưng thời gian không cho phép làm việc đó nên ông tự làm lấy, với một sinh viên của ông phụ trách lặp lại những lời ông nói. Mọi việc diễn tiến đẹp đẽ, và giúp ông tiếp xúc được nhiều hơn với thính giả. Trong hàng thính giả có một người Nga trẻ, Andrei Linde, đến từ Viện Lebedev

## Chương VIII: Số Phận Vũ Trụ

Institute, Moscow. Anh ta nói rằng vấn đề khó khăn liên quan đến việc các bong bóng không gặp lại nhau có thể tránh được nếu những bong bóng nầy thật lớn, lớn đến độ vùng không gian vũ trụ của chúng ta được chứa trọn vẹn chỉ trong một bong bóng mà thôi. Muốn điều nầy xảy ra, sự thay đổi từ đối xứng sang đối xứng bị phá vỡ phải xảy ra rất chậm bên trong bong bóng, nhưng điều nầy dứt khoát có thể xảy ra theo các đại thuyết thống nhất (grand unified theories). Ý tưởng của Linde rất hay về nhịp độ chậm trong tiến trình phá vỡ thế đối xứng, nhưng sau nầy Hawking nhận ra rằng những bong bóng của anh ta nói phải lớn hơn kích thước vũ trụ lúc đó! Thay vì thế, Hawking đã cho thấy rằng thế đối xứng có thể đã bị phá vỡ khắp mọi nơi trong cùng một lúc, thay vì chỉ bên trong các bong bóng. Điều nầy sẽ đưa đến một vũ trụ đồng bộ như chúng ta quan sát thấy. Hawking rất phấn khởi với ý tưởng nầy và đã bàn luận nó với một sinh viên của ông, Ian Moss. Tuy nhiên, với tư cách là bạn của Linde, ông hơi lúng túng khi sau đó một tập san khoa học gởi đến cho ông tài liệu của y và hỏi ông có nên đăng tải hay không. Ông trả lời có khuyết điểm liên quan đến việc những bong bóng lớn hơn vũ trụ, nhưng ý tưởng căn bản về tiến trình phá vỡ chậm của thế đối xứng là rất tốt. Hawking khuyên nên cho đăng nguyên văn tài liệu vì nếu sửa đổi thì Linde sẽ mất vài tháng: bất kỳ thứ gì gởi sang Tây Phương đều phải qua kiểm duyệt Nga - một thủ tục không mấy thiện nghệ hay nhanh chóng gì mấy đối với những tài liệu khoa học. Với lời khuyên đó, cùng với Ian Moss, ông viết một bài ngắn đăng trong cùng tập san, trong đó họ cho thấy vấn đề liên quan đến những bong bóng và cho thấy nó có thể được giải quyết ra sao.

Một ngày sau khi từ Moscow trở về, Hawking lên đường sang Philadelphia để nhận huân chương của Viện Franklin Institute. Judy Fella, thư ký của ông, đã khai thác sự quyến rũ tuyệt vời của cô để thuyết phục hãng British Airways cho cô ta và ông hai vé miễn phí trên chiếc Concorde như một thương vụ quảng cáo. Không may, trên đường đến phi trường ông gặp mưa to và trễ mất chuyến bay. Tuy nhiên, cuối cùng ông đến được Philadelphia và nhận huân chương.

Sau đó ông được yêu cầu thuyết trình về vũ trụ bành trướng tăng tốc tại Đại học Drexel University ở Philadelphia. Buổi thuyết trình nầy giống y như buổi thuyết trình ở Moscow về những vấn đề liên quan đến vũ trụ bành trướng tăng tốc.

## Tân mô hình tăng tốc

Một ý tưởng rất tương tự với ý tưởng của Linde đã được độc lập đề xuất một ít tháng sau do Paul Steinhardt và Andreas Albrecht thuộc Đại Học Pennsylvania. Ngày nay, cùng với Linde, họ được thừa nhận công trạng về cái mô hình mệnh danh là "tân mô hình tăng tốc – new inflationary model", dựa trên ý tưởng về tiến trình phá vỡ chậm của thế đối xứng. (Mô hình tăng tốc cũ là thuyết nguyên thủy của Guth về tiến trình phá vỡ nhanh của thế đối xứng với sự hình thành của những bong bóng.)

Mô hình tăng tốc mới là một cố gắng tốt nhằm giải thích tại sao vũ trụ lại như thế. Tuy nhiên, Hawking và một số người khác cho thấy rằng, ít nhất trong hình thức sơ khai của nó, mô hình nầy tiên đoán những thay đổi lớn hơn nhiều trong nhiệt độ của bức xạ hậu cảnh vi ba (microwave background radiation) so với những gì quan sát được. Những nghiên cứu về sau cũng đưa ra nghi ngờ là liệu phải có một chuyển tiếp công đoạn trong vũ trụ tối sơ khai hay không. Theo ý kiến cá nhân ông, mô hình tăng tốc mới ngày nay đã chết như một lý thuyết khoa học, mặc dù nhiều người dường như không nghe thấy nó chết và vẫn tiếp tục viết về nó tựa như nó vẫn có thể thọ. Một mô hình khá hơn, mệnh danh là mô hình tăng tốc hỗn loạn (chaotic inflationary model) được Linde đưa ra năm 1983. Trong mô hình nầy, không có chuyển tiếp công đoạn hay quá trình siêu lạnh. Thay vì thế, có một hoạt trường với *spin 0* (spin 0 field); hoạt trường nầy, vì những dao động *quantum*, sẽ có những trị số lớn trong một số vùng của vũ trụ sơ khai. Năng lượng của hoạt trường trong những vùng nầy sẽ tác hành giống như một hằng số vũ trụ (cosmological constant). Nó sẽ có một hệ quả trọng lực đẩy (repulsive gravitational effect), và do đó khiến những vùng nầy bành trướng theo lối tăng tốc. Khi chúng bành trướng, năng lượng của hoạt trường trong chúng sẽ từ từ giảm bớt cho đến khi sự bành trướng tăng tốc chuyển qua sự bành trướng tương tự như trong mô hình *Big Bang* nóng (hot *Big Bang* model). Một trong những vùng nầy sẽ trở thành cái mà ngày nay chúng ta thấy như một vũ trụ quan sát được. Mô hình nầy có tất cả những lợi điểm của những mô hình tăng tốc trước kia, nhưng nó không lệ thuộc vào một chuyển tiếp công đoạn, và hơn nữa còn có thể cho một kích thước hợp lý cho những dao động về nhiệt độ của hậu cảnh vi ba phù hợp với những gì quan sát được.

Công trình nghiên cứu nầy liên quan đến những mô hình tăng tốc cho thấy rằng trạng thái hiện nay của vũ trụ có thể đã được nảy sinh từ một số lớn những thiết định sơ khai khác nhau. Điều nầy quan trọng, vì nó cho thấy rằng trạng thái sơ khai của phần vũ trụ mà chúng ta ở đã không nhất thiết được lựa chọn cẩn thận. Cho nên, nếu muốn, chúng ta có thể xử dụng phiên bản yếu của nguyên lý nhân chủng để giải thích tại sao vũ trụ lại là như thế ngày nay. Tuy nhiên, cũng không đúng là mọi thiết định sơ khai đều đưa đến một vũ trụ như vũ trụ mà chúng ta thấy. Người ta có thể chứng minh điều nầy bằng cách xem xét một trạng thái rất khác biệt đối với vũ trụ hiện nay, chẳng hạn, một vũ trụ rất lồi lõm và bất đồng đều. Người ta có thể áp dụng những định luật khoa học để đảo ngược thời gian của vũ trụ nhằm xác định những thiết định trong những thời kỳ trước kia. Theo những biểu đề đơn trạng của tổng thuyết tương đối cổ điển, vẫn có thể đã có một đơn trạng *Big Bang*. Nếu đẩy thời gian của vũ trụ ấy về phía trước theo những định luật khoa học thì cuối cùng bạn sẽ có trạng thái lồi lõm và bất đồng đều mà bạn đã tiến hành xem xét. Do đó, phải có những thiết định sơ khai không đưa đến một vũ trụ giống như vũ trụ mà chúng ta thấy ngày nay. Cho nên, ngay cả mô hình tăng tốc cũng không nói cho chúng ta tại sao những thiết định sơ khai lại không tạo ra một cái gì khác hẳn những gì chúng ta quan sát. Liệu chúng ta phải quay lại nguyên lý nhân chủng để tìm ra một giải thích? Liệu đó chỉ là một may mắn tình cờ? Đó dường như là một an ủi tuyệt vọng, một phủ nhận mọi hy vọng của chúng ta muốn tìm hiểu trật tự bên dưới của vũ trụ.

Muốn tiên đoán được vũ trụ đã bắt đầu như thế nào, người ta cần có những định luật đúng ngay từ khởi thủy của thời gian. Nếu lý thuyết cổ điển về tổng tương đối là đúng thì những biểu đề đơn trạng mà Roger Penrose và Hawking chứng minh được rằng sự bắt đầu của thời gian đã có thể là một điểm tỉ trọng vô hạn (point of infinite density) và độ cong vô hạn của không-thời-gian (infinite curvature of space- time). Tất cả những định luật được biết đến của khoa học sụp đổ tại một điểm như thế. Người ta có thể giả định có những định luật mới đứng vững được tại biến cố đơn trạng, nhưng sẽ rất khó cho dù chỉ xây dựng những định luật như thế tại những điểm hỗn man như thế, và chúng ta sẽ không có một hướng dẫn nào từ quan sát để biết những định luật là gì. Tuy nhiên, điều mà những biểu đề đơn trạng thực sự cho thấy là: trọng trường trở nên rất mạnh đến độ những hệ quả trọng lực *quantum* trở nên quan trọng – lý thuyết cổ điển không còn là một mô tả tốt về vũ trụ nữa. Cho nên, người ta phải xử dụng một lý thuyết *quantum* về

## Chương VIII: Số Phận Vũ Trụ

trọng lực để luận bàn những giai đoạn sơ khai của vũ trụ. Như chúng ta sẽ thấy, theo lý thuyết *quantum*, có thể những định luật khoa học thông thường đứng vững được mọi nơi, kể cả lúc khởi thủy của thời gian: không cần thiết lập những định luật mới về đơn trạng, vì không nhất thiết có đơn trạng nào trong thuyết *quantum*.

Chúng ta chưa có một lý thuyết hoàn chỉnh và nhất quán kết hợp được cơ học *quantum* với trọng lực. Tuy nhiên, chúng ta khá chắc chắn về những năng tính (features) mà một thuyết thống nhất như thế sẽ có. Một trong những năng tính đó là: nó sẽ bao gồm đề xuất của Feymann để xây dựng thuyết *quantum* trên căn bản của một hướng trình tổng sóng (sum over histories). Theo phương án nầy, một đơn tử không chỉ có một lịch sử, như quan niệm của lý thuyết cổ điển. Thay vì thế, nó được giả định đi theo mọi hướng trình (path) có thể có trong không-thời-gian, và mỗi lịch sử nầy đều đi kèm theo một cặp trị số, một tượng trưng cho kích thước của một sóng, một tượng trưng cho vị trí của sóng đó trong chu kỳ. Xác suất mà đơn tử đi qua một điểm nào đó được tính bằng cách cộng dồn những sóng liên quan với mọi lịch sử có thể có nào đi qua điểm đó. Tuy nhiên, khi thực sự tìm cách thực hiện những tổng số nầy người ta gặp phải những vấn đề kỹ thuật nghiêm trọng. Cách duy nhất để khắc phục những khó khăn nầy là phương pháp kỳ quặc sau đây: người ta phải cộng dồn những sóng liên quan đến những lịch sử đơn tử nào không xảy ra trong thời gian "thực - real" – thời gian mà bạn và tôi kinh qua – mà xảy ra trong cái gọi là thời gian ảo (imaginary time). Thời gian ảo có thể nghe như khoa học giả tưởng nhưng đó thực ra là một khái niệm toán học rất hệ thống. Nếu chúng ta lấy bất cứ một số thông thường (hay thực - real) nào và nhân cho chính nó, thì kết quả sẽ là một số dương. (Ví dụ *2 x2 = 4* hay *(-2) x (-2) = 4*.) Tuy nhiên, có những số đặc biệt (gọi là số ảo – imaginary numbers) cho ra số âm khi nhân với chính chúng. (Số ảo *i*, khi nhân với chính nó cho ra *-1; 2i x 2i = -4 v.v.*)

Người ta có thể hình dung số thực và số ảo theo cách sau đây: Những số thực có thể được tượng trưng bằng một đường thẳng đi từ trái sang phải, với số 0 ở giữa, những số âm như -1, -2, v.v. ở bên trái, và những số dương như 1, 2, ở bên phải. Kế đó những số ảo được tượng trưng bằng một đường thẳng đi từ đầu trang xuống và từ cuối trang lên, với *i 2i*, v.v. ở phần trên và *–i, -2i*, v.v. ở phần dưới. Như thế, theo một nghĩa nào đó, những số ảo là những số nằm thẳng góc với những số thực thông thường.

## Thời gian ảo

Để tránh những khó khăn kỹ thuật trong thuyết hướng trình tổng sóng của Feymann, người ta phải xử dụng thời gian ảo. Nghĩa là, do nhu cầu toán học, người ta phải đo thời gian bằng những số ảo, thay vì số thực. Điều nầy có một hệ quả đáng lưu ý trong không-thời-gian: sự phân biệt giữa không gian và thời gian hoàn toàn biến mất. Một không-thời-gian trong đó những biến cố mang những trị số ảo của trục thời gian được gọi là không-thời-gian Euclid, lấy tên của nhà toán học cổ đại Hy lạp Euclid, người đã sáng lập ra hình học phẳng hai chiều. Những gì mà chúng ta ngày nay gọi là không-thời-gian Euclid rất tương tự như thế ngoại trừ nó có bốn chiều thay vì hai chiều. Trong không-thời-gian Euclid, không có sự khác biệt giữa phương hướng thời gian và những phương hướng không gian. Ngược lại, trong không-thời-gian thực, những biến cố được đánh dấu bằng những trị số thực, thông thường trên trục thời gian. Như thế, dễ dàng ghi nhận sự khác biệt – phương hướng thời gian ở mọi điểm đều nằm bên trong nón ánh sáng (light cone), và những phương hướng không gian thì năm bên

## Chương VIII: Số Phận Vũ Trụ

ngoài. Trong mọi trường hợp, theo cơ học *quantum* hằng ngày, chúng ta có thể xem việc xử dụng thời gian ảo và không-thời-gian Euclid của chúng ta đơn thuần như một kế sách (hay tiểu xảo) nhằm tính toán những đáp án về không-thời-gian thực.

Năng tính thứ nhì mà chúng ta tin phải là một phần của bất kỳ một lý thuyết tối hậu nào, đó là quan niệm của Einstein cho rằng trọng trường được tượng trưng bởi <u>không-thời-gian uốn cong</u> (curved space-time): những đơn tử tìm cách đi theo vật thể gần nhất trên một hướng trình thẳng trong một không gian uốn cong, nhưng vì không-thời-gian không phải là phẳng nên những hướng trình của chúng có vẻ như bị cong, tựa như do một trọng trường. Khi chúng ta áp dụng thuyết hướng trình tổng sóng của Feymann vào quan điểm trọng lực của Einstein, hình thức tương đồng (analogue) của lịch sử một đơn tử nay chính là một không-thời-gian uốn cong hoàn chỉnh tượng trưng cho lịch sử toàn thể vũ trụ. Để tránh những khó khăn kỹ thuật khi thực sự thực hiện hướng trình tổng sóng, những không-thời-gian uốn cong nầy phải được xem là không-thời-gian Euclid. Nghĩa là, thời gian là ảo và bất khả phân biệt từ các phương hướng trong không gian. Muốn tính được xác suất tìm được một không-thời-gian thực với một số thuộc tính nào đó, như đồng hình tại mọi điểm và trong mọi hướng chẳng hạn, người ta phải cộng dồn những sóng liên quan với tất cả những lịch sử vốn có thuộc tính nầy.

Theo lý thuyết cổ điển về tổng tương đối, có thể có nhiều không-thời-gian uốn cong khác nhau, mỗi cái tương ứng với một trạng thái vũ trụ sơ khai khác nhau. Nếu biết được trạng thái của vũ trụ thì chúng ta sẽ biết toàn bộ lịch sử của nó. Tương tự, theo lý thuyết *quantum* về trọng lực, có thể có nhiều trạng thái *quantum* cho vũ trụ. Cũng ở điểm nầy, nếu biết những không-thời-gian Euclid uốn cong trong hướng trình tổng sóng tác hành ra sao trong những thời kỳ sơ khai, thì chúng ta sẽ biết được trạng thái *quantum* của vũ trụ. Theo lý thuyết cổ điển về tổng tương đối - dựa trên không-thời-gian thực - chỉ có thể có hai phương thức mà vũ trụ có thể tác hành: hoặc vũ trụ đã tồn tại từ một thời gian vô hạn, hoặc nó đã bắt đầu từ một đơn trạng vào một thời kỳ nhất định trong quá khứ. Ngược lại, theo thuyết *quantum* về trọng lực, có một khả năng thứ ba. Vì người ta xử dụng không-thời-gian Euclid, trong đó phương hướng thời gian ở trên cùng một khung quy chiếu như các phương hướng trong không gian, nên không-thời-gian có thể là hữu hạn về kích thước và không có những đơn trạng nào tạo ra biên giới hay bờ bến. Không-thời-gian sẽ giống như mặt trái đất, nhưng có thêm hai chiều. Mặt trái đất là hữu hạn về kích thước nhưng nó không có một biên giới hay bờ bến: nếu đi thẳng vào hướng mặt trời lặn thì bạn vẫn không rơi ra ngoài bờ hay rơi vào đơn trạng. (Hawking biết điều đó, vì ông đã đi vòng quanh thế giới!)

Nếu không-thời-gian Euclid chạy ngược thời gian ảo, hay bắt đầu tại một đơn trạng trong thời gian ảo, thì chúng ta gặp phải vấn đề tương tự như trong lý thuyết cổ điển liên quan đến việc xác định trạng thái sơ khai của vũ trụ: Thượng Đế có thể biết được vũ trụ bắt đầu thế nào, nhưng chúng ta không thể đưa ra một lý do đặc biệt nào để nghĩ rằng vũ trụ đó bắt đầu theo cách nầy chứ không phải cách khác. Ngược lại, lý thuyết *quantum* về trọng lực đã mở ra một khả năng mới, trong đó sẽ không có biên giới không-thời-gian và do đó sẽ không cần phải xác định tác hành tại biên giới. Sẽ không có đơn trạng, tại đó, những định luật khoa học sụp đổ, và không có bến bờ không-thời-gian, tại đó, người ta cầu cứu Thượng Đế hay định luật mới nào quy định những điều kiện biên giới cho không-thời-gian. Người ta có thể nói: "Điều kiện của biên giới vũ trụ chính là: nó không có biên giới." Vũ trụ có thể hoàn toàn tự tại (self-

## Chương VIII: Số Phận Vũ Trụ

contained) và không bị bên ngoài ảnh hưởng. Nó cũng không do ai sáng tạo ra hay hủy diệt đi. Nó chỉ đơn thuần TỰ SINH TỰ TẠI (It would just BE.)

Chính tại cuộc hội nghị tại Vatican nói trên Hawking đã lần đầu đưa ra đề xuất cho rằng có lẽ thời gian và không gian cùng tạo ra một mặt phẳng có kích thước hữu hạn nhưng không có biên giới hay bờ bến. Tuy nhiên, tài liệu của ông hơi toán học nên những hàm ngụ của nó về vai trò của Thượng Đế trong việc sáng tạo vũ trụ không được toàn thể công nhận vào lúc đó (cũng như chính ông). Vào thời gian cuộc hội nghị Vatican, ông không biết làm thế nào xử dụng ý tưởng "không biên giới – no boundary" để thực hiện những tiên đoán về vũ trụ. Tuy nhiên, mùa hè tiếp theo ông lưu lại tại Đại Học Santa Barbara, California. Ở đây, Jim Hartle, một người bạn và là đồng sự của ông, cùng ông tìm cách xác định những điều kiện mà vũ trụ phải thỏa mãn nếu không-thời-gian không có biên giới. Khi trở lại Cambridge, ông tiếp tục công việc nầy với hai nghiên cứu sinh của ông, Julian Luttrel và Jonathan Halliwell.

Hawking muốn nhấn mạnh rằng ý tưởng cho rằng thời gian và không gian sẽ hữu hạn nhưng không biên giới chỉ là một *đề nghị* (*proposal*) mà thôi: nó không thể được diễn dịch từ một nguyên lý nào cả. Như bất kỳ một lý thuyết khoa học nào khác, ban đầu nó có thể được đưa ra vì những lý do siêu hình hay thẩm mỹ, nhưng thử thách thực sự là liệu nó có đưa ra những tiên đoán phù hợp với những quan sát hay không. Tuy nhiên, điều nầy khó mà xác định được trong trường hợp của trọng lực *quantum* vì hai lý do. Thứ nhất, như sẽ được giải thích trong chương 11, chúng ta chưa hoàn toàn chắc chắn lý thuyết nào thành công trong việc phối hợp tổng tương đối và cơ học *quantum*, mặc dù chúng ta biết rất nhiều về hình thức mà một lý thuyết như thế phải có. Thứ nhì, bất kỳ một mô hình nào mô tả vũ trụ trong chi tiết đều quá phức tạp về mặt toán học nên chúng ta không thể tính ra được những tiên đoán chính xác. Do đó, người ta phải thực hiện những giả đoán và phỏng đoán đơn giản hóa (simplifying assumptions and approximations) – và ngay cả thế, vấn đề rút ra những tiên đoán vẫn còn là một vấn đề ghê gớm.

## Nguyên lý nhân chủng

Mỗi lịch sử trong hướng trình tổng sóng sẽ mô tả không những không-thời-gian nhưng cả mọi vật trong nó nữa, kể cả mọi sinh vật phức tạp như con người có khả năng quan sát lịch sử của vũ trụ. Điều nầy có thể cung ứng một biện minh khác cho nguyên lý nhân chủng, vì, nếu tất cả lịch sử đều khả thể thì, bao lâu chúng ta tồn tại trong một lịch sử nào đó, chúng ta có thể xử dụng nguyên lý nhân chủng để giải thích tại sao vũ trụ lại là như thế. Riêng những lịch sử mà chúng ta không sinh tồn trong đó, không ai rõ ý nghĩa chính xác của chúng là gì. Tuy nhiên, quan điểm nầy của thuyết *quantum* về trọng lực vẫn thoả đáng hơn nhiều, nếu người ta có thể chứng minh rằng, nếu xử dụng hướng trình tổng sóng, vũ trụ của chúng ta không chỉ là một trong những lịch sử có thể có nhưng là một trong những lịch sử khả thể nhất (most probable). Để làm điều nầy, chúng ta phải thực hiện hướng trình tổng sóng cho tất cả những không-thời-gian Euclid khả thể không có biên giới.

Theo đề xuất "không biên giới", người ta biết được rằng cơ may rất nhỏ nhoi nếu muốn tìm thấy vũ trụ đang đi theo hầu hết các lịch sử khả thể, nhưng có một hệ đặc biệt gồm những lịch sử khả thể nhiều hơn so với các lịch sử khác. Những lịch sử nầy có thể phác hoạ như mặt trái đất, với khoảng cách từ Bắc Cực tượng trưng cho thời gian ảo và

# Chương VIII: Số Phận Vũ Trụ

kích thước của một hình tròn có khoảng cách cố định từ Bắc Cực tượng trưng cho kích thước không gian của vũ trụ.

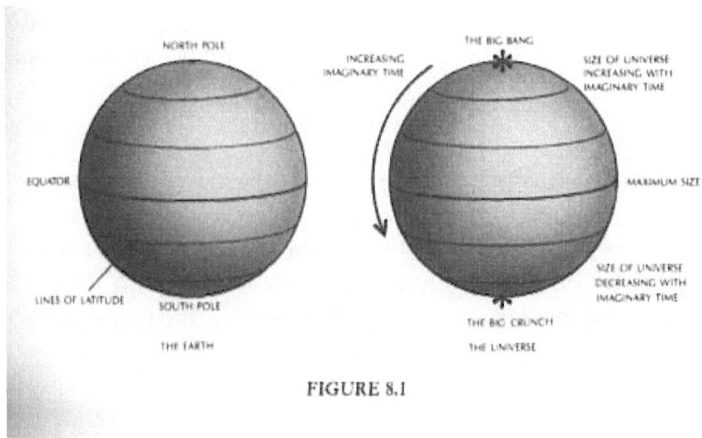

FIGURE 8.1

Vũ trụ bắt đầu tại Bắc Cực như là một điểm.

Khi người ta di chuyển về hướng nam, những vòng tròn vĩ tuyến có khoảng cách cố định từ Bắc Cực lớn dần, tương ứng với vũ trụ bành trướng theo thời gian ảo (hình 8.1). Vũ trụ sẽ đạt đến kích thước tối đa tại đường xích đạo và khi thời gian ảo tăng lên sẽ co rút cho đến một điểm duy nhất tại Nam Cực. Cho dù vũ trụ có kích thước số không tại Bắc Cực và Nam Cực đi nữa, những điểm nầy cũng không phải là những đơn trạng, cả Bắc và Nam Cực trên trái đất cũng thế. Những định luật khoa học sẽ đứng vững tại những điểm nầy, cũng như đứng vững tại Nam và Bắc Cực trên trái đất.

Tuy nhiên, lịch sử vũ trụ trong thời gian thực sẽ trông rất khác. Khoảng 10 hay 20 tỉ năm trước đây, có lẽ vũ trụ có một kích thước tối đa, tương đương với bán kính tối đa của lịch sử trong thời gian ảo. Trong những thời gian ảo tiếp sau, vũ trụ có thể bành trướng như trong mô hình tăng tốc hỗn loạn do Linde đề xuất (nhưng nay người ta không phải giả định rằng, bằng một cách nào đó, vũ trụ đã được tạo ra trong một trạng thái đúng). Vũ trụ có thể đã bành trướng lên một kích thước rất lớn và cuối cùng co rút trông giống như một đơn trạng trong thời gian thực. Như thế, theo một nghĩa nào đó, tất cả chúng ta vẫn phải bị tiêu diệt, cho dù tránh được hố đen. Chỉ với điều kiện chúng ta phác họa vũ trụ dựa trên thời gian ảo mới không có đơn trạng.

Nếu thực sự vũ trụ ở trong một trạng thái *quantum* thì sẽ không có đơn trạng trong lịch sử vũ trụ trong thời gian ảo. Do đó, có thể dường như công trình nghiên cứu gần đây đã hoàn toàn đi ngược lại kết quả của những công trình của Hawking trước kia về đơn trạng. Nhưng, như đã trình bày ở trên, điều thực sự quan trọng của những biểu đề đơn trạng là chúng đã chứng minh được rằng trọng trường phải trở nên rất mạnh đến độ những hậu quả của trọng lực *quantum* phải được xem xét đến. Điều này lại đưa đến ý tưởng cho rằng vũ trụ có thể hữu hạn trong thời gian ảo nhưng không có biên giới hay đơn trạng. Tuy nhiên, khi người ta đi ngược thời gian thực trong đó chung ta sống, dường như vẫn có đơn trạng. Phi hành gia đáng thương bị rơi vào hố đen vẫn sẽ đi đến một chung cuộc đau thương; chỉ khi nào y sống trong thời gian ảo thì y mới không gặp phải đơn trạng. Điều nầy có thể cho thấy rằng cái gọi là thời gian ảo thực ra là thời gian thực, và những gì chúng ta gọi là thời gian thực chỉ là do tưởng tượng của chúng ta mà thôi. Trong thời gian thực, vũ trụ có bắt đầu và kết thúc tại những đơn trạng tạo ra biên giới cho không-thời-gian và tại đó những định luật khoa học sụp đổ. Nhưng trong thời gian ảo, không có đơn trạng hay biên giới. Do đó, có lẽ những gì chúng ta gọi là thời gian ảo thực ra lại cơ bản hơn, và những gì chúng ta gọi là thực chẳng qua chỉ là một ý tưởng do chúng ta đặt ra để giúp mô tả những gì chúng ta hình dung về vũ trụ. Nhưng theo phương án mà Hawking đã mô

## Chương VIII: Số Phận Vũ Trụ

tả trong Chương 1, một lý thuyết khoa học chỉ là một mô hình mà chúng ta lập ra để mô tả những quan sát: nó chỉ tồn tại trong đầu chúng ta thôi. Như thế, phải chăng vô lý nếu cứ hỏi: cái gì là thực, thời gian "thực" hay thời gian "ảo"? Đây chẳng qua chỉ là vấn đề tìm xem mô tả nào là mô tả hữu ích nhất.

Người ta cũng có thể xử dụng hướng trình tổng sóng, cùng với đề nghị biên giới, để tìm xem những thuộc tính nào trong vũ trụ có khả năng cùng xảy ra. Ví dụ, người ta có thể tính toán xác suất mà vũ trụ bành trướng với gần như cùng một nhịp độ trong mọi phương hướng tại một lúc mà tỉ trọng của vũ trụ có được trị số hiện nay. Trong những mô hình đã được đơn giản hóa từ trước đến nay, xác suất nầy hóa ra là cao; nghĩa là, thuyết không điều kiện biên giới đưa đến tiên đoán rằng rất có thể nhịp độ bành trướng vũ trụ hiện nay của vũ trụ gần như là một trong các phương hướng. Điều nầy phù hợp với những quan sát bức xạ hậu cảnh vi ba, cho rằng bức xạ nầy có tỉ trọng gần như giống nhau trong mọi phương hướng. Nếu vũ trụ bành trướng trong một vài phương hướng nhanh hơn những phương hướng khác thì tỉ trọng bức xạ trong những phương hướng đó sẽ bị giảm đi do một chuyển vị quang phổ sang đỏ được thêm vào (additional red shift).

Những tiên đoán xa hơn của điều kiện không biên giới đang được triển khai. Một vấn đề đặc biệt lý thú là kích thước của những mảnh nhỏ phát xuất từ tỉ trọng đồng bộ trong vũ trụ sơ khai đã giúp tạo ra trước hết là những thiên hà, sau đó là những tinh tú, và sau cùng là chúng ta. Nguyên lý bất xác hàm ngụ rằng vũ trụ sơ khai có lẽ không thể hoàn toàn đồng bộ vì phải có một số bất xác hay dao động trong những vị trí và phương tốc của những đơn tử. Khi xử dụng điều kiện không biên giới, chúng ta thấy rằng vũ trụ thực tế có thể đã phải bắt đầu với trạng thái bất đồng bộ tối thiểu mà nguyên lý cho phép có được. Sau đó, vũ trụ có thể đã kinh qua một giai đoạn bành trướng nhanh, như trong mô hình tăng tốc. Trong thời kỳ nầy, những bất đồng đều sơ khai có thể đã được khuếch tán cho đến khi chúng trở nên đủ lớn để giải thích nguồn gốc của những cấu trúc mà chúng ta quan sát thấy chung quanh. Năm 1992, vệ tinh Cosmic Background Explorer (COBE) lần đầu tiên thám sát được những thay đổi rất nhỏ trong tỉ trọng của hậu cảnh vi ba với phương hướng. Sự kiện những bất đồng bộ nầy tùy thuộc vào phương hướng dường như phù hợp với những tiên đoán của mô hình tăng tốc và thuyết không biên giới. Như thế, thuyết không biên giới là một lý thuyết khoa học tốt theo nghĩa của Karl Popper: thuyết nầy có thể bị những quan sát phản chứng nhưng ngược lại những tiên đoán của nó đã được khẳng định. Trong một vũ trụ bành trướng trong đó tỉ trọng vật thể thay đổi rất ít từ nơi nầy sang nơi khác, trọng lực có thể đã khiến những vùng có tỉ trọng cao hơn phải chậm bành trướng lại và bắt đầu co rút. Điều nầy đưa đến sự hình thành những thiên hà, tinh tú, và cuối cùng ngay đến những sinh vật vô nghĩa như chúng ta. Như thế, tất cả những cấu trúc phức tạp mà chúng ta thấy trong vũ trụ có thể được giải thích bởi điều kiện không biên giới đối với toàn thể vũ trụ với nguyên lý bất xác của cơ học *quantum*.

## Mặt phẳng khép kín

Ý tưởng cho rằng không gian và thời gian có thể đã tạo thành một mặt phẳng khép kín không biên giới cũng có những hàm ngụ sâu sắc liên quan đến vai trò của Thượng Đế trong các công việc của vũ trụ. Với sự thành công của những lý thuyết khoa học nhằm mô tả những biến cố, hầu hết mọi người đã đi đến chỗ tin rằng Thượng Đế cho phép vũ trụ tiến hóa theo một hệ định luật và không can thiệp

## Chương VIII: Số Phận Vũ Trụ

vào vũ trụ để phá vỡ những định luật nầy. Tuy nhiên, những định luật không nói với chúng ta lúc ban đầu vũ trụ như thế nào – có lẽ mọi chuyện còn tùy vào sự xoay kim đồng hồ của Thượng Đế và quyết định của ngài khởi động vũ trụ ra sao. Bao giờ vũ trụ có được một bắt đầu thì lúc đó chúng ta có thể giả định nó có một đấng sáng tạo. Nhưng nếu vũ trụ thực sự hoàn toàn tự tại (self-contained), không có biên giới hay bờ bến thì nó cũng chẳng có bắt đầu hay kết thúc: nó đơn thuần tự sinh tự tại. Thế thì đấng sáng tạo ở đâu?

# Chương IX

# Phương Hướng của Thời Gian

(The Arrow of Time)

## Tổng Quát

Những phần trước cho thấy quan điểm của chúng ta về bản chất của thời gian đã thay đổi thế nào qua năm tháng. Cho đến đầu thế kỷ nầy, con người vẫn còn tin thời gian là tuyệt đối. Nghĩa là, mỗi biến cố có thể định danh bằng một con số gọi là "thời gian" theo một cách duy nhất, và tất cả những đồng hồ đều ăn khớp với nhau khi chỉ khoảng cách thời gian giữa hai biến cố. Tuy nhiên, khi khám phá ra rằng vận tốc ánh sáng không thay đổi đối với mọi điểm quan sát, bất luận điểm đó có di chuyển ra sao, thuyết tương đối bắt đầu ra đời – và do đó, người ta phải bãi bỏ ý tưởng cho rằng có một thời gian tuyệt đối duy nhất. Thay vì thế, mỗi quan sát viên sẽ có đo lường thời gian riêng của mình dựa theo một đồng hồ riêng được mang theo: những đồng hồ của những quan sát viên khác nhau sẽ không nhất thiết ăn khớp với nhau. Như thế, thời gian trở nên một quan niệm riêng tư hơn, tương đối với người quan sát theo dõi nó.

Khi tìm cách thống nhất trọng lực với cơ học *quantum*, người ta phải đề xuất ý niệm về thời gian "ảo" (*imaginary time*). Thời gian ảo không thể phân biệt được với những phương hướng trong không gian. Nếu có thể đi về hướng bắc thì người ta có thể quay đầu và đi về hướng nam; tương tự, nếu đi về phía trước trong thời gian ảo thì người ta phải

## Chương IX: Phương Hướng của Thời Gian

có thể quay đầu và đi ngược trở lại. Điều nầy có nghĩa là không thể có sự khác nhau quan trọng giữa hướng tới và hướng lui trong thời gian ảo. Ngược lại, khi người ta nhìn vào thời gian "thực - real", sẽ có sự khác biệt rất lớn giữa hướng tới và hướng lui, như tất cả chúng ta đều biết. Do đâu mà có sự khác biệt giữa quá khứ và tương lai? Tại sao chúng ta nhớ về quá khứ mà không nhớ về tương lai?

Những định luật khoa học không phân biệt giữa quá khứ và tương lai. Nói rõ hơn, như đã giải thích trước đây, những định luật khoa học không thay đổi dưới sự phối hợp của những hoạt động hay đối xứng (*operations or symmetries*) mang tên $C$, $P$, và $T$. ($C$ có nghĩa là thay đổi những đơn tử để đưa đến những phản đơn tử. $P$ có nghĩa là dùng ảnh ảo – *mirage image*, do đó trái và phải được hoán đổi nhau. Và $T$ có nghĩa là đảo ngược phương hướng của mọi động tử: cụ thể là xoay ngược hướng đi của động tử.) Những định luật khoa học nào chi phối sự tác hành của vật thể trong mọi tình thế bình thường đều không bị thay đổi dưới sự phối hợp riêng của hai hoạt động $C$ và $P$. Nói cách khác, đời sống sẽ y hệt đối với những cư dân trên một hành tinh khác nếu họ là những ảnh ảo của chúng ta và được cấu tạo từ những phản vật chất chứ không phải là vật chất.

Nếu những định luật khoa học không bị thay đổi bởi sự phối hợp $C$ và $P$, và cả sự phối hợp của $C$, $P$, và $T$, thì chúng cũng không bị thay đổi bởi sự phối hợp của riêng $T$. Tuy nhiên, có một khác biệt lớn giữa hướng tới và hướng lui của thời gian thực trong đời sống bình thường. Bạn cứ tưởng tượng một cốc nước rơi ra khỏi bàn và vỡ thành từng mảnh trên sàn nhà. Nếu quay phim diễn biến nầy thì bạn có thể biết được diễn biến đó chạy tới hay chạy lui. Nếu cho chạy ngược lại, bạn sẽ thấy những mảnh vỡ đột nhiên tập hợp lại và bay lên khỏi sàn nhà để tạo lại cái cốc trên bàn. Bạn có thể nói đoạn phim đang chạy ngược vì lối tác hành

## Chương IX: Phương Hướng của Thời Gian

như vậy không bao giờ xảy ra trong đời sống bình thường. Nếu chuyện nầy có thể xảy ra thì những nhà sản xuất ly tách sẽ bị phá sản hết.

Việc chúng ta không thấy những mảnh vỡ tập hợp lại và bay trở lên bàn được giải thích như thế nầy: điều đó đi ngược lại định luật thứ nhì của động nhiệt học (***second law of thermodynamics***). Định luật nầy nói rằng trong bất kỳ hệ thống đóng kín nào, sự rối loạn (*disorder*) hay biến tướng (*entropy*) luôn luôn gia tăng theo thời gian. Nói cách khác, đó là một hình thức của luật *Murphy* (*Murphy"s law*): sự vật luôn luôn có khuynh hướng đi sai! (***Things always tend to go wrong***). Một cái cốc lành lặn trên bàn là trạng thái của một trật tự cao, nhưng một cái cốc vỡ trên sàn nhà là một trạng thái rối loạn. Người ta chỉ có thể đi được từ cái cốc trên bàn trong quá khứ đến cái cốc bị vỡ trên sàn nhà trong tương lai, chứ không đi ngược lại.

Sự gia tăng của rối loạn hay biến tướng theo thời gian là một ví dụ của cái gọi là mũi tên thời gian, điều phân biệt quá khứ với tương lai, xác định phương hướng của thời gian. Ít nhất có ba mũi tên thời gian khác nhau. Trước tiên là (i) **mũi tên thời gian động nhiệt** (*thermodymanic arrow of time*), tượng trưng cho phương hướng thời gian trong đó rối loạn hay biến tướng gia tăng. (ii) Kế đó là **mũi tên thời gian tâm lý** (*psychological arrow of time*). Đây là phương hướng trong đó chúng ta cảm thấy thời gian trôi qua, phương hướng trong đó chúng ta nhớ lại quá khứ nhưng không nhớ tương lai. (iii) Cuối cùng là **mũi tên thời gian vũ trụ** (*cosmological arrow of time*). Đây là phương hướng thời gian trong đó vũ trụ bành trướng thay vì co rút (*expanding rather than contracting*).

Trong chương nầy, Hawking sẽ trình bày cho thấy rằng không có điều kiện giới hạn (boundary condition) nào đối

## Chương IX: Phương Hướng của Thời Gian

với vũ trụ, dựa theo phiên bản yếu của nguyên lý nhân chủng (*weak anthropic principle*), giải thích tại sao cả ba mũi tên thời gian đều cùng chỉ về một hướng - và, hơn nữa, tại sao lại có một mũi tên thời gian được xác định rõ ràng. Hawking sẽ lý giải cho thấy rằng mũi tên thời gian tâm lý được xác định bởi mũi tên động nhiệt, và hai mũi tên nầy nhất thiết phải luôn luôn chỉ về cùng một hướng. Nếu giả định thuyết vũ trụ không điều kiện biên giới là đúng thì chúng ta sẽ thấy rằng phải có những mũi tên thời gian động nhiệt và tâm lý được xác định rõ ràng, nhưng chúng sẽ không chỉ về cùng một hướng trong suốt lịch sử vũ trụ. Tuy nhiên, ông sẽ cho thấy rằng chỉ khi nào chúng chỉ về cùng một hướng thì những điều kiện mới thích hợp cho sự phát triển của những sinh vật thông minh có khả năng nêu ra câu hỏi: tại sao biến tướng gia tăng trong cùng một phương hướng thời gian như phương hướng mà vũ trụ bành trướng?

Trước tiên, ông sẽ bàn về mũi tên thời gian động nhiệt. Định luật thứ nhì của động nhiệt học xuất phát từ sự kiện là những tình trạng rối loạn luôn luôn có nhiều hơn những tình trạng trật tự. Ví dụ, bạn thử xem những mảnh hình nhỏ của một trò chơi ghép hình đang nằm trong hộp. Chỉ có một, và duy nhất một, cách ghép để làm cho những mảnh hình nhỏ tạo thành một bức hình lớn. Ngược lại có rất nhiều cách ghép vô trật tự không tạo nên hình thù gì cả.

Giả sử một hệ thống khởi sự từ một trong số rất ít những trạng thái trật tự. Theo thời gian, hệ thống sẽ tiến hóa theo những định luật khoa học và trạng thái của nó sẽ thay đổi. Vào một thời điểm sau, hệ thống sẽ có khả năng bị đưa vào một trạng thái hỗn loạn hơn là vào một trạng thái trật tự vì có nhiều trạng thái hỗn loạn hơn. Như thế hỗn loạn sẽ có khuynh hướng gia tăng với thời gian nếu hệ thống tuân theo một điều kiện trật tự cao ban đầu.

## Chương IX: Phương Hướng của Thời Gian

Giả sử những mảnh hình nhỏ ngay từ đầu được ghép đúng trong hộp. Nếu bạn xáo trộn cái hộp, những mảnh hình nhỏ sẽ có một cách ghép khác. Cách ghép nầy có thể là một cách ghép vô trật tự trong đó những mảnh hình nhỏ không có một hình thù nào cả, đơn giản chỉ vì số lượng của những cách ghép vô trật tự lớn hơn nhiều. Một vài nhóm hình nhỏ vẫn có thể tạo nên những phần nào đó của bức hình, nhưng nếu bạn càng lắc cái hộp thì càng chắc chắn là những nhóm nầy sẽ bị phá vỡ và những mảnh hình nhỏ sẽ rơi vào một trạng thái hoàn toàn lộn xộn trong đó chúng không tạo ra một hình thù nào. Do đó, sự hỗn loạn của những mảnh hình có thể sẽ gia tăng với thời gian nếu những mảnh hình nhỏ tuân theo điều kiện ban đầu theo đó chúng khởi sự với một trật tự cao.

Tuy nhiên, giả sử Thượng Đế quyết định rằng vũ trụ phải chấm dứt trong một trạng thái trật tự cao nhưng không cần biết trạng thái ban đầu là gì. Trong những thời kỳ sơ khai, vũ trụ có lẽ đã ở trong một trạng thái hỗn loạn. Điều nầy có nghĩa là hỗn loạn có thể giảm đi theo thời gian. Bạn có thể thấy được những cốc bị vỡ tái tạo lại trên bàn. Tuy nhiên, nếu bất kỳ con người nào quan sát được diễn biến đó thì người đó phải sống trong một vũ trụ trong đó hỗn loạn giảm đi theo thời gian. Hawking suy luận rằng những người như thế có thể có một mũi tên thời gian tâm lý ngược chiều. Nghĩa là, họ có thể nhớ được những biến cố trong tương lai, và không nhớ được những biến cố trong quá khứ. Khi cái cốc bị vỡ, họ có thể nhớ được tình trạng lúc nó còn ở trên bàn, nhưng khi nó ở trên bàn thì họ không thể nhớ tình trạng lúc nó ở trên sàn nhà.

## Chương IX: Phương Hướng của Thời Gian

### Thời gian tâm lý

Tương đối khó mà giải thích về trí nhớ con người vì chúng ta không biết một cách chi tiết bộ óc con người hoạt động thế nào. Tuy nhiên, chúng ta dứt khoát biết rõ bộ nhớ của máy vi tính làm việc như thế nào. Do đó, Hawking bàn luận về mũi tên thời gian tâm lý đối với máy vi tính. Ông nghĩ là hợp lý nếu giả định mũi tên thời gian đối với máy vi tính cũng giống hệt như mũi tên thời gian đối với con người. Nếu không thì người ta có thể khống chế thị trường chứng khoán bằng cách xử dụng một máy vi tính biết nhớ được giá cả của ngày mai! Một bộ nhớ vi tính căn bản là một bộ phận bao gồm những yếu tố có thể hiện hữu ở một trong hai trạng thái.

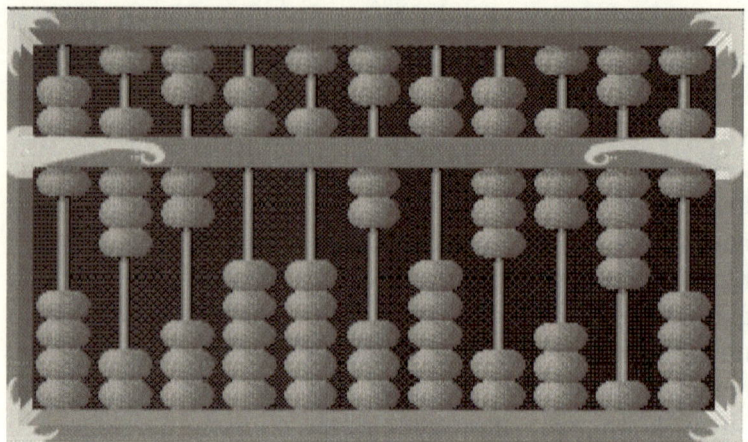

Một ví dụ đơn giản là cái bàn tính của người Trung Hoa (abacus).

Trong hình thức đơn giản nhất của nó, dụng cụ nầy gồm có một số thanh ngang; trên mỗi thanh có một số quả cầu dẹp (beads) có thể được đặt trên một trong hai vị trí. Trước khi đưa một đơn tố vào bộ nhớ của máy vi tính, bộ nhớ đó ở trong một trạng thái hỗn loạn, với xác suất bằng nhau đối

## Chương IX: Phương Hướng của Thời Gian

với hai trạng thái khả thể. (Những quả cầu đẹp được phân phối tùy tiện trên các thanh ngang của bàn tính.) Sau khi bộ nhớ đối tác với hệ thống, quả cầu sẽ dứt khoát ở vào một trong hai trạng thái, dựa theo trạng thái của hệ thống. (Mỗi quả cầu sẽ ở bên phải hoặc bên trái của một thanh ngang.) Như thế, bộ nhớ đã đi từ một trạng thái hỗn loạn sang một trạng thái trật tự. Tuy nhiên, muốn cho bộ nhớ ở trong một trạng thái đúng, cần phải xử dụng một số năng lượng (để di chuyển những quả cầu hay tiếp điện cho máy vi tính, chẳng hạn). Năng lượng nầy được tiêu thụ như nhiệt lượng, và làm tăng hỗn loạn trong vũ trụ. Người ta có thể chứng minh rằng sự gia tăng hỗn loạn nầy luôn luôn lớn hơn sự gia tăng về trật tự trong chính bộ máy. Như thế, sức nóng do quạt của máy đưa ra có nghĩa là, khi một máy vi tính tiếp nhận một đơn tố trong bộ nhớ, tổng số hỗn loạn trong vũ trụ sẽ tăng lên. Phương hướng thời gian trong đó máy vi tính ghi nhớ quá khứ giống y như phương hướng thời gian trong đó hỗn loạn gia tăng.

Cảm giác chủ quan của chúng ta về phương hướng thời gian, mũi tên thời gian tâm lý, do đó được xác định trong óc chúng ta bởi mũi tên thời gian động nhiệt. Tương tự như máy vi tính, chúng ta phải nhớ những sự việc theo thứ tự trong đó biến tướng gia tăng. Điều nầy dễ hiểu qua định luật thứ nhì về động nhiệt học. Hỗn loạn gia tăng với thời gian vì chúng ta đo lường thời gian theo phương hướng trong đó hỗn loạn gia tăng. Không có gì phải hồ nghi về chuyện nầy cả!

Nhưng tại sao lại có mũi tên thời gian động nhiệt? Hay nói cách khác, tại sao vũ trụ lại ở trong một trạng thái trật tự cao độ tại một đầu thời gian, đầu mà chúng ta gọi là quá khứ? Tại sao nó không ở trong một trạng thái hoàn toàn hỗn loạn trong mọi thời kỳ? Tóm lại, mọi chuyện càng khó hiểu hơn. Và tại sao phương hướng thời gian trong đó hỗn

## Chương IX: Phương Hướng của Thời Gian

loạn gia tăng lại y hệt như phương hướng thời gian trong đó vũ trụ bành trướng?

Trong lý thuyết cổ điển về tổng tương đối, người ta không thể ước đoán vũ trụ đã bắt đầu như thế nào vì tất cả những định luật khoa học mà chúng ta biết được để sụp đổ ngay tại đơn trạng *Big Bang (Big Bang singularity)*. Vũ trụ có thể đã bắt đầu trong một trạng thái rất phẳng phiu và trật tự. Điều nầy có thể đã đưa đến những mũi tên thời gian động nhiệt và vũ trụ được xác định rõ ràng, như chúng ta quan sát thấy. Nhưng vũ trụ cũng rất có thể bắt đầu trong một trạng thái rất lồi lõm và hỗn loạn. Trong trường hợp đó, vũ trụ có thể đã ở trong một trạng thái hoàn toàn hỗn loạn, cho nên hỗn loạn không thể gia tăng với thời gian. Hỗn loạn có thể hoặc đứng nguyên – như thế sẽ không có mũi tên thời gian được xác định rõ ràng - hoặc hỗn loạn giảm bớt, như thế mũi tên thời gian động nhiệt sẽ chỉ nghịch hướng với mũi tên vũ trụ. Trong hai khả thể nầy, không có khả thể nào đúng theo quan sát của chúng ta. Tuy nhiên, như chúng ta đã thấy, tổng thuyết tương đối cổ điển tiên đoán trước sự thất bại của chính nó. Khi độ cong của không-thời-gian (*curvature of space-time*) trở nên lớn, những hệ quả trọng lực *quantum* sẽ trở nên quan trọng và lý thuyết cổ điển sẽ không còn là một mô tả tốt của vũ trụ nữa. Người ta phải dùng lý thuyết *quantum* về trọng lực để hiểu vũ trụ bắt đầu bằng cách nào.

Trong một lý thuyết *quantum* về trọng lực, như chúng ta thấy trong chương vừa qua, muốn xác định rõ trạng thái của vũ trụ người ta vẫn phải cho biết những lịch sử khả thể của vũ trụ tác hành thế nào tại biên giới không-thời-gian trong quá khứ. Chúng ta chỉ có thể tránh được sự khó khăn phải mô tả những gì mà chúng ta không biết hay không thể biết nếu những lịch sử nói trên thoả mãn được điều kiện không biên giới (*no boundary condition*): những lịch sử đó hữu

## CHƯƠNG IX: Phương Hướng của Thời Gian

hạn nhưng không có biên giới, bờ bến, hay đơn trạng. Trong trường hợp đó, khởi thủy của thời gian sẽ là một điểm không-thời-gian đều đặn, phẳng phiu, và vũ trụ có lẽ đã bắt đầu bành trướng trong một trạng thái trật tự và phẳng phiu. Có thể vũ trụ đã không hoàn toàn đồng bộ (uniform), vì nếu thế sẽ vi phạm nguyên lý bất xác của thuyết *quantum*. Phải có những dao động nhỏ (*small fluctuations*) trong tỉ trọng và phương tốc của các đơn tử. Tuy nhiên, điều kiện không biên giới hàm ngụ rằng những dao động nầy rất nhỏ, theo đúng tinh thần của nguyên lý bất xác.

Vũ trụ có thể đã khởi sự với một giai đoạn bành trướng tăng tốc hay theo cấp số nhân trong đó nó có thể đã tăng kích thước với một cấp số rất lớn. Trong thời kỳ bành trướng nầy, những dao động về tỉ trọng thoạt tiên có lẽ còn nhỏ, nhưng về sau bắt đầu lớn ra. Trong những vùng có tỉ trọng tăng tương đối cao hơn trung bình, sức bành trướng có thể đã bị chậm lại do sức hút của trọng khối thặng dư (extra mass). Cuối cùng, những vùng như thế sẽ ngưng lại và sụp đổ để tạo ra những thiên hà, tinh tú, và sinh vật như chúng ta. Vũ trụ có thể đã bắt đầu trong một trạng thái phẳng phiu và trật tự, và trở nên gồ ghề và hỗn loạn theo thời gian. Điều nầy giải thích sự hiện hữu của mũi tên thời gian động nhiệt.

## Vũ trụ co rút

Nhưng cái gì sẽ xảy ra nếu và khi vũ trụ ngưng bành trướng và bắt đầu co rút? Liệu mũi tên thời gian sẽ quay ngược lại và hỗn loạn bắt đầu giảm xuống theo thời gian? Điều nầy thường đưa đến đủ mọi giả thuyết dưới dạng khoa học giả tưởng theo đó con người đã sống sót từ giai đoạn bành trướng sang giai đoạn co rút. Liệu con người lúc đó thấy được những cái cốc bị vỡ gom trở lại và bay lên lại trên bàn

## Chương IX: Phương Hướng của Thời Gian

từ sàn nhà? Liệu họ có khả năng nhớ lại những giá cả của ngày mai và làm giàu trên thị trường chứng khoán? Quả hơi hàn lâm nếu lo nghĩ về những gì sẽ xảy ra khi vũ trụ co rút trở lại, vì vũ trụ sẽ không co rút trở lại trong vòng ít nhất 10 tỉ năm tới. Nhưng có một cách nhanh hơn để biết những gì sẽ xảy ra: nhảy vào một hố đen. Sự sụp đổ của một tinh tú để tạo ra một hố đen không khác mấy với những giai đoạn sụp đổ về sau của toàn thể vũ trụ. Như thế, nếu hỗn loạn tất yếu giảm xuống trong giai đoạn sụp đổ của vũ trụ thì người ta cũng có thể mong đợi nó giảm xuống bên trong một hố đen. Như thế có lẽ một phi hành gia khi rơi vào một hố đen sẽ có thể thắng được tiền khi chơi *roulette* bằng cách nhớ lại vị trí của quả *roulette* trước khi y đặt tiền. (Tuy nhiên, tiếc thay, y sẽ không có đủ thời gian để chơi trước khi bị biến thành một cộng măng tây. Y cũng không có thể cho chúng ta biết gì về sự quay ngược của mũi tên thời gian động nhiệt, hay ngay cả bỏ tiền thắng vào ngân hàng, vì y sẽ bị bẫy chặt phía sau chân trời biến cố của hố đen.)

Thoạt tiên, Hawking tin rằng hỗn loạn sẽ giảm xuống khi vũ trụ tái sụp đổ, vì nghĩ rằng vũ trụ sẽ phải quay trở lại một trạng thái phẳng phiu và trật tự khi thu nhỏ trở lại. Điều nầy có nghĩa là giai đoạn co rút sẽ giống như sự xoay ngược thời gian của giai đoạn bành trướng. Con người trong giai đoạn co rút sẽ đi ngược chiều cuộc sống của mình: họ sẽ chết trước khi sinh ra và trẻ dần khi vũ trụ co rút.

Ý niệm đó thật hấp dẫn vì nó có nghĩa là một đối xứng đáng yêu giữa hai giai đoạn bành trướng và co rút. Tuy nhiên, người ta không thể chấp nhận nó một cách lẻ loi, độc lập với những ý niệm khác về vũ trụ. Câu hỏi đặt ra là: ý niệm đó được hàm ngụ trong điều kiện không biên giới, hay nó không nhất quán với điều kiện đó? Như đã nói, thoạt tiên Hawking nghĩ rằng điều kiện không biên giới

## Chương IX: Phương Hướng của Thời Gian

thực sự hàm ngụ rằng hỗn loạn sẽ giảm xuống trong giai đoạn co rút. Một phần ông bị sai lầm khi nghĩ rằng biến trình đó tương tự như biến trình trên mặt trái đất. Nếu người ta so sánh sự bắt đầu của vũ trụ với Bắc Cực thì sự kết thúc của vũ trụ sẽ tương tự như sự bắt đầu, cũng như Bắc Cực tương tự như Nam Cực vậy. Tuy nhiên, Bắc Cực và Nam Cực tương ứng với sự bắt đầu và kết thúc của vũ trụ trong thời gian ảo (*imaginary time*). Bắt đầu và kết thúc trong thời gian thực có thể rất khác với nhau. Hawking cũng bị sai lầm do những công trình mà ông làm dựa trên một mô hình đơn giản về vũ trụ trong đó giai đoạn co rút trông giống như thời gian xoay ngược của giai đoạn bành trướng. Hơn nữa, một đồng sự của ông, Don Page, Đại Học Penn State University, cho thấy rằng điều kiện không biên giới không đòi hỏi giai đoạn co rút nhất thiết phải là thời gian xoay ngược của giai đoạn bành trướng. Ngoài ra, một sinh viên của ông, Raymond Laflamme, tìm thấy rằng, trong một mô hình phức tạp hơn một chút, sự co rút của vũ trụ rất khác với sự bành trướng. Hawking nhận ra rằng mình đã phạm một sai lầm: điều kiện không biên giới hàm ngụ rằng hỗn loạn thực tế tiếp tục gia tăng trong giai đoạn co rút. Những mũi tên thời gian động nhiệt và tâm lý sẽ không xoay ngược khi vũ trụ bắt đầu co rút trở lại, hay bên trong một hố đen.

Bạn sẽ làm gì khi khám phá ra rằng mình đã phạm một sai lầm? Một số người không bao giờ nhìn nhận là mình sai và tiếp tục tìm ra những luận cứ mới, và thường không nhất quán với nhau, để hỗ trợ trường hợp của mình – như Eddington đã làm khi phản đối thuyết hố đen. Những người khác thì tuyên bố họ không hề thực sự hỗ trợ quan điểm sai, hay, nếu có làm vậy, thì chỉ để chứng minh rằng quan điểm đó không nhất quán. Theo Hawking, tốt hơn, và để tránh bớt lúng túng, nên thừa nhận bằng giấy trắng mực đen rằng mình đã sai lầm. Một ví dụ điển hình là Einstein,

## Chương IX: Phương Hướng của Thời Gian

người đã nêu ra hằng số vũ trụ (*cosmological constant*) khi cố gắng thiết lập một mô hình tịnh thể về vũ trụ *(static model of the universe)*. Ông đã gọi hằng số nầy là một sai lầm lớn nhất trong đời ông.

Trở lại mũi tên thời gian, vẫn còn câu hỏi: tại sao chúng ta quan sát thấy mũi tên thời gian động nhiệt và vũ trụ chỉ về cùng một hướng? Hay nói cách khác, tại sao hỗn loạn gia tăng theo cùng một phương hướng thời gian như phương hướng trong đó vũ trụ bành trướng? Nếu người ta tin rằng vũ trụ bành trướng rồi sau đó co rút trở lại, như thuyết không biên giới hàm ngụ, thì sẽ có thắc mắc tại sao chúng ta lại ở trong giai đoạn bành trướng thay vì co rút.

Người ta có thể trả lời điểm nầy dựa trên nguyên lý nhân chủng yếu (*weak anthropic principle*). Những điều kiện trong giai đoạn co rút có thể thích hợp cho sự sinh tồn của những sinh vật có khả năng đặt câu hỏi: tại sao hỗn loạn gia tăng trong cùng một phương hướng thời gian như phương hướng trong đó vũ trụ bành trướng? Sự tăng tốc trong những giai đoạn sơ khai của vũ trụ, theo tiên đoán của thuyết không biên giới, có nghĩa là vũ trụ phải bành trướng theo một nhịp độ rất gần với nhịp độ giới định (*critical rate*) chưa đến độ bị sụp đổ, và như thế sẽ không sụp đổ trong một thời gian rất dài. Lúc đó, những tinh tú có thể đã cháy tiêu hết và những *protons, neutrons* trong chúng có thể đã suy hoại (decayed) thành đơn tử ánh sáng và bức xạ (*radiation*). Vũ trụ sẽ ở trong một trạng thái gần như hỗn loạn hoàn toàn. Lúc đó sẽ không có mũi tên thời gian động nhiệt mạnh (*strong thermodynamic arrow of time*). Hỗn loạn không thể gia tăng nhiều vì vũ trụ có thể đã ở trong một trạng thái hỗn loạn gần như hoàn toàn rồi. Tuy nhiên, một mũi tên động nhiệt mạnh cần phải có cho sự sống thông minh hoạt động. Muốn sinh tồn, con người phải xử dụng thực phẩm, đấy là một hình thức có trật tự của năng lượng, và hoán chuyển nó thành nhiệt lượng, một hình thức hỗn loạn của năng lượng. Như thế sự sống thông minh không thể sinh tồn trong giai đoạn co rút của vũ trụ. Điều nầy giải thích tại sao theo quan sát chúng ta thấy rằng những mũi tên thời gian động nhiệt và vũ trụ chỉ về cùng một hướng. Không phải sự bành trương của vũ trụ khiến hỗn loạn gia tăng. Đúng hơn, chính điều kiện không biên giới khiến hỗn loạn gia tăng và khiến những điều kiện thích hợp cho sự sống thông minh, và chỉ trong giai đoạn bành trướng thôi.

Tóm lại, những định luật khoa học không phân biệt phương hướng thời gian xuôi và ngược. Tuy nhiên, ít nhất có ba mũi tên thời gian phân biệt được quá khứ với tương lai. Đó là mũi tên thời gian động nhiệt (*thermodynamic arrow of time*), tức phương hướng thời gian trong đó hỗn loạn gia tăng; mũi tên thời gian tâm lý (*psychological arrow of time*), tức phương hướng thời gian trong đó chúng ta nhớ lại được quá khứ nhưng không nhớ tương lai; và mũi tên thời gian vũ trụ (*cosmological arrow of time*), tức phương hướng thời gian trong đó vũ trụ bành trướng thay vì co rút. Hawking đã chứng minh rằng mũi tên tâm lý chủ yếu giống như mũi tên động nhiệt, vì thế cả hai luôn luôn cùng chỉ về một hướng. Thuyết không biên giới về vũ trụ tiên đoán sự hiện hữu của mũi tên thời gian động nhiệt được xác định rõ vì vũ trụ phải bắt đầu trong một trạng thái phẳng phiu và trật tự. Và lý do mà chúng ta quan sát thấy mũi tên động nhiệt đồng hướng với mũi tên vũ trụ là vì những sinh vật thông minh chỉ có thể sinh tồn trong giai đoạn bành trướng mà thôi.

## Vũ trụ hỗn loạn

## Chương IX: Phương Hướng của Thời Gian

Giai đoạn co rút sẽ không thích hợp vì nó không có mũi tên thời gian động nhiệt mạnh. Sự tiến bộ của nhân loại trong việc hiểu biết vũ trụ đã thiết lập được một góc trật tự nhỏ (*small corner of order*) trong một vũ trụ càng ngày càng hỗn loạn hơn. Nếu bạn nhớ được mọi chữ trong cuốn sách nầy thì trí nhớ của bạn có thể đã ghi nhận được khoảng hai triệu thông tin: trật tự trong óc bạn có thể đã tăng thêm khoảng hai triệu đơn vị. Tuy nhiên, khi đọc xong cuốn sách nầy, bạn có thể đã hoán chuyển được ít nhất một ngàn *calories* năng lượng dưới hình thức thực phẩm qua năng lượng hỗn loạn dưới hình thức nhiệt năng mà bạn đã mất vào trong không khí chung quanh bạn do thoát nhiệt và mồ hôi. Điều nầy sẽ gia tăng hỗn loạn của vũ trụ lên thêm khoảng 20 triệu triệu triệu triệu triệu đơn vị - hay bằng khoảng 10 triệu triệu triệu triệu lần sự gia tăng trật tự trong óc bạn - với điều kiện bạn nhớ được hết mọi thứ trong cuốn sách. Trong phần 11, Hawking sẽ giải thích bằng cách nào chúng ta có thể tập hợp những lý thuyết phân bộ mà ông đã mô tả để tiến đến một lý thuyết thống nhất liên quan đến mọi thứ trong vũ trụ.

# Chương X

# Lỗ Giun & Du Hành Thời Gian

### (Wormholes and Time Travel)

## Tổng Quát

Chương IX vừa qua đã trình bày tại sao chúng ta thấy thời gian đi về phía trước: tại sao hỗn loạn (disorder) gia tăng và tại sao chúng ta nhớ quá khứ mà không nhớ tương lai. Thời gian được xem như là một đường tàu hỏa chạy thẳng trên đó người ta chỉ có thể đi theo một trong hai chiều mà thôi.

Nhưng cái gì sẽ xảy ra nếu đường tàu cho phép xử dụng luân đảo pháp (loops) và phân hướng (branches) để con tàu có thể vẫn tiếp tục đi về phía trước nhưng lại đến lại nhà ga nơi đã xuất phát? Nói cách khác, có thể nào người ta đi về tương lai hay đi về quá khứ?

Trong *The Time Machine*, H. G. Wells đã thăm dò những khả năng nầy cũng như vô số những người viết khoa học giả tưởng khác đã làm. Tuy nhiên, nhiều ý tưởng của khoa học giả tưởng, như tàu ngầm và du hành lên cung trăng, đã trở thành những vấn đề có thực của khoa học. Như thế, đâu là viễn tượng của du hành thời gian?

Có những dấu hiệu cho thấy rằng những định luật vật lý có thể thực sự cho phép con người du hành trong thời gian; và

## Chương X: Du Hành Thời Gian

dấu hiệu đầu tiên xảy ra vào năm 1949, khi Kurt Gödel khám phá ra một không-thời-gian mới theo tổng thuyết tương đối. Gödel là một nhà toán học nổi tiếng nhờ chứng minh được rằng không ai có thể chứng minh được tất cả những biểu đề đúng (prove all true statements), cho dù bạn có tự giới hạn nỗ lực chứng minh của mình vào tất cả những biểu đề đúng trong một đề tài được cắt xén rõ rệt như đại số đi nữa.

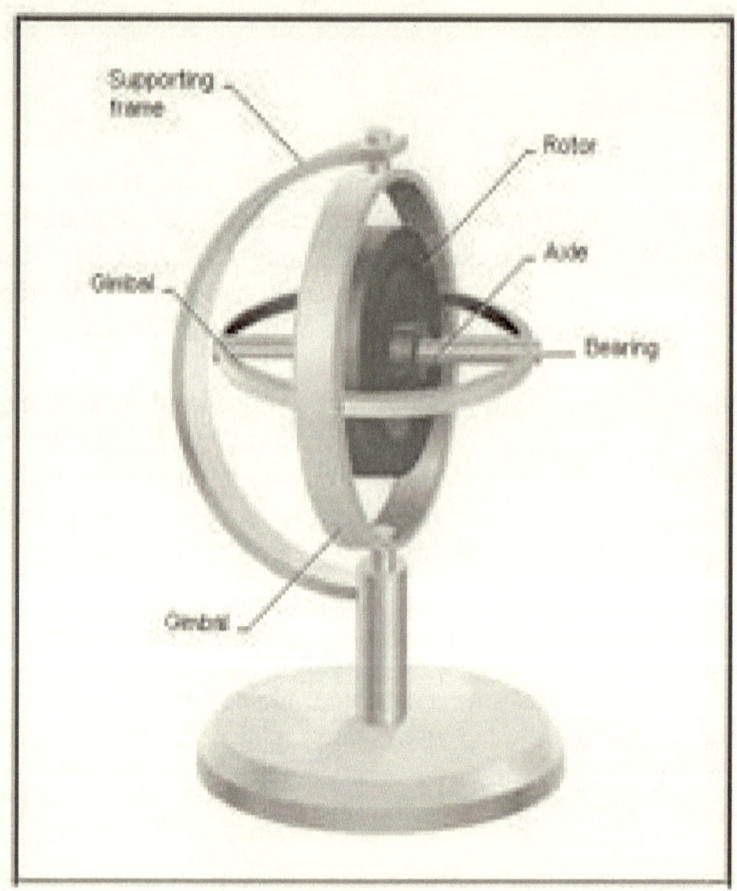

# Chương X: Du Hành Thời Gian

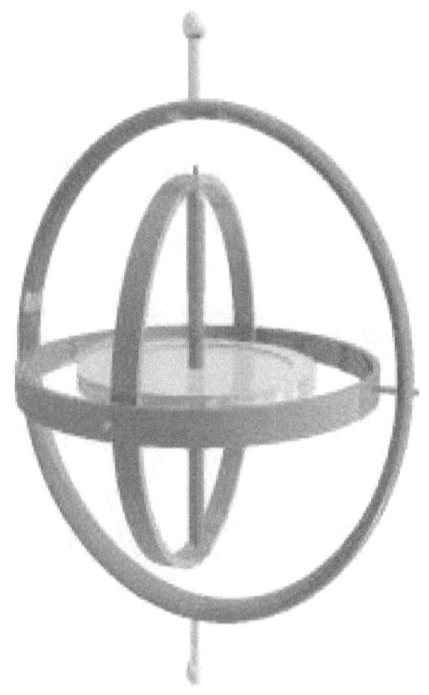

T ương tự như nguyên lý bất xác, định đề bất túc của Gödel (Gödel's incompleteness theorem) có thể là một giới hạn căn bản đối với khả năng hiểu biết và nghiên cứu của chúng ta liên quan đến lý thuyết thống nhất hoàn chỉnh (complete unified theory).

Gödel biết được tổng thuyết tương đối khi ông và Einstein làm việc với nhau những năm về sau của họ tại Viện Nghiên Cứu Cao Cấp ở Princeton. Không-thời-gian của ông có một thuộc tính kỳ quặc là toàn thể vũ trụ đều xoay

## Chương X: Du Hành Thời Gian

vòng (rotating). Người ta có thể hỏi: "Xoay chung quanh cái gì?" Câu trả lời là: vật thể ở xa sẽ xoay vòng dựa theo hướng chỉ của những con vụ nhỏ hay con quay hồi chuyển (little tops or gyroscopes**).

** ***Gyroscope*** *(xin xem hình trên) là một thiết bị dùng đo lường hay duy trì phương hướng, dựa trên nguyên tắc bảo tồn quán tính phương giác (conservation of angular momentum). Thiết bị nầy chủ yếu là một bánh xe hay một đĩa quay chung quanh một trục có thể xoay theo bất kỳ hướng nào. Khi vận tốc quay lên cao, hướng nầy bị ảnh hưởng rất ít khi nhận lực chuyển hướng từ lực chuyển hướng bên ngoài (external torque) - tức sự di chuyển của khung giá. Vì lực chuyển hướng bên ngoài được tối thiểu hóa nhờ hai vòng bảo hộ có trang bị bạc đạn (gimbals) nên phương hướng của nó gần như đứng yên bất chấp sự di chuyển của khung giá. (Phụ chú của người chuyển ngữ)*

Điều nầy có một phản ứng phụ (side effect): một người có thể phóng lên theo một hỏa tiễn và trở về trái đất trước khi khởi hành. Thuộc tính nầy thực sự làm Einstein tức giận, vì ông nghĩ rằng tổng thuyết tương đối không cho phép du hành thời gian. Tuy nhiên, nếu tham chiếu lập trường chống đối vô căn cứ trước đó của Einstein đối với sự sụp đổ vì trọng lực và nguyên lý bất xác thì có thể đây là một dấu hiệu đầy khích lệ. Giải pháp của Gödel tìm được không tương quan với vũ trụ mà chúng ta đang sống bởi vì chúng ta có thể chứng minh rằng vũ trụ không xoay vòng. Giải pháp đó cũng đưa ra một trị số khác không (non-*zero* value) của hằng số vũ trụ (cosmological constant) mà Einstein đã đưa ra khi ông nghĩ rằng vũ trụ không thay đổi. Sau khi viễn vọng kính Hubble khám phá sự bành trướng của vũ trụ, người ta không cần đến hằng số vũ trụ nữa và ngày nay mọi người đều tin rằng hằng số đó bằng không.

## Chương X: Du Hành Thời Gian

Tuy nhiên, những không-thời-gian hợp lý khác từ đó đã được khám phá, phù hợp với tổng thuyết tương đối và cho phép du hành vào quá khứ. Một trong những không-thời-gian đó nằm bên trong một hố đen xoay vòng (rotating black hole). Không-thời-gian kia thì gồm hai dây vũ trụ (cosmic strings) di chuyển qua nhau với vận tốc cao. Theo như tên gọi, những dây vũ trụ là những vật giống như sợi dây ở chỗ chúng có chiều dài nhưng thiết diện rất nhỏ (tiny cross section). Thực tế, chúng giống như những sợi dây thun bởi vì chúng chịu một căng thẳng vô cùng lớn, tương tự như triệu triệu triệu triệu tấn. Một sợi dây vũ trụ buộc vào trái đất có thể tăng tốc nó từ 0 đến 60 *miles*/giờ trong một phần 30 của một giây. Những sợi dây vũ trụ có thể nghe giống như khoa học giả tưởng nhưng có những lý do để tin rằng chúng đã hình thành trong vũ trụ sơ khai do kết quả của hiện tượng đổ vỡ đối xứng (symmetry-breaking) được đề cập trong phần 5. Vì chúng có thể chịu một căng thẳng cực lớn và có thể bắt đầu với bất kỳ thiết định nào (any configuration), nên chúng có thể tăng tốc lên rất cao khi bị kéo thẳng ra.

### Vũ trụ sơ khởi

Giải pháp Gödel và không-thời-gian với sợi dây vũ trụ khởi sự rất dị dạng (distorted) cho nên du hành vào quá khứ luôn luôn có thể thực hiện được. Thượng Đế có thể đã sáng tạo một vũ trụ dị dạng như thế nhưng chúng ta không có lý do nào để tin rằng Ngài đã làm như vậy. Những quan sát về hậu cảnh vi ba (microwave background) và sự dồi dào của những yếu tố nhẹ (abundance of light elements) cho thấy rằng vũ trụ sơ khai không có dạng uốn cong (curvature) cần thiết cho du hành thời gian. Kết luận đó cũng đúng trên phương diện lý thuyết nếu thuyết điều kiện không biên giới (no boundary proposal) là đúng. Do đó câu hỏi sẽ là: nếu

## Chương X: Du Hành Thời Gian

vũ trụ khởi sự không có dạng uốn cong cần thiết cho du hành thời gian, thì liệu sau đó chúng ta có thể làm cho những vùng địa phương của không-thời-gian đủ cong để làm việc đó hay không?

Vấn đề trực tiếp liên quan – và cũng là ưu tư của những người viết khoa học giả tưởng – là du hành liên tinh tú hay liên thiên hà (interstellar or intergalactic travel). Theo thuyết tương đối, không có cái gì đi nhanh hơn ánh sáng. Như thế, nếu chúng ta gởi một con tàu không gian đến ngôi sao gần nhất của chúng ta, Alpha Centauri – xa khoảng 4 năm ánh sáng - thì phải cần ít nhất 8 năm chúng ta mới có thể mong đợi những phi hành gia trở về và cho chúng ta biết họ đã khám phá được những gì. Nếu du hành vào trung tâm Dải Ngân Hà thì sẽ mất ít nhất một trăm ngàn năm mới trở về được. Thuyết tương đối có cho một an ủi.

An ủi nầy mệnh danh là nghịch lý sinh đôi (twins paradox) như đã mô tả trong phần 2.

Vì không có một tiêu chuẩn thời gian duy nhất, ngược lại mỗi quan sát viên có thời gian riêng của mình chiếu theo đồng hồ mà họ mang theo, nên đối với những người du hành, cuộc hành trình có thể dường như ngắn hơn nhiều so với những người ở lại mặt đất. Nhưng sẽ chẳng thích thú gì khi du hành vũ trụ vài năm để khi trở về thấy mọi người mà bạn để lại trên trái đất đã chết và chết từ hàng ngàn năm trước đó. Do đó, muốn người đời quan tâm đến những gì họ viết, những người viết khoa học giả tưởng phải giả định rằng một ngày nào đó con người sẽ khám phá ra cách du hành nhanh hơn ánh sáng. Điều mà hầu hết những tác giả nầy dường như không nhận ra được là: nếu bạn có thể đi nhanh hơn ánh sáng thì thuyết tương đối hàm ngụ rằng bạn có thể đi ngược thời gian, như đoạn thơ sau diễn tả:

## Chương X: Du Hành Thời Gian

*Có một thiếu nữ thần kỳ*
*Đã du hành nhanh hơn ánh sáng. Ngày nọ nàng ra đi,*
*Đi theo cách tương đối,*
*Và trở về vào đêm trước lúc ra đi.*
*(There was a young lady of Wight*
*Who travelled much faster than light.*
*She departed one day,*
*In a relative way,*
*And arrived on the previous night.)*

Điểm chính là: thuyết tương đối cho biết rằng không có sự đo lường thời gian thống nhất cho đồng hồ của tất cả các quan sát viên. Đúng hơn, mỗi quan sát viên có đo lường thời gian riêng của mình. Nếu một hoả tiên có thể bay theo vận tốc chậm hơn vận tốc ánh sáng để đi từ biến cố $A$ (như vòng đua chung kết chạy 100 mét tại Đại Hội Olympics 2012 chẳng hạn) đến biến cố $B$ (như khai mạc khóa họp lần thứ 100,004 của Quốc Hội Alpha Centauri chẳng hạn), thì mọi quan sát viên sẽ đồng ý với nhau rằng biến cố $A$ xảy ra trước biến cố $B$ căn cứ theo các đồng hồ của họ. Tuy nhiên, giả sử rằng hỏa tiễn sẽ phải đi nhanh hơn ánh sáng để đưa tin cuộc đua đến cuộc họp. Trong trường hợp nầy, những người quan sát đang di chuyển với vận tốc khác nhau có thể không đồng ý với nhau là biến cố $A$ xảy ra trước biến cố $B$ hay ngược lại. Căn cứ theo thời gian của một quan sát viên đứng yên trên trái đất hay tại một khoảng cách cố định với trái đất, thì có thể cuộc họp khai mạc xảy ra sau cuộc chạy đua. Như thế quan sát viên nầy sẽ nghĩ rằng một tàu không gian có thể đi từ $A$ đến $B$ kịp giờ nếu không bị khống chế bởi giới hạn của vận tốc ánh sáng. Tuy nhiên, đối với một quan sát viên tại Alpha Centauri đang di chuyển ra xa trái đất với vận tốc gần bằng vận tốc ánh sáng thì dường như biến cố $B$ - tức khai mạc hội nghị - xảy ra trước biến cố $A$ - tức cuộc chạy đua 100 mét. Thuyết tương đối nói rằng

## Chương X: Du Hành Thời Gian

những định luật vật lý tỏ ra như nhau đối với những quan sát viên di chuyển với những vận tốc khác nhau.

Điều nầy đã được trắc nghiệm kỹ lưỡng qua thí nghiệm và có khả năng trở thành một nguyên lý cho dù chúng ta có tìm ra được một lý thuyết cao cấp hơn để thay thế thuyết tương đối.

Như thế quan sát viên đang di chuyển sẽ nói rằng nếu có thể du hành theo vận tốc nhanh hơn ánh sáng thì có thể đi từ biến cố *B* - tức khai mạc hội nghị - đến biến cố *A* - tức cuộc chạy đua 100 mét. Nếu đi hơi nhanh hơn một chút nữa thì người ta có thể trở về *B* trước khi cuộc đua bắt đầu; và nếu đánh cuộc về chuyện nầy thì cũng nắm chắc phần thắng.

Có một vấn đề khi phá vỡ giới hạn vận tốc ánh sáng. Thuyết tương đối nói rằng năng lượng hỏa tiễn cần để tăng tốc một tàu không gian trở nên càng lúc càng lớn khi tiến đến gần vận tốc ánh sáng. Chúng ta có bằng chứng thực nghiệm về chuyện nầy, không phải với những tàu không gian nhưng với những đơn tử trong những máy tăng tốc đơn tử như những máy tại Trung Tâm Nghiên Cứu Hạch Tâm Âu Châu (CERN). Chúng ta có thể tăng tốc những đơn tử lên bằng 99.99% vận tốc ánh sáng; nhưng cho dù đưa thêm năng lượng vào bao nhiêu đi nữa, chúng ta vẫn không thể tăng tốc những đơn tử đó lên quá vận tốc ánh sáng được. Những tàu không gian cũng tương tự như thế: bất luận hỏa tiễn có bao nhiêu năng lượng đi nữa, chúng vẫn không có thể vượt qua vận tốc ánh sáng. Điều đó dường như loại bỏ khả năng du hành nhanh trong không gian lẫn du hành ngược chiều thời gian. Tuy nhiên, có một lối thoát. <u>Chúng ta có thể uốn cong không-thời-gian</u> sao cho có một lối tắt (shortcut) giữ *A* và *B*. Một trong những

## Chương X: Du Hành Thời Gian

cách thực hiện điều nầy là tạo ra một **lỗ giun** (wormhole) giữa *A* và *B*. Theo như tên gọi, một lỗ giun là một tuyến không-thời-gian mỏng (thin tube of space-time) có thể nối liền hai vùng gần như phẳng ở cách xa nhau. Không cần phải có liên hệ giữa khoảng cách thông qua lỗ giun và sự cách ly của hai đầu trong bối cảnh gần như phẳng. Như thế người ta có thể tưởng tượng có thể tạo ra hay tìm được một lỗ giun nối liền ngoại vi Thái Dương Hệ với Alpha Centauri. Khoảng cách thông qua lỗ giun có thể chỉ vài triệu *miles* mặc dù trái đất và Alpha Centauri cách nhau 20 triệu triệu *miles* trong không gian thường. Điều nầy sẽ cho phép tin tức liên quan đế cuộc chạy đua 100 mét đến khai mạc hội nghị. Nhưng như thế thì một quan sát viên đang di chuyển về hướng trái đất cũng sẽ có thể tìm được một lỗ giun giúp y đi từ khai mạc hội nghị trên Alpha Centauri trở về trái đất trước khi cuộc chạy đua bắt đầu. Như thế, tương tự như hình thức khả thể khác của du hành nhanh hơn ánh sáng, những lỗ giun sẽ cho phép người ta du hành về quá khứ. Khái niệm về lỗ giun giữa những vùng không-thời-gian khác nhau không phải là một phát minh của khoa học giả tưởng mà phát xuất từ một nguồn gốc rất khả kính.

Năm 1935, Einstein và Nathen Rosen viết ra một tài liệu trong đó họ cho thấy rằng tổng thuyết tương đối cho phép cái gọi là "những cây cầu (bridges)", nhưng ngày nay được gọi là những lỗ giun. Những cây cầu của Einstein và Rosen không tồn tại đủ lâu cho một tàu không gian đi qua: con tàu sẽ rơi vào đơn trạng (singularity) khi lỗ giun xoắn lại. Tuy nhiên, có gợi ý cho rằng một nền văn minh tiên tiến có thể giữ cho lỗ giun mở ra. Để làm điều nầy, hay uốn cong không-thời-gian theo một phương thức nào khác để cho phép du hành thời gian, người ta có thể cho thấy cần phải có một vùng không-thời-gian với độ cong âm (negative curvature), như bề mặt yên ngựa (saddle). Vật chất bình

## Chương X: Du Hành Thời Gian

thường, vốn có tỉ trọng năng lượng dương (positive energy density), tạo cho không-thời-gian một độ cong dương, như bề mặt của một quả cầu (sphere). <u>Như thế, muốn uốn cong không-thời-gian để cho phép du hành vào quá khứ, điều mà người ta cần là vật chất có tỉ trọng năng lượng âm.</u>

## Định luật quantum

Năng lượng tạm xem như tiền trong ngân hàng: nếu có một quyết toán dương (positive balance) bạn có thể chi dùng nó bằng nhiều cách, nhưng theo những luật lệ cổ điển được tin là có vào đầu thế kỷ nầy, bạn không được phép rút ra nhiều hơn số tiền hiện có trong trương mục. Như thế những luật lệ cổ điển nầy đã loại bỏ khả năng du hành thời gian. Tuy nhiên, như đã đề cập trong những phần trước, những luật lệ cổ điển đã bị thay thế bằng những định luật *quantum* dựa trên nguyên lý bất xác. Những định luật *quantum* tự do hơn và cho phép bạn chi trội trên một hay hai trương mục miễn sao tổng quyết toán vẫn còn dương. Nói cách khác, <u>thuyết *quantum* cho phép tỉ trọng năng lượng được quyền âm trong một vài nơi, miễn sao trị số âm nầy được bù lại bởi những tỉ trọng năng lượng dương ở các nơi khác, như thế tổng năng lượng vẫn còn dương.</u> Một ví dụ nhằm giải thích làm thế nào thuyết *quantum* có thể cho phép tỉ trọng năng lượng âm đưa ra do một hệ quả mệnh danh là hệ quả Casimir (Casimir effect). Như đã thấy trong chương 7, ngay cả những gì chúng ta gọi là không gian "trống - empty" cũng được lấp đầy bằng những cặp đơn tử và phản đơn tử tiềm năng (virtual particles and antiparticles) xuất hiện chung với nhau, di chuyển ra xa nhau, tái hợp trở lại, và triệt tiêu lẫn nhau. Bây giờ, giả sử người ta có hai đĩa kim loại song song (two parallel metal plates) ở cách xa nhau một khoảng cách ngắn. Những đĩa nầy sẽ hoạt động như những kính chiếu (mirrors) cho các *photons* hay đơn tử

## Chương X: Du Hành Thời Gian

ánh sáng tiềm năng (*virtual photons*). Thực tế, chúng sẽ tạo ra một khe trũng (cavity) giữa chúng, gần giống như một thanh âm đàn đại hồ cầm chỉ rung ở một vài nốt nhạc. Điều nầy có nghĩa là những *photons* tiềm năng chỉ có thể xảy ra trong khoảng giữa hai đĩa kim loại nếu chiều rộng của khe trũng nằm giữa hai đĩa kim loại chia chẵn cho những độ dài sóng của chúng. Nếu không chia chẵn như thế thì sau một vài phản xạ qua lại giữa hai khe, những đỉnh của sóng nầy sẽ trùng hợp với đáy của sóng khác và các sóng sẽ triệt tiêu lẫn nhau.

Vì những *photons* tiềm năng nằm giữa hai đĩa có thể chỉ có những độ dài sóng thượng (resonant wavelengths) nên chúng có tương đối ít hơn so với những vùng nằm ngoài hai đĩa, nơi mà *photons* tiềm năng có thể có bất kỳ độ dài sóng nào. Như thế sẽ có tương đối ít *photons* tiềm năng chạm vào mặt trong của hai đĩa hơn là mặt ngoài. Do đó, người ta mong đợi có một lực tác động trên hai đĩa, đẩy chúng lại với nhau. Lực nầy thực sự đã được phát hiện và đã có một trị số như tiên đoán. Như thế chúng ta có bằng chứng thực nghiệm cho thấy rằng những đơn tử tiềm năng hiện hữu và có những hệ quả thực sự.

Việc có ít *photons* tiềm năng giữa hai đĩa hơn có nghĩa là tỉ trọng năng lượng của chúng sẽ thấp hơn nơi khác. Nhưng tổng số tỉ trọng năng lượng trong không gian "trống - empty" nằm ngoài xa hai đĩa phải bằng không, vì nếu không thì tỉ trọng năng lượng sẽ uốn cong (warp) không gian và nó sẽ không còn gần như bằng phẳng (flat). Do đó, nếu tỉ trọng năng lượng giữa hai đĩa thấp hơn tỉ trọng năng lượng ngoài xa thì nó phải là âm.

Như thế, chúng ta có cả hai bằng chứng thực nghiệm cho thấy (1) không-thời-gian có thể bị uốn cong (do ánh sáng

## Chương X: Du Hành Thời Gian

uốn cong trong khi có nhật /nguyệt thực) và (2) không-thời-gian có thể uốn cong theo cách đòi hỏi để cho phép du hành thời gian (do hệ quả Casimir). Do đó, người ta có thể hy vọng rằng, khi khoa học kỹ thuật tiến bộ, chúng ta cuối cùng sẽ chế tạo được một máy thời gian (time machine). Nhưng nếu thế tại sao ai đó đã không trở về từ tương lai và cho chúng biết làm thế nào để thực hiện điều đó? Có thể có những lý do tại sao cho rằng chỉ dại dột mới cho chúng ta biết bí quyết của du hành thời gian trong giai đoạn phát triển sơ khai hiện nay của chúng ta, nhưng, trừ phi bản chất nhân loại thay đổi triệt để, khó tin được rằng một du khách nào đó về từ tương lai sẽ không tiết lộ bí mật. Đương nhiên, một số người lên tiếng cho rằng những lần nhìn thấy đĩa bay là bằng chứng cho thấy chúng ta đang được hoặc những người hành tinh hoặc những người từ tương lai trở về đến viếng. (Nếu những người hành tinh đến đây trong thời gian hữu lý thì họ sẽ phải đi nhanh hơn ánh sáng, nên cả hai khả năng có thể tương đương.)

Tuy nhiên, Hawking nghĩ rằng bất kỳ một xuất hiện nào của những người hành tinh hay những người trở về từ tương lai sẽ hiển nhiên hơn nhiều và, có lẽ, khó chịu hơn nhiều. Nếu họ có xuất hiện thì tại sao lại chỉ xuất hiện trước những người không được xem là những nhân chứng đáng tin cậy? Nếu họ cố cảnh giác chúng ta về đại họa lớn lao nào đó thì họ chẳng làm được đâu.

Một trong những cách giải thích sự vắng mặt của những khách viếng trở về từ tương lai là nói rằng <u>quá khứ là bất di dịch bởi vì chúng ta đã quan sát nó và thấy rằng nó không có loại không-thời-gian uốn cong cần thiết cho du hành thời gian trở lại từ tương lai. Mặt khác, tương lai là mở rộng và không ai biết được, cho nên rất có thể nó có loại không-thời-gian uốn cong đòi hỏi. Điều này có nghĩa là bất kỳ du</u>

## Chương X: Du Hành Thời Gian

hành thời gian nào cũng sẽ bị giới hạn vào tương lai. Captain Kirk và Starship Enterprise sẽ không có cơ may xuất hiện trong hiện tại.

Điều nầy có thể giải thích tại sao chúng ta đã không bị tràn ngập bởi những du khách đến từ tương lai, nhưng vẫn không tránh được vấn đề có thể đặt ra nếu người ta có khả năng trở về quá khứ và thay đổi lịch sử. Giả sử, chẳng hạn, bạn trở về và giết ông cố của mình khi ông hãy còn là một đứa bé. Có nhiều phiên bản của loại nghịch lý nầy nhưng tựu trung chúng đều giống nhau: người ta sẽ gặp mâu thuẫn nếu được tự do thay đổi quá khứ.

Dường như có thể có hai giải pháp cho những nghịch lý trong vấn đề du hành thời gian. Hawking gọi một trong hai giải pháp đó là phương án lịch sử nhất quán (consistent histories approach). Giải pháp nầy nói rằng cho dù không-thời-gian có bị uốn cong để cho phép du hành về quá khứ đi nữa thì những gì xảy ra trong không-thời-gian phải là một giải đáp nhất quán của những định luật vật lý. Theo quan điểm nầy, bạn không thể đi ngược thời gian trừ phi lịch sử cho thấy rằng bạn đã đến được trong quá khứ và, trong khi ở đó, đã không giết ông cố của bạn hay phạm bất kỳ tội nào khác mâu thuẫn với tình trạng hiện nay của bạn trong hiện tại. Hơn nữa, khi trở lại, bạn không được thay đổi lịch sử đã viết (recorded history). Điều đó có nghĩa là bạn sẽ không được tự do làm những gì mình muốn. Dĩ nhiên, người ta có thể nói rằng <u>tự do chung quy chỉ là một ảo tưởng</u>. Nếu thực sự có một lý thuyết thống nhất hoàn chỉnh quy định mọi thứ thì lý thuyết đó giả định cũng quy định những hành động của bạn. Nhưng nó quy định theo cách không thể tính toán được gì đối với một sinh vật phức tạp như con người. <u>Lý do chúng ta nói rằng con người là tự do là vì chúng ta không thể tiên đoán những gì mà con</u>

người sẽ làm. Tuy nhiên, **nếu con người lên theo một tàu không gian và trở về trước khi khởi hành thì chúng ta sẽ có thể tiên đoán những gì người đó sẽ làm vì đó là một phần của lịch sử đã viết**. Như thế, trong hoàn cảnh nầy, **khách du hành thời gian sẽ không có tự do**.

## Thuyết lịch sử thay thế

Một lối khác có thể đưa ra để giải quyết những nghịch lý của du hành thời gian có thể được gọi là giả thuyết lịch sử thay thế (alternative historic hypothesis). Ý tưởng chính ở đây là khi những khách du hành thời gian trở về quá khứ, họ đi vào những lịch sử thay thế, khác với lịch sử đã viết. Như thế, họ có thể hành động tự do, không bị khống chế bởi điều kiện nhất quán với lịch sử trước kia của họ. Steven Spielberg rất thích thú với khái niệm nầy trong bộ phim *Back to the Future*: Marty McFly có thể đi ngược và thay đổi chuyện tình của cha mẹ chàng thành một lịch sử thoả đáng. Giả thuyết lịch sử thay thế nghe ra có vẻ giống như cách mà Richard Feynman diễn tả thuyết *quantum* như là hướng trình tổng sóng (sum over histories) những lịch sử như đã trình bày trong phần 4 và phần 8. Thuyết nầy nói rằng vũ trụ không chỉ có duy nhất một lịch sử: đúng hơn nó có mọi lịch sử khả thể, mỗi lịch sử đi kèm với xác suất riêng của nó. Tuy nhiên, dường như có một sự khác biệt quan trọng giữa thuyết Feynman và thuyết lịch sử thay thế. Trong thuyết hướng trình tổng sóng của Feynman, **mỗi lịch sử bao gồm một không-thời-gian hoàn chỉnh và mọi vật thể trong đó**. Không-thời-gian có thể bị uốn cong đến độ có thể du hành bằng hỏa tiễn về quá khứ. Nhưng hỏa tiễn sẽ ở trong cùng một không-thời-gian và do đó cùng một lịch sử, cả hai phải nhất quán. **Như thế thuyết hướng trình tổng sóng của Feynman dường như hỗ trợ giả thuyết lịch sử nhất quán** đúng hơn là **lịch sử thay thế**.

218

Chương X: Du Hành Thời Gian

Thuyết hướng trình tổng sóng của Feynman dứt khoát cho phép du hành về quá khứ trên một quy mô vi mô (microscopic scale). Trong chương 9, chúng ta đã thấy rằng những định luật khoa học không thay đổi bởi những phối hợp của các hoạt động $C$, $P$, và $T$. Điều nầy có nghĩa là một phản đơn tử đang quay ngược chiều kim đồng hồ và di chuyển từ $A$ sang $B$ cũng có thể được xem như một đơn tử bình thường quay theo chiều kim đồng hồ và di chuyển ngược thời gian từ $B$ đến $A$. Tương tự, một đơn tử di chuyển về phía trước trong thời gian thì tương đương với một phản đơn tử di chuyển ngược chiều thời gian. Như đã trình bày trong chương 7, không gian "trống" được chứa đầy với những cặp đơn tử tiềm năng và phản đơn tử xuất hiện bên nhau, xa nhau ra, tái hợp lại và triệt tiêu lẫn nhau. Do đó, người ta có thể xem cặp đơn tử như là một đơn tử duy nhất di chuyển trên một vòng quay khép kín (closed loop) trong không-thời-gian.

Khi cặp nầy di chuyển về phía trước trong thời gian (từ biến cố trong đó nó xuất hiện đến biến cố trong đó nó triệt tiêu) nó được gọi là một đơn tử. Nhưng khi đơn tử đi ngược thời gian (từ biến cố trong đó nó triệt tiêu đến biến cố trong đó nó xuất hiện), nó được gọi là một phản đơn tử du hành về phía trước trong thời gian.

Lý do những hố đen có thể phát ra những đơn tử và bức xạ là vì một thành phần của cặp đơn tử/phản đơn tử tiềm năng (phản đơn tử chẳng hạn) có thể rơi vào hố đen, để lại thành phần kia lẻ loi không có gì để triệt tiêu. Đơn tử bị bỏ rơi cũng có thể rơi vào hố đen luôn, nhưng nó cũng có thể thoát khỏi ngoại vi của hố đen. Nếu thế, đối với một quan sát viên ở xa, nó sẽ trông giống như một đơn tử được phát ra bởi một hố đen.

## Chương X: Du Hành Thời Gian

Tuy nhiên, người ta có một bức tranh trực giác khác nhưng tương đương của then máy phát xạ từ hố đen. Người ta có thể nhìn thành viên của cặp đơn tử tiềm năng đã rơi vào hố đen (phản đơn tử chẳng hạn) như một đơn tử du hành ngược thời gian và đi ra khỏi hố đen. Khi đến tại điểm mà cặp đơn tử/phản đơn tử tiềm năng xuất hiện với nhau, nó bị trọng trường xé ra thành một đơn tử du hành về phía trước trong thời gian và thoát ra khỏi hố đen. Thay vì thế, theo giả đoán thứ nhất đã nêu ở trên, nếu nó là một thành viên của cặp tiềm năng rơi vào hố đen thì người ta có thể xem nó như một phản đơn tử du hành ngược chiều thời gian và thoát ra khỏi hố đen. Như thế bức xạ do hố đen chứng tỏ rằng thuyết *quantum* cho phép đi ngược thời gian trên một quy mô vi mô và một du hành như vậy có thể sản xuất ra những hệ quả có thể quan sát được.

Do dó, người ta có thể hỏi: liệu thuyết *quantum* có cho phép du hành thời gian trên một quy mô vĩ mô (macroscopic) mà con người có thể xử dụng được? Mới nhìn qua, dường như có. Thuyết hướng trình tổng sóng của Feynman được giả định liên quan đến mọi lịch sử. Như thế nó sẽ bao gồm những lịch sử trong đó không-thời-gian bị uốn cong đến độ có thể du hành về quá khứ. Thế tại sao chúng ta lại không bị trở ngại với lịch sử? Ví dụ, giả sử một người nào đó đã đi ngược thời gian và trao cho Đức quốc Xã bí quyết làm bom nguyên tử? Người ta có thể tránh được những vấn đề nầy nếu luận đoán mà Hawking gọi là <u>luận đoán bảo vệ niên đại</u> (chronology protection conjecture) đứng vững. Luận đoán nầy nói rằng những định luật vật lý âm mưu để ngăn chặn những thiên thể vĩ mô (macroscopic bodies) không được mang thông tin vào quá khứ. Tương tự như <u>luận đoán kiểm duyệt vũ trụ</u> (cosmic censorship conjecture), luận đoán nầy đã không được chấp nhận nhưng có những lý do khiến tin rằng nó đúng.

## CHƯƠNG X: Du Hành Thời Gian

Lý do tin luận đoán bảo vệ niên đại đúng là vì, khi không-thời-gian bị uốn đủ cong để có thể du hành về quá khứ, những đơn tử di chuyển trên những vòng quay khép kín trong không-thời-gian có thể trở thành những đơn tử thực sự du hành về phía trước trong thời gian bằng hay thấp hơn vận tốc ánh sáng. Vì những đơn tử nầy có thể đi chung quanh vòng quay bất luận bao nhiêu lần, nên chúng đi qua mỗi điểm trên đường đi nhiều lần. Như thế, năng lượng được đếm đi đếm lại nhiều lần và tỉ trọng năng lượng sẽ trở nên rất lớn. Điều nầy có thể tạo cho không-thời-gian một độ cong dương cho phép du hành vào quá khứ. Vẫn chưa rõ những đơn tử nầy liệu sẽ tạo nên độ cong âm hay dương hay liệu độ cong được tạo ra bởi một số dạng đơn tử tiềm năng có thể triệt tiêu độ cong tạo ra bởi những dạng khác. Như thế khả năng du hành thời gian vẫn còn mở rộng. Nhưng Hawking sẽ không đánh cuộc chuyện nầy. Đối thủ của Hawking có thể có được lợi thế bất công đoán được tương lai.

# Chương XI

# Thống Nhất Vật Lý Học

(The Unification of Physics)

## Tổng Quát

Như đã giải thích trong những phần trước, rất khó mà thiết lập một lý thuyết thống nhất hoàn chỉnh (complete unified theory) về mọi thứ trong vũ trụ tất cả trong một lúc được. Do đó, thay vì thế, chúng ta đã thực hiện từng bước bằng cách tìm ra những lý thuyết phân bộ (partial theories) nhằm mô tả một phạm vi giới hạn những biến cố và bỏ qua những hệ quả khác hay phỏng đoán chúng bằng những con số nào đó. (Hóa học, chẳng hạn, cho phép chúng ta tính toán được những đối tác của những nguyên tử, mà không biết được cấu trúc nội tại của nhân nguyên tử.) Tuy nhiên, cuối cùng, người ta vẫn hy vọng tìm được một lý thuyết thống nhất, nhất quán, hoàn chỉnh có thể bao gồm tất cả những lý thuyết phân bộ nầy như là những phỏng đoán, và không cần thiết phải điều chỉnh để phù hợp với những sự kiện bằng cách chọn lấy những trị số tùy tiện nào đó trong lý thuyết. Sự truy cứu một lý thuyết như thế được gọi là "thống nhất vật lý học – unification of physics". Einstein bỏ ra phần lớn những năm sau cùng của ông vẫn không tìm được một lý thuyết thống nhất, vì thời gian chưa chín mùi: có những lý thuyết phân bộ về trọng lực và lực điện từ, nhưng người ta biết rất ít về những lực hạt nhân. Hơn nữa, Einstein từ chối tin vào cơ học *quantum*, mặc dù ông đã đóng một vai trò quan trọng trong việc phát triển nó. Tuy vậy, dường như

## Chương XI: Thống Nhất Vật Lý Học

nguyên lý bất xác là một yếu tố căn bản của vũ trụ mà chúng ta đang sống. Do đó, một lý thuyết thống nhất thành công nhất thiết phải bao gồm nguyên lý nầy.

Như sẽ được mô tả dưới đây, ngày nay những viễn tượng tìm được một lý thuyết như vậy dường như tươi sáng hơn vì chúng ta biết về vũ trụ nhiều hơn nhiều. Nhưng chúng ta phải cẩn thận đừng quá tự tin – chúng ta đã từng có những ảo tưởng trước đây! Vào đầu thế kỷ nầy chẳng hạn, người ta nghĩ rằng mọi vật đều có thể giải thích bằng những thuộc tính của vật chất liên tục (continuous matter), như đàn hồi (elasticity) và dẫn nhiệt (heat conduction). Sự khám phá cấu trúc nguyên tử và nguyên lý bất xác cho thấy suy nghĩ đó là sai lầm. Đó là lý do tại sao vào năm 1928, vật lý gia và là người đoạt giải Nobel, Max Born, đã nói với một nhóm du khách tại Đại Học Göttingen, "Vật lý, theo như chúng ta biết, sẽ hoàn tất trong vòng sáu tháng." Sự tự tin của ông được dựa trên khám phá gần đây của Dirac liên quan đến phương trình chi phối *electron*. Người ta nghĩ rằng một phương trình tương tự cũng sẽ chi phối *proton*, đơn tử độc nhất khác thời đó ngoài *electron*, và sẽ là mức đến của lý thuyết vật lý. Tuy nhiên, sự khám phá ra *neutron* và những lực nguyên tử lại đánh đổ ảo tưởng đó. Khi nói điều nầy, Hawking vẫn còn tin có những cơ sở để lạc quan dè dặt rằng ngày nay chúng ta có thể đang tiến gần đến giai đoạn cuối của việc tìm kiếm những định luật tối hậu của thiên nhiên.

Trong những phần trước, Hawking đã mô tả tổng thuyết tương đối, lý thuyết phân bộ về trọng lực, và những lý thuyết phân bộ chi phối những lực yếu, lực mạnh, và lực điện từ. Ba chương cuối có thể phối hợp lại thành những thuyết mệnh danh là đại thuyết thống nhất (*grand unified theories – GUT*), không được thỏa đáng lắm vì chúng không bao gồm trọng lực và bởi vì chúng có chứa một số đại lượng, như trọng khối tương đối của những đơn tử khác nhau vốn không thể tiên đoán được từ lý thuyết nhưng phải được lựa chọn để phù hợp với quan sát. Điều khó khăn chính trong việc tìm kiếm một lý thuyết thống nhất được trọng lực với những lực khác là: tổng thuyết tương đối chỉ là một lý thuyết "cổ điển"; nghĩa là, nó không bao gồm nguyên lý bất xác của cơ học *quantum*. Mặc khác, những lý thuyết phân bộ khác chủ yếu tùy thuộc vào cơ học *quantum*. Do đó, bước đầu phải có là phối hợp tổng thuyết tương đối với nguyên lý bất xác. Như chúng ta đã thấy, điều nầy đưa đến những hậu quả đáng lưu ý, như trường hợp những hố đen không phải màu đen, và vũ trụ không có đơn trạng nào cả nhưng lại hoàn toàn tự sinh tự tại (self-contained) và không có biên giới (boundary). Điều khó khăn là: như đã giải thích trong chương 7, nguyên lý bất xác có nghĩa là ngay cả không gian "trống" cũng chất đầy những cặp đơn tử và phản đơn tử. Những cặp nầy sẽ có vô số năng lượng và, do đó, theo phương trình của Einstein $E = mc^2$, những cặp đó sẽ có vô số trọng khối. Trọng lực của chúng do đó sẽ uốn cong vũ trụ vào một kích thước vô cùng nhỏ.

Gần như tương tự như thế, những trị vô cực (*infinities*) xem như vô lý lại xảy ra trong những lý thuyết phân bộ, nhưng trong những trường hợp nầy, những trị vô cực có thể bị triệt tiêu bởi một tiến trình gọi là tái bình chuẩn (*renormalization*). Tiến trình nầy có tác dụng triệt tiêu những trị vô cực bằng cách đưa vào những trị vô cực khác. Mặc dù kỹ thuật nầy có phần nghi ngờ về mặt toán học, nó lại dường như có hiệu quả trong thực tế, và đã được xử dụng với những lý thuyết nầy để thực hiện những tiên đoán phù hợp với những quan sát với một độ chính xác phi thường. Tuy nhiên, tái bình chuẩn cũng có một khuyết điểm nghiêm trọng nếu phải dùng để tìm một lý thuyết hoàn chỉnh, bởi vì nó có nghĩa là những trị số thực của trọng khối và cường độ những lực không thể tiên đoán được từ lý thuyết, nhưng phải được lựa chọn để phù hợp với quan sát.

Khi cố gắng sát nhập nguyên lý bất xác vào tổng thuyết tương đối, người ta chỉ có hai đại lượng có thể điều chỉnh: trị số của trọng lực và trị số của hằng số vũ trụ. Nhưng điều chỉnh những trị số nầy không đủ để loại bỏ những trị vô hạn. Do đó, người ta có một lý thuyết có thể tiên đoán được rằng một số đại lượng nào đó, như độ cong của không-thời-gian, là thực sự vô hạn, tuy nhiên, những đại lượng nầy có thể quan sát được và đo lường được là hoàn toàn hữu hạn! Vấn đề phối hợp tổng thuyết tương đối và nguyên lý bất xác đã bị nghi ngờ một thời gian, nhưng cuối cùng vẫn được xác nhận bằng những tính toán chi tiết vào năm 1972. Bốn năm sau, một giải pháp khả thể được gọi là "siêu trọng lực - supergravity" được đề ra. Ý tưởng chính là phối hợp đơn tử có *spin-2* gọi là *graviton*, mang theo trọng lực, với một đơn tử khác có *spin 3/2, 1, ½, và 0*. Theo một nghĩa nào đó, tất cả những đơn tử nầy có thể được xem như những phương diện khác nhau của cùng một "siêu đơn tử" (*super-particle*), như thế thống nhất những đơn tử vật chất có *spin ½ và 3/2* với những đơn tử tải lực (*force-carrying particles*) có *spin 0,1,và 2*. Những cặp đơn tử/phản đơn tử có *spin ½ và 3/2* sẽ có năng lương âm, và như thế có khuynh hướng triệt tiêu năng lượng dương của những cặp tiềm năng có *spin 2,1, và 0*. Điều nầy có thể phát sinh ra nhiều trị vô hạn để triệt tiêu, nhưng người ta nghi ngờ một số trị vô hạn có thể còn lại. Tuy nhiên, những tính toán cần thiết để tìm xem liệu có trị vô hạn nào còn lại hay không thì quá dài dòng và khó khăn nên không ai chuẩn bị để thực hiện những tính toán như thế. Ngay cả với một máy vi tính người ta ước tính phải mất ít nhất 4 năm, và cơ may rất cao là người ta sẽ phạm ít nhất một sai lầm, có thể nhiều hơn thế. Do đó, người ta có thể biết rằng chỉ có thể có được một

## Chương XI: Thống Nhất Vật Lý Học

đáp án đúng nếu một người nào khác lặp lại cách tính và đưa ra cùng một đáp số, và điều nầy dường như không dễ xảy ra mấy!

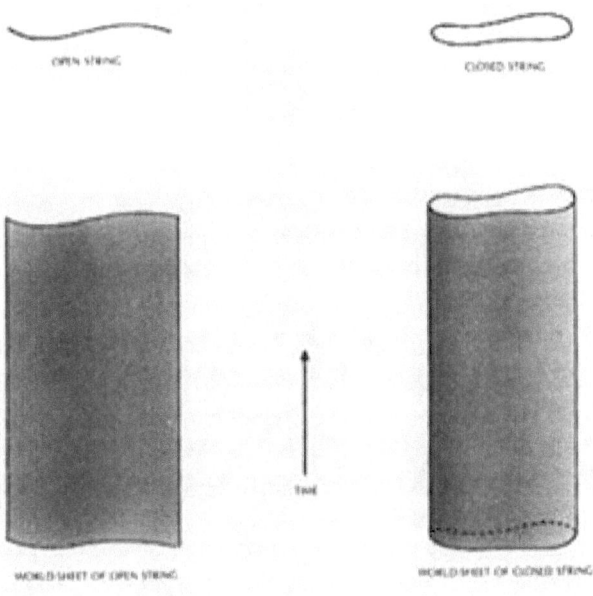

FIGURE 11.1 AND FIGURE 11.2

Mặc dù những khó khăn nầy, và bất chấp sự kiện những đơn tử trong thuyết siêu trọng lực dường như không ăn khớp với những đơn tử đã quan sát, hầu hết các khoa học gia đều tin rằng siêu trọng lực có lẽ là đáp án đúng cho vấn đề thống nhất vật lý. Nó có vẻ là phương thức tốt nhất nhằm thống nhất trọng lực với những lực khác. Tuy nhiên, vào năm 1984, có một thay đổi quan điểm đáng chú ý thuận lợi cho lý thuyết mệnh danh là thuyết dây (*string theory*). Trong những lý thuyết nầy, những vật thể căn bản không phải là những đơn tử, chiếm một điểm không gian duy nhất, mà là những vật có một chiều dài nhưng không có

## Chương XI: Thống Nhất Vật Lý Học

một chiều nào khác, giống như một sợi dây vô cùng mỏng. Những sợi dây nầy có thể có hai đầu (gọi là dây hở - open strings) hay chúng có thể được nối lại với nhau thành

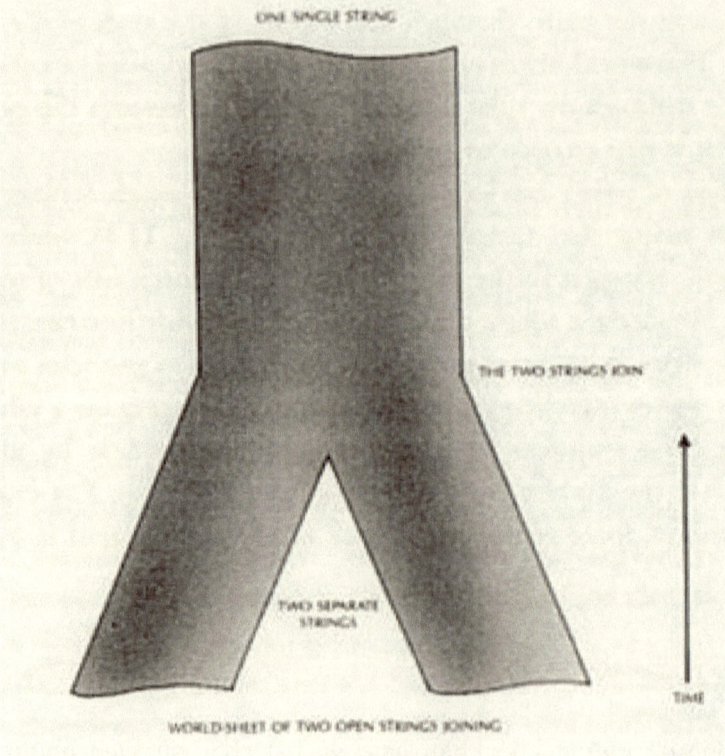

**FIGURE 11.3**

những vòng khép kín (gọi là dây đóng – closed strings) – Hình 11.1 và 11.2.

# Chương XI: Thống Nhất Vật Lý Học

## Mặt thế giới

Một đơn tử chiếm một điểm không gian (point of space) tại một khoảnh khắc thời gian. Như thế lịch sử của nó có thể biểu tượng bằng một đường trong không-thời-gian (đường thế giới – world-line). Ngược lại, một sợi dây chiếm một đường trong không gian tại mỗi thời khắc; như thế lịch sử của nó trong không-thời-gian là một mặt phẳng hai chiều gọi là mặt thế giới (world- sheet). (Mọi điểm trên một mặt thế giới như thế có thể được mô tả bằng hai con số, một tượng trưng cho thời gian và một tượng trưng cho điểm trên sợi dây.) Mặt thế giới của một sợi dây hở là một dải (strip): những cạnh của nó tượng trưng cho những hướng trình (paths) xuyên qua không-thời-gian của hai đầu dây (hình 11.1). Mặt thế giới của một sợi dây khép kín là một hình lăng trụ (cylinder or tube – hình 11.2): một lớp thiết diện lăng trụ là một hình tròn, tượng trưng cho vị trí của sợi dây tại một thời điểm riêng biệt. Hai sợi dây có thể nối lại với nhau để tạo thành một sợi duy nhất; trong trường hợp của những dây hở chúng chỉ đơn thuần nối nhau tại một đầu của mỗi giây (hình 11.3), trong khi những dây khép kín thì lại nối nhau như một cái quần hai ống (hình 11.4).

Tương tự, một sợi dây đơn có thể chia thành hai sợi. Trong thuyết dây, những gì trước kia được nghĩ là những đơn tử thì nay được minh họa như những sóng truyền đi theo sợi dây, giống như sóng trên sợi dây thả diều. Hiện tượng một đơn tử hút (absorption) hoặc nhả (emission) một đơn tử khác tương ứng với hiện tượng nối hoặc tháo hai sợi dây. Ví dụ, trọng lực của mặt trời trên trái đất được mô tả trong các thuyết đơn tử như do sự phát đi của một *graviton* từ một đơn tử trong mặt trời và sự hấp thụ nó bởi một đơn tử khác trong trái đất (hình 11.5). Trong thuyết dây, tiến trình nầy tương ứng với một ống hình chữ *H* (hình 11.6).

(Thuyết dây đại để giống như thuật chạy ống nước - plumbing). Hai cạnh đứng của chữ *H* tương ứng với những đơn tử trong mặt trời và trái đất, và thanh ngang tương ứng với *graviton* di chuyển giữa hai cạnh đứng.

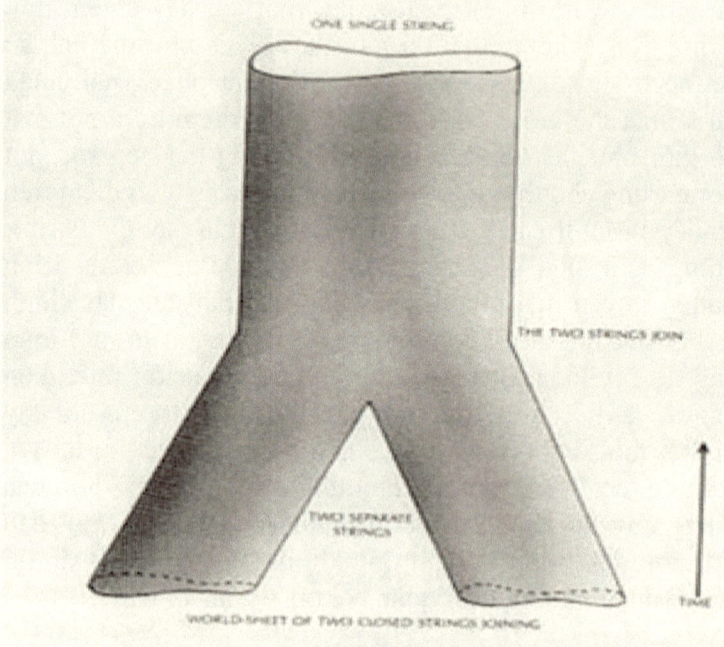

**FIGURE 11.4**

Thuyết dây có một lịch sử kỳ lạ. Ban đầu nó được phát minh vào cuối thập niên 1960 nhằm tìm kiếm một lý thuyết để mô tả lực mạnh (strong force). Ý tưởng chính là những đơn tử như *proton* và *neutron* có thể được xem như là sóng trên một sợi dây. Những lực mạnh giữa những đơn tử sẽ tương ứng với những đoạn dây đi giữa những đoạn dây khác, như trong một mạng nhện. Để thuyết nầy cho ra trị số quan sát được của lực mạnh giữa các đơn tử, những sợi dây phải giống như những dây thun với sức kéo khoảng 10 tấn.

# Chương XI: Thống Nhất Vật Lý Học

Năm 1974, Jöel Scherk từ Paris và John Schwarz từ Viện Kỹ Thuật California xuất bản một tài liệu trong đó họ cho thấy rằng thuyết dây có thể mô tả trọng lực, nhưng chỉ với điều kiện độ căng trong sợi dây phải cao hơn rất nhiều, khoảng 1000 triệu triệu triệu triệu triệu triệu tấn. Những tiên đoán của thuyết dây có thể giống hệt như những tiên đoán của tổng thuyết tương đối trên những quy mô về độ dài bình thường (normal length scales), nhưng chúng sẽ khác nhau ở những khoảng cách nhỏ, nhỏ hơn một phần ngàn triệu triệu triệu triệu triệu của một centimét. Tuy nhiên, công trình của họ không được ai chú ý nhiều, vì vào đúng thời kỳ đó hầu hết mọi người đã bỏ thuyết dây nguyên thủy liên quan đến lực mạnh để theo lý thuyết dựa trên *quarks* và *gluons*, dường như phù hợp hơn với quan sát. Scherk chết trong những hoàn cảnh bi thảm (ngột thở vì tiểu đường và hôn mê khi không có ai bên cạnh để chích *insulin*). Do đó Schwarz còn lại một mình được xem gần như là người hỗ trợ duy nhất cho thuyết dây, và ngày nay người ta đánh giá rất cao quan niệm của ông về độ căng của

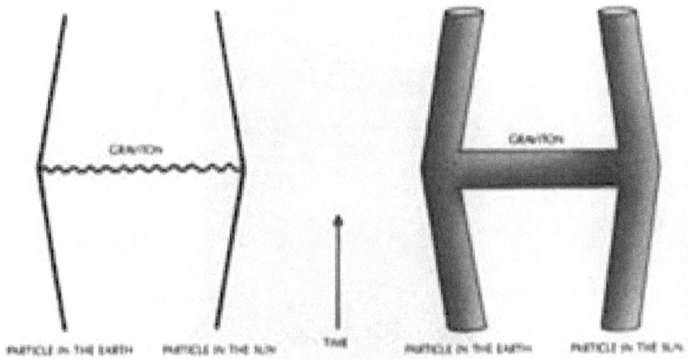

FIGURE 11.5 AND FIGURE 11.6

dây.

## Phục hồi Thuyết Dây

Năm 1984, quan tâm về thuyết dây đột nhiên được phục hồi, rõ ràng vì hai lý do. Thứ nhất, người ta thực sự không thực hiện được tiến bộ nào trong việc chứng minh rằng siêu trọng lực là hữu hạn hay nó có thể giải thích những dạng đơn tử mà chúng ta quan sát. Thứ nhì, tài liệu của John Schwarz và Mike Green thuộc Đại Học Queen Mary College, London, cho thấy rằng thuyết dây có thể giải thích sự hiện hữu của những đơn tử có đặc tính tay trái cố hữu (*built-in left-handedness*), như một số đơn tử mà chúng ta quan sát. Dù lý do thế nào đi nữa, nhiều người liền bắt đầu làm việc trên thuyết dây và một phiên bản mới được triển khai, gọi là thuyết dây lai căng (*heterotic string*), nghe như nó có thể giải thích được những loại đơn tử mà chúng ta quan sát.

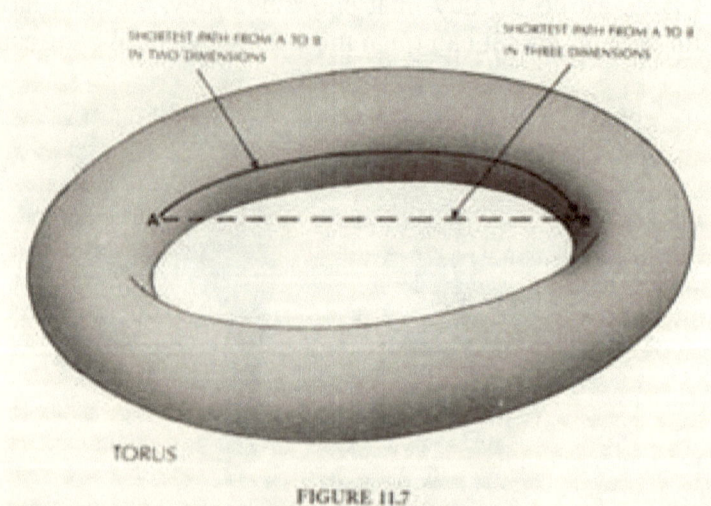

**FIGURE 11.7**

Những thuyết dây cũng đưa đến những trị vô hạn, nhưng người ta nghĩ rằng tất cả những trị số nầy sẽ triệt tiêu hết trong những phiên bản như thuyết dây lai căng (mặc dù

## Chương XI: Thống Nhất Vật Lý Học

chưa ai biết chắc chắn điều nầy). Tuy nhiên, những thuyết dây có một vấn đề lớn hơn: chúng hình như chỉ nhất quán nếu không-thời-gian có 10 hay 26 chiều, thay vì bốn chiều như thường lệ! Dĩ nhiên, thực tế những chiều không-thời-gian phụ trội (*extra dimensions*) là hiện tượng phổ biến của khoa học giả tưởng, chúng cung ứng một phương pháp lý tưởng nhằm vượt qua sự khống chế thông thường của tổng tương đối buộc người ta không được du hành nhanh hơn ánh sáng hay đi ngược thời gian (xin xem lại phần 10). Ý tưởng chính là xử dụng một lối tắt xuyên qua những chiều phụ trội. Người ta có thể minh họa điều nầy như sau. Thử tưởng tượng rằng không gian bạn đang sống chỉ có hai chiều và được uốn cong giống như bề mặt của một ruột tượng – *torus* (hình11.7).

Nếu bạn đang ở một bên của thành trong của chiếc vòng và muốn đi đến một điểm nào đó ở bên kia thì bạn sẽ phải đi vòng thành trong của vòng. Tuy nhiên, nếu có thể du hành trong chiều thứ ba thì bạn có thể băng ngang qua.

Tại sao chúng ta không chú ý đến tất cả những chiều phụ trội nầy, nếu chúng thực sự có ở đấy? Có người cho rằng những chiều khác được uốn cong vào một không gian có kích thước rất nhỏ, nhỏ bằng một phần triệu triệu triệu triệu triệu *inch*. Không gian nầy quá nhỏ nên chúng ta dứt khoát không để ý đến nó: chúng ta chỉ thấy một chiều không gian và 3 chiều thời gian, trong đó không-thời-gian tương đối phẳng, giống như bề mặt của một ống hút (straw). Nếu nhìn gần lại thì bạn thấy rằng nó có hai chiều (vị trí của một điểm trên ống hút được mô tả bằng hai con số, chiều dài dọc theo ống hút và khoảng cách chung quanh vòng tròn). Nhưng nếu nhìn từ xa thì bạn không thấy độ dày của ống hút và nó trông như một chiều (vị trí của một điểm chỉ được xác định bởi chiều dài dọc theo ống). Do đó điều nầy tương ứng với không-thời-gian : trên một quy mô rất nhỏ nó là 10 chiều và uốn cong rất nhiều, nhưng trên những quy mô lớn hơn bạn không thấy độ cong hay những chiều phụ trội. Nếu bức tranh ấy đúng thì đó là tin xấu cho những khách du hành không gian trong tương lai: những chiều phụ trội sẽ quá ư nhỏ không thể cho phép một tàu không gian đi qua. Tuy nhiên, có một vấn đề lớn khác. Tại sao chỉ có một số mà không phải là tất cả những chiều được uốn cong thành một quả bóng nhỏ? Có thể trong vũ trụ sơ khai tất cả những chiều đều bị uốn rất cong. Tại sao một chiều thời gian và 3 chiều không gian trải phẳng ra, trong khi những chiều khác vẫn còn uốn cong lại?

Câu trả lời có thể là nguyên lý nhân chủng (*anthropic principle*). Hai chiều không gian hình như không đủ để cho phép sự phát triển của những sinh vật phức tạp như chúng ta. Ví dụ, những động vật hai chiều sống trên một trái đất một chiều sẽ phải bò lên nhau để qua mặt lẫn nhau. Nếu một sinh vật hai chiều ăn một cái gì thì nó không tiêu hóa hoàn toàn được, nó sẽ phải bài tiết ra giống y như khi đã nuốt, vì nếu có một tuyến đi thẳng xuyên qua cơ thể nó thì tuyến đó sẽ chia sinh vật đó ra làm hai: sinh vật hai chiều của chúng sẽ xé thành hai mảnh (hình 11.8).

Tương tự, khó mà biết được làm sao có thể có tuần hoàn máu trong một sinh vật hai chiều. Cũng có những vấn đề đối với không gian có hơn ba chiều. Trọng lực giữa hai thiên thể sẽ giảm đi theo khoảng cách nhanh hơn so với không gian ba chiều. (Trong không gian ba chiều, trọng lực rơi xuống ¼ nếu người tăng gấp đôi khoảng cách. Trong không gian 4 chiều trọng lực sẽ rơi xuống 1/8, trong 5 chiều xuống 1/16, và tiếp tục như thế.) Ý nghĩa của điều này là những quỹ đạo của các hành tinh, như trái đất, chung quanh mặt trời sẽ không ổn định: một lệch độ nhỏ nhất khỏi quỹ đạo tròn (như trường hợp gây ra do trọng lực từ những hành tinh khác) cũng sẽ khiến trái đất xoắn ốc ra xa khỏi

## Chương XI: Thống Nhất Vật Lý Học

mặt trời hay cuốn vào mặt trời. Hoặc chúng ta sẽ đông thành đá hoặc bị thiêu cháy.

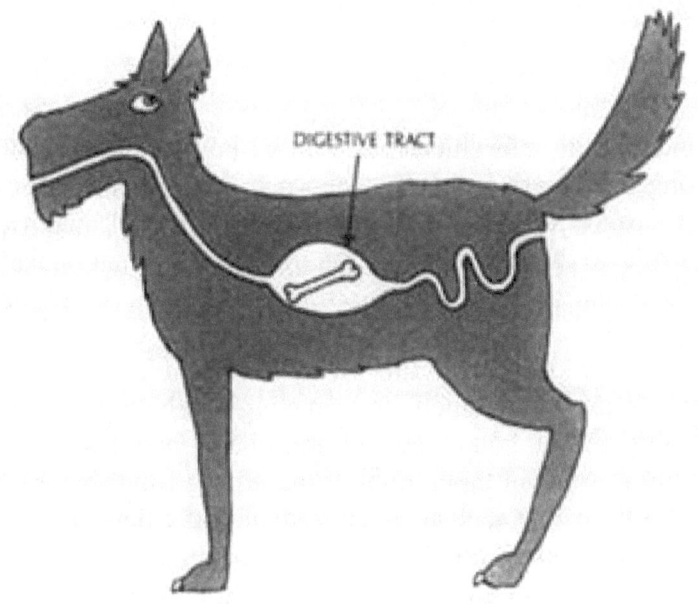

TWO-DIMENSIONAL ANIMAL

**FIGURE 11.8**

Thực tế, trọng lực tác hành như nhau với khoảng cách trong không gian có hơn ba chiều có nghĩa là mặt trời sẽ không thể tồn tại trong một trạng thái ổn định với áp suất quân bình trọng lực. Hoặc nó tan ra từng mảnh hoặc nó sụp đổ để tạo thành một hố đen. Trong mọi trường hợp, nó sẽ không ích lợi gì nhiều trong chức năng cung ứng nhiệt lượng và ánh sáng cho trái đất. Trên một quy mô nhỏ hơn, những điện lực khiến *electrons* quay chung quanh nhân nguyên tử sẽ tác hành giống như trọng lực. Như thế những *electrons* hoặc sẽ thoát ly hẳn khỏi nguyên tử hoặc xoắn ốc vào nhân nguyên tử. Trong mọi trường hợp, người ta không có thể có những nguyên tử như chúng ta biết.

## Không-thời-gian uốn cong

Dường như rõ ràng là sự sống, ít nhất theo sự hiểu biết của chúng ta, chỉ có thể tồn tại trong những vùng không-thời-gian trong đó một chiều thời gian và ba chiều không gian không bị uốn cong nhỏ lại. Điều nầy có nghĩa là người ta có thể nhờ đến nguyên lý nhân chủng yếu, với điều kiện người ta có thể chứng minh rằng thuyết dây ít nhất phải cho phép có những vùng như thế trong vũ trụ - và dường như thực sự thuyết dây cho phép điều đó. Rất có thể có những vùng vũ trụ khác hay những vũ trụ khác (bất luận đó là gì), trong đó tất cả mọi chiều đều uốn cong nhỏ lại hay trong đó không gian hơn bốn chiều gần như phẳng, nhưng sẽ không có những sinh vật thông minh trong những vùng như thế để quan sát số lượng khác nhau của những chiều hiệu quả (*effective dimensions*).

Một vấn đề khác nữa là có ít nhất bốn thuyết dây khác nhau (dây hở và ba thuyết dây khép kín khác nhau) và có hàng triệu cách theo đó những chiều phụ trội theo tiên đoán của những thuyết dây có thể bị uốn cong nhỏ lại. Tại sao chỉ có một thuyết dây và một loại uốn cong được lựa chọn? Có lúc dường như không có câu trả lời, và không có tiến bộ nào. Thế rồi, khoảng từ 1994, người ta bắt đầu khám phá cái gọi là song lập (dualities): những thuyết dây khác nhau và những cách uốn cong khác nhau của những chiều phụ trội có thể đưa đến những kết quả như nhau trong bốn chiều. Hơn nữa, cũng như những đơn tử chiếm một điểm không gian duy nhất, và những dây có hình thức những đường thẳng, người ta đã tìm được những dạng khác gọi là *p-branes\*\**, chiếm thể tích hai chiều hay nhiều hơn trong

## Chương XI: Thống Nhất Vật Lý Học

không gian. (Một đơn tử có thể được xem như một *0-brane* và một dây được xem như một *1-brane* nhưng cũng có những *p–branes* trong đó *p* mang trị số từ 2 đến 9.) Điều nầy cho thấy rằng có một hình thức dân chủ trong những thuyết siêu trọng lực, dây, và *p-brane:* chúng dường như kết hợp với nhau nhưng không có lý thuyết nào có thể được xem là căn bản hơn những lý thuyết khác. Chúng tỏ ra là những phỏng đoán khác nhau của một lý thuyết căn bản nào đó đúng trong những hoàn cảnh khác nhau.

\*\* *p tượng trưng số lượng những chiều không gian. Nghĩa là, 0-brane là đơn tử giống như một điểm có 0 chiều; 1-brane là một dây, có thể kín hoặc hở; 2-brane là một membrane (màng) v.v. Mỗi p-brane sản sinh một world volume có p+1 chiều khi truyền đi trong không-thời-gian. (Phụ chú của người chuyển ngữ)*

Người ta đã tìm kiếm ký thuyết nền tảng nầy, nhưng cho đến nay không có kết quả. Tuy nhiên, Hawking tin rằng không thể có công thức duy nhất nào liên quan đến lý thuyết nền tảng nầy; may ra, theo Gödel cho thấy, cũng chỉ như công thức số học dựa trên một số những định đề. Thay vì thế, lý thuyết nền tảng đó có thể giống như những bản đồ - bạn không thể xử dụng một bản đồ duy nhất để mô tả mặt đất hay một ruột tượng: bạn cần ít nhất hai bản đồ trong trường hợp trái đất và bốn bản đồ trong trường hợp ruột tượng để trình bày được hết mọi điểm. Mỗi bản đồ chỉ đúng trong một vùng hạn chế, nhưng những bản đồ khác nhau sẽ có một vùng trùng lắp. Nguyên hệ bản đồ cung ứng được một mô tả hoàn chỉnh của mặt phẳng. Tương tự, trong vật lý, có thể phải cần xử dụng những công thức khác nhau trong những hoàn cảnh khác nhau, nhưng hai công thức khác nhau sẽ hợp đồng trong những hoàn cảnh mà cả hai đều có thể áp dụng được. Tập thể những công thức khác nhau có thể được xem như một lý thuyết thống nhất hoàn

## Chương XI: Thống Nhất Vật Lý Học

chỉnh, dù là một lý thuyết không thể được diễn tả bằng một hệ duy nhất những biểu đề.

Nhưng liệu thực sự có một lý thuyết thống nhất như thế hay không? Hay chúng ta có lẽ chỉ theo đuổi một ảo ảnh? Dường như có ba khả năng:

1. Thực sự có một lý thuyết thống nhất hoàn chỉnh (hay một hệ những công thức trùng lặp – overlapping formulations), mà một ngày nào đó chúng ta sẽ khám phá nếu chúng ta đủ thông minh.
2. Không có một lý thuyết tối hậu về vũ trụ, mà chỉ có vô hạn lý thuyết mô tả vũ trụ mỗi ngày một chính xác hơn.
3. Không có lý thuyết về vũ trụ: đến một giới hạn nào đó, những biến cố không thể tiên đoán được nữa, mà xảy ra một cách tùy tiện.

Một số người bảo có khả năng thứ ba dựa trên luận cứ rằng, nếu có một hệ hoàn chỉnh những định luật thì điều đó sẽ vi phạm tự do của Thượng Đế trong việc thay đổi ý kiến của mình và can thiệp vào thế giới. Điều nầy hơi giống nghịch lý cũ: có thể nào Thượng Đế tạo nên một tảng đá quá nặng nên không thể nâng lên nổi? Nhưng theo St. Augustine cho thấy, ý tưởng cho rằng Thượng Đế có thể thay đổi ý kiến là một ví dụ của sự sai lầm vì tưởng tượng Thượng Đế như một sinh vật hiện hữu trong thời gian: thời gian chỉ là một thuộc tính của vũ trụ mà Thượng Đế sáng tạo ra. Giả định ngài đã biết mình muốn gì khi sáng tạo nó.

Khi cơ học *quantum* xuất hiện, chúng ta đã có thể nhận thức được rằng những biến cố không thể tiên đoán được một cách hoàn toàn chính xác nhưng luôn luôn có một độ bất xác. Nếu muốn, người ta có thể quy sự tùy tiện nầy cho sự can thiệp của Thượng Đế, nhưng đó là một loại can

## Chương XI: Thống Nhất Vật Lý Học

thiệp rất kỳ lạ: không có bằng chứng nào cho thấy rằng can thiệp đó nhắm vào một mục tiêu nào. Thực vậy, nếu như vậy thì theo định nghĩa không còn là tùy tiện nữa. Trong thời hiện đại, chúng ta đã loại bỏ thành công khả năng thứ ba nói trên bằng cách định nghĩa lại mục tiêu của khoa học: mục đích của chúng ta là hệ thống hóa một loạt những định luật có thể giúp chúng ta chỉ tiên đoán được những biến cố nằm trong giới hạn quy định bởi nguyên lý bất xác mà thôi.

Khả năng thứ nhì, theo đó có vô số lý thuyết càng lúc càng được cải tiến tiếp theo sau - đến nay phù hợp với tất cả kinh nghiệm của chúng ta. Trong nhiều trường hợp, chúng ta đã gia tăng độ cảm ứng của đo lường hay thực hiện một lớp quan sát mới, chỉ để khám phá những hiện tượng mới chưa được tiên đoán bởi những lý thuyết hiện có, và để giải thích những hiện tượng nầy, chúng ta đã phải triển khai một lý thuyết tân tiến hơn. Do đó, sẽ không có gì ngạc nhiên nếu thế hệ hiện nay của những đại thuyết thống nhất là sai khi tuyên bố rằng không có cái gì thực sự mới sẽ xảy ra giữa năng lượng thống nhất yếu (*electroweak unification energy*) với cường độ khoảng 100 GeV và năng lượng mạnh (*grand unification energy*) khoảng 1000 triệu triệu GeV. Thực vậy, chúng ta hy vọng tìm được một vài tầng cấu trúc mới (*new layers of structure*) căn bản hơn là những *quarks* và *electrons* mà ngày nay chúng ta xem như những đơn tử "cơ bản" (*elementary particles*).

Tuy nhiên, dường như trọng lực có thể cung ứng một giới hạn cho chuỗi "hộp bên trong hộp" (*sequence of boxes within boxes*) nầy. Nếu người ta có một đơn tử với một năng lượng cao hơn cái gọi là năng lượng *Planck* (*Planck energy*) - một triệu triệu triệu GeV – thì trọng khối của nó sẽ tập trung (*concentrated*) đến độ tách ra khỏi phần còn lại của vũ trụ và tạo thành một hố đen. Như thế dường như chuỗi của những lý thuyết càng ngày càng tinh tế hơn sẽ có

## Chương XI: Thống Nhất Vật Lý Học

một giới hạn tối hậu nào đó khi chúng ta đi đến những năng lượng càng ngày càng cao, để rồi sẽ có được một lý thuyết tối hậu nào đó về vũ trụ. Dĩ nhiên, năng lượng *Planck* cao hơn rất nhiều so với những năng lượng cường độ khoảng 100 GeV. Chúng ta sẽ không thể bắt cầu qua khoảng cách đó bằng những máy tăng tốc đơn tử (*particle accelerators*) trong tương lai có thể dự kiến! Tuy nhiên, những giai đoạn sơ khai của vũ trụ là một điều kiện cho những năng lượng như thế có thể đã phải xảy ra. Hawking nghĩ rằng có thể sự nghiên cứu về vũ trụ sơ khai và những đòi hỏi nhất quán toán học sẽ đưa chúng ta đến một lý thuyết thống nhất hoàn chỉnh trong sinh thời của một số chúng ta còn lại đâu đây ngày nay, giả sử chúng ta không chết trước.

**Phát triển khoa học**

Nếu chúng ta thực sự khám phá được lý thuyết tối hậu về vũ trụ thì điều đó có nghĩa là gì? Như đã giải thích trong chương 1, chúng ta không bao giờ có thể hoàn toàn chắc chắn đã thực sự tìm được lý thuyết đúng, vì những lý thuyết không thể kiểm chứng được. Nhưng nếu lý thuyết nhất quán về mặt toán học và luôn luôn đưa đến những tiên đoán phù hợp với quan sát, thì chúng ta có đủ lý do có thể yên tâm đó là lý thuyết đúng. Lý thuyết đó sẽ chấm dứt một trang lịch sử dài và vẻ vang của cuộc chiến đấu trí tuệ mà nhân loại tiến hành để tìm hiểu vũ trụ. Nhưng nó cũng cách mạng hóa sự hiểu biết của người bình thường về những định luật chi phối vũ trụ. Vào thời Newton, một người có học có thể lãnh hội được toàn bộ kiến thức nhân loại, ít nhất trong đại cương. Nhưng từ đó trở đi, nhịp độ phát triển của khoa học đã khiến điều này không thể được nữa. Vì những lý thuyết luôn luôn thay đổi để hợp đồng với những quan sát mới nên chúng không bao giờ được tiếp thu đàng hoàng hay giản lược hóa để người bình thường có thể hiểu

## Chương XI: Thống Nhất Vật Lý Học

được chúng. Bạn bắt buộc phải là một chuyên gia, và ngay cả thế bạn cũng chỉ có thể hy vọng có được một lãnh hội đàng hoàng về một phần nhỏ của những lý thuyết khoa học mà thôi. Hơn nữa, tiến độ đi quá nhanh nên những gì người ta học được tại trung học hay đại học luôn luôn bị lỗi thời. Chỉ có một số ít người có thể bắt kịp với tiền phương phi tốc của kiến thức, và họ phải dốc toàn thời gian vào đó và chuyên môn hóa vào một lãnh vực nhỏ. Phần còn lại của nhân gian ít nhận thức được những tiến triển đang diễn ra hay sự tuyệt diệu mà những tiến triển nầy đang mang lại. Mười bảy năm trước đây, nếu Eddington nói đúng thì chỉ có hai người hiểu được tổng thuyết tương đối. Ngày nay, hàng chục ngàn sinh viên tốt nghiệp đại học hiểu được, và nhiều triệu người ít nhất quen thuộc với khái niệm của thuyết nầy. Nếu một thuyết thống nhất hoàn chỉnh được khám phá, thì vấn đề chỉ là thời gian trước khi lý thuyết nầy được lãnh hội và giản lược theo cùng một tiến trình như thế, và được đem ra dạy tại các trường, ít nhất trên đại cương. Như vậy tất cả chúng ta có thể có được một hiểu biết nào đó về những định luật chi phối vũ trụ và có trách nhiệm về sự hiện hữu của chúng ta.

Cho dù chúng ta có tìm ra được một lý thuyết thống nhất hoàn chỉnh đi nữa thì điều đó không có nghĩa là chúng ta sẽ có thể tiên đoán được những biến cố nói chung, vì hai lý do. Thứ nhất là giới hạn mà nguyên lý bất xác của cơ học *quantum* đặt ra đối với khả năng tiên đoán của chúng ta. Chúng ta không thể làm gì để vượt qua giới hạn đó. Tuy nhiên, trong thực tế giới hạn thứ nhất ít khắt khe hơn giới hạn thứ nhì. Giới hạn nầy phát xuất từ sự kiện là chúng ta không có thể giải đúng những phương trình của lý thuyết, ngoại trừ trong những hoàn cảnh đơn giản. (Ngay cả chúng ta không thể giải đúng đối với chuyển động của ba vật thể trong thuyết trọng lực của Newton. Và sự khó khăn gia tăng với số lượng vật thể và với sự phức tạp của lý thuyết.)

## Chương XI: Thống Nhất Vật Lý Học

Kiến thức của chúng ta không hoàn chỉnh đối với những định luật chi phối sự tác hành của vật chất dưới những điều kiện cực biên nhất (most extreme conditions). Đặc biệt, chúng ta biết những định luật căn bản chi phối tất cả mọi mặt của hóa học và sinh vật học. Tuy vậy chắc chắn chúng ta không giản lược những đề mục nầy vào quy cách của những vấn đề đã được giải quyết: đến nay chúng ta chưa mấy thành công trong việc tiên đoán hành vi con người dựa vào những phương trình toán học! Do đó cho dù có tìm được một hệ hoàn chỉnh những lý thuyết căn bản, thì trong những năm tới đây chúng ta vẫn còn trọng trách trí thức đầy thử thách phải triển khai những phương pháp phỏng đoan tốt hơn sao cho chúng ta có thể thực hiện được những tiên đoán hữu ích liên quan đến những viễn tượng khả thể trong những hoàn cảnh phức tạp và thực tế. Một lý thuyết thống nhất, hoàn chỉnh và nhất quán chỉ mới là bước đầu: mục tiêu của chúng ta là một sự hiểu biết hoàn chỉnh về những biến cố chung quanh chúng ta, và về sự hiện hữu của chính chúng ta.

# Kết Luận

Chúng ta đang ở trong một thế giới đầy hoang mang. Chúng ta muốn những gì mà chúng ta thấy chung quanh đều phải có một ý nghĩa nào đó và tự hỏi: Bản chất của vũ trụ là gì? Vị trí của chúng ta ở đâu trong đó, và vũ trụ cũng như chúng ta từ đâu đến? Tại sao lại như thế?

Để trả lời những câu hỏi nầy, chúng ta chọn một "bức tranh thế giới" nào đó (some world picture). Nếu một tháp rùa vô hạn nâng mặt phẳng trái đất là một trong những bức tranh như thế, thì giả thuyết những dây siêu đẳng (theory of superstrings) cũng thế. Cả hai đều là những lý thuyết về vũ trụ, mặc dù lý thuyết thứ nhì có tính toán học hơn và chính xác hơn thuyết thứ nhất. Cả hai đều thiếu bằng chứng thực nghiệm: không ai nhìn thấy những con rùa khổng lồ đội trái đất trên lưng, nhưng cũng chẳng ai nhìn thấy những sợi dây siêu đẳng cả. Tuy nhiên, thuyết tháp rùa không được xem là một lý thuyết khoa học bởi vì nó tiên đoán rằng con người có thể rơi ra khỏi rìa trái đất. Người ta thấy điều nầy không đúng với kinh nghiệm, trừ phi đó là lối giải thích dành cho những người được giả định đã mất tích trong tam giác Bermuda!

Những nỗ lực sơ khai về lý thuyết nhằm mô tả và giải thích vũ trụ nêu lên ý tưởng cho rằng những biến cố và hiện tượng thiên nhiên được kiểm soát bởi các thần linh mang những cảm tính của con người, hành động theo cung cách rất giống con người và không thể tiên liệu được. Những thần linh nầy trú ngụ trong thiên nhiên như sông, núi, các

# Kết Luận

thiên thể như mặt trời và mặt trăng. Con người phải xoa dịu họ và cầu xin họ phù hộ để đảm bảo đất đai được phì nhiêu và bốn mùa luân chuyển điều hòa. Tuy nhiên, dần dà có lẽ người ta đã ghi nhận một số hiện tượng định kỳ (regularities): mặt trời luôn luôn mọc về hướng đông và lặn hướng tây, dù có tế thần mặt trời hay không. Hơn nữa, mặt trời, mặt trăng, và những hành tinh đi theo những hướng trình qua bầu trời có thể tiên liệu được một cách rất chính xác. Mặt trời và mặt trăng vẫn có thể còn là những thần linh, nhưng đó là những thần linh tuân theo những định luật chặt chẽ, rõ ràng không có một ngoại lệ nào, nếu người ta gạt bỏ những chuyện như mặt trời ngừng lại vì Thánh Joshua.

Trước hết, những hiện tượng định kỳ nầy và những định luật chỉ hiển nhiên trong thiên văn học và một ít trường hợp khác mà thôi. Tuy nhiên, khi văn minh phát triển, và đặc biệt trong 300 năm qua, càng ngày càng nhiều hiện tượng định kỳ và nhiều định luật hơn được khám phá. Sự thành công của những định luật nầy đã khiến Laplace đề xướng tất định thuyết khoa học (scientific determinism) vào đầu thế kỷ 19; ông cho rằng có một hệ định luật chi phối chính xác sự tiến hóa của vũ trụ, nếu vũ trụ có một thiết định (configuration) tại một thời điểm nào đó.

Tất định thuyết của Laplace là một thuyết không hoàn chỉnh về hai phương diện. thuyết nầy không nói những định luật trên được lựa chọn bằng cách nào và không nói rõ thiết định sơ khai của vũ trụ là gì. Những việc nầy phó thác cho Thượng Đế. Thượng Đế sẽ quyết định vũ trụ bắt đầu như thế nào và những định luật nào phải tuân theo, nhưng ngài sẽ không can thiệp vào vũ trụ một khi vũ trụ đã bắt đầu. Do đó, Thượng Đế chỉ giới hạn vào những lãnh vực mà khoa học thế kỷ 19 không hiểu được.

# Kết Luận

Chúng ta biết rằng những hy vọng tất định thuyết của Laplace không thể nào được thực hiện, ít nhất theo quan niệm của ông. Nguyên lý bất xác của cơ học *quantum* hàm ngụ rằng một số cặp đại lượng, như vị trí và phương tốc của một đơn tử, cả hai không thể tiên đoán được một cách hoàn toàn chính xác. Cơ học *quantum* giải quyết những trường hợp thông qua một hệ lý thuyết *quantum* trong đó những đơn tử không có những vị trí và phương tốc xác định rõ ràng nhưng được biểu tượng bằng một sóng (wave). Những thuyết *quantum* nầy có tính cách tất định theo nghĩa là chúng đưa ra những định luật cho sự tiến hoá của sóng theo thời gian. Như thế nếu biết sóng tại một thời điểm thì người ta có thể tính được nó ở bất kỳ một thời điểm nào khác. Yếu tố bất khả tiên liệu và tùy tiện chỉ liên quan khi chúng ta cố diễn tả sóng dựa trên vị trí và phương tốc của những đơn tử. Nhưng có thể đó là sai lầm của chúng ta: có thể không có vị trí và phương tốc mà chỉ có sóng mà thôi. Đó chỉ vì chúng ta cố đưa sóng vào những tiên kiến của chúng ta về vị trí và phương tốc. Hậu quả không đồng bộ chính là nguyên nhân của tính bất khả tiên liệu hiển nhiên.

Do đó, chúng ta đã tái định nghĩa nhiệm vụ khoa học như là sự khám phá những định luật nhằm giúp chúng ta có thể tiên đoán được những biến cố trong giới hạn của nguyên lý bất xác. Tuy nhiên, câu hỏi vẫn là: những định luật và trạng thái sơ khai của vũ trụ được lựa chọn bằng cách nào hay tại sao lại lựa chọn như thế? Cuốn sách nầy đã dành ưu tiên đặc biệt cho những định luật về trọng lực, vì chính trọng lực thiết định cấu trúc của vũ trụ trên quy mô lớn, mặc dù đó là dạng yếu nhất trong 4 dạng lực. Cho đến mới gần đây, những định luật về trọng lực không thỏa hiệp được với quan điểm cho rằng vũ trụ không thay đổi với thời gian: sự kiện trọng lực luôn luôn là một sức hút hàm ngụ rằng vũ trụ phải hoặc bành trướng hoặc co rút. Theo tổng thuyết tương đối, đã phải có một trạng thái tỉ trọng vô hạn trong quá khứ,

# Kết Luận

tức *Big Bang*, có lẽ là một bắt đầu hữu hiệu của thời gian. Tương tự, nếu toàn bộ vũ trụ sụp đổ trở lại, thì phải có một trạng thái tỉ trọng vô hạn khác trong tương lai, tức biến cố đại sụp đổ (*big crunch*), hay một kết liễu của thời gian. Cho dù vũ trụ không tái sụp đổ đi nữa thì cũng sẽ có những đơn trạng trong bất kỳ vùng nào đã sụp đổ để tạo ra những hố đen. Những đơn trạng nầy sẽ là một kết liễu của thời gian đối với ai rơi vào hố đen. Tại biến cố *Big Bang* và những đơn trạng khác, mọi định luật sẽ sụp đổ hết, như vậy Thượng Đế sẽ vẫn còn tự do tuyệt đối để quyết định cái gì xảy ra và vũ trụ bắt đầu như thế nào.

Khi chúng ta phối hợp cơ học *quantum* với tổng tương đối, dường như có một khả năng mà trước đây không có: Không gian và thời gian kết hợp với nhau có thể tạo thành một không gian bốn chiều hữu hạn không đơn trạng hay biên giới, giống như bề mặt của trái đất nhưng có nhiều chiều hơn. Hình như ý tưởng nầy có thể giải thích được nhiều yếu tố quan sát được của vũ trụ, như sự đồng bộ trên quy mô lớn (*large-scale uniformity*) và cả những dị biệt không đồng bộ trên quy mô nhỏ hơn, như những thiên hà, tinh tú, và cả nhân loại. Ý tưởng đó có thể giải thích mũi tên thời gian mà chúng ta quan sát được. Nhưng nếu vũ trụ là hoàn toàn tự sinh tự tại, không có đơn trạng hay biên giới, và hoàn toàn mô tả được bằng một lý thuyết thống nhất, thì điều đó có những hàm ngụ sâu sắc đối với vai trò sáng tạo của Thượng Đế. Có lần Einstein đặt câu hỏi: "*Thượng Đế đã lựa chọn tới mức độ nào khi cấu tạo vũ trụ?*" Nếu thuyết không biên giới đúng thì Ngài hoàn toàn không có tự do nào để lựa chọn những điều kiện sơ khai. Dĩ nhiên, Ngài vẫn còn có tự do trong việc định đoạt những định luật nào vũ trụ phải tuân theo. Tuy nhiên, điều nầy có thể không thực sự là một lựa chọn cho mấy; rất có thể chỉ có một, hay một số nhỏ, lý thuyết thống nhất hoàn chỉnh, như thuyết dây lai căng (*heterotic string theory*), nhất quán với chính

## Kết Luận

chúng (*self-consistent*) và cho phép sự hiện hữu của những cấu trúc phức tạp như con người, những sinh vật có thể truy cứu những định luật của vũ trụ và thắc mắc về bản chất của Thượng Đế.

Cho dù chỉ có thể có một lý thuyết thống nhất đi nữa, thì đó cũng chỉ là một hệ định luật và phương trình mà thôi. Cái gì hà hơi vào các phương trình và tạo nên một vũ trụ cho những phương trình nầy mô tả? Phương án thông thường mà khoa học dùng để thiết lập một mô hình toán học không thể trả lời câu hỏi tại sao lại có một vũ trụ cho mô hình đó mô tả. Tại sao vũ trụ lại hiện hữu làm gì? Phải chăng lý thuyết thống nhất linh nghiệm đến độ có thể tự tạo dựng sự hiện hữu của chính nó? Hay nó phải nhờ đến một đấng sáng tạo, và nếu thế, phải chăng ngài có một hiệu năng gì khác đối với vũ trụ? Và ai đã sáng tạo ra ngài?

Cho đến nay, hầu hết các khoa học gia đều quá bận tâm triển khai những lý thuyết mới nhằm giải quyết câu hỏi vũ trụ là *gì* (*what*) nên chưa thể giải quyết câu hỏi *tạo sao* (*why*). Ngoài ra, những người quan tâm đến câu hỏi *tại sao*, tức những triết gia, lại không có khả năng theo kịp tiến độ của những lý thuyết khoa học. Trong thế kỷ 18, các triết gia xem toàn bộ kiến thức nhân loại, kể cả khoa học, như là lãnh vực của họ và bàn thảo những câu hỏi như: phải chăng vũ trụ có một bắt đầu? Tuy nhiên, trong thế kỷ 19 và 20, khoa học trở nên quá nặng kỹ thuật và toán học đối với các triết gia, hay bất kỳ ai khác ngoại trừ một số ít chuyên gia. Các triết gia đã giản lược phạm vi truy cứu của mình rất nhiều đến độ Wittgenstein, triết gia lỗi lạc nhất thế kỷ nầy, nói, "*Nhiệm vụ duy nhất còn lại cho triết học là phân tích ngôn ngữ.*" Quả là một sự xuống dốc thê thảm từ một truyền thống vĩ đại của triết học từ Aristote đến Kant!

## Kết Luận

Tuy nhiên, nếu chúng ta khám phá được một lý thuyết hoàn chỉnh thì trên nguyên tắc tổng thể, mọi người có thể kịp lãnh hội được, chứ không riêng gì một ít khoa học gia. Do đó, tất cả chúng ta, triết gia, khoa học gia, và ngay cả những người bình thường, sẽ có thể tham gia thảo luận câu hỏi tại sao chúng ta và vũ trụ lại hiện hữu. Nếu chúng ta tìm được câu trả lời cho câu hỏi đó thì đó sẽ là một vinh quang tối hậu của tri thức nhân loại – vì lúc đó chúng ta sẽ biết được ý hướng của Thượng Đế.

# Appendix I

# Albert Einstein

Liên hệ của Einstein với chính sách bom nguyên tử được biết đến rất nhiều: ông ký lá thư nổi tiếng gởi đến Tổng Thống Franklin Roosevelt thuyết phục Hoa Kỳ xem xét kỹ lưỡng ý định, và sau chiến tranh ông đã nỗ lực ngăn cản chiến tranh nguyên tử. Nhưng đây không phải chỉ là những hành động lẻ loi của một khoa học gia bị lôi cuốn vào thế giới chính trị. Thực tế, nếu dùng những lời do chính ông nói ra thì cuộc đời của Einstein ,"bị chia đôi giữa chính trị và những phương trình toán học". Hoạt động chính trị của Einstein xảy đến trong Đệ Nhất Thế Chiến, khi ông là một giáo sư tại Berlin. Ngán ngẫm khi nhìn thấy mạng người bị phung phí một cách rẻ rúng, ông bắt đầu tham gia vào cuộc biểu tình chống chiến tranh. Ông hô hào dân chúng bất phục tùng và cổ vũ họ từ chối đi lính, một việc làm không khiến những đồng nghiệp của ông ưa thích ông hơn chút nào. Thế rồi sau chiến tranh, ông chuyển hướng những nỗ lực của ông sang hòa giải và cải thiện bang giao quốc tế. Việc làm nầy cũng chẳng làm cho ông được ham mộ rộng rãi, và không mấy chốc hoạt động chính trị của ông khiến cho ông khó sang thăm Hoa Kỳ, dù chỉ để đọc diễn văn. Lý tưởng lớn thứ nhì của Einstein là chủ trương một nước Do Thái. Mặc dù là người Do Thái, Einstein bác bỏ quan niệm về Chúa trong Thánh Kinh. Tuy nhiên, vì càng ngày càng ý thức được phong trào chống Do Thái trước và trong Đệ Nhị Thế Chiến nên ông dần dần gắn liền với cộng đồng

Do Thái, và sau đó trở thành một cổ động viên công khai của chủ trương một nước Do Thái (Zionism). Một lần nữa, dù không mấy ai nghe theo ông vẫn không ngừng phát biểu theo lập trường của mình. Những lý thuyết của ông bị công kích; thậm chí thành hình một tổ chức chống Einstein. Một người bị kết án vì xúi giục những người khác ám sát Einstein (và chỉ bị phạt 6 Mỹ kim). Nhưng Einstein vẫn phớt lờ. Khi một cuốn sách được xuất bản với tựa đề "*100 Authors Against Einstein*", ông trả lời, "*Nếu tôi sai thì người ta đã không còn gì để nói!*"

Năm 1943, Hitler lên nắm quyền. Einstein đang ở Hoa Kỳ, và tuyên bố sẽ không trở về Đức. Sau đó, trong khi Đức Quốc Xã lục soát nhà ông và tịch biên trương mục ngân hàng của ông, một tời báo ở Berlin đăng tin, "*Tin mừng từ Einstein – Ông ta không trở về.*" Trước sự đe dọa của Đức Quốc Xã, Einstein từ bỏ lập trường chủ hòa, và cuối cùng vì sợ những khoa học gia Đức sẽ chế tạo một trái bom nguyên tử, ông đề nghị Hoa Kỳ nên chế bom của mình. Nhưng ngay cả trước khi quả bom nguyên tử đầu tiên cho nổ, ông đã từng cảnh cáo hiểm họa của chiến tranh nguyên tử và đề nghị quốc tế kiểm soát vũ khí nguyên tử. Suốt cuộc đời, những nỗ lực của Einstein cho hòa bình có lẽ ít đạt được gì có tính cách lâu dài - và chắc chắn khiến ông ít có bạn bè. Tuy nhiên, chủ trương của ông về một quốc gia Do Thái được chính thức công nhận năm 1952, khi ông được đề nghị làm tổng thống Israel. Ông đã từ chối, nói rằng ông nghĩ mình quá ngây thơ về chính trị. Nhưng có lẽ thực sự ông có một lý do khác: theo chính lời ông nói, "Những phương trình toán học quan trọng hơn đối với tôi, vì chính trị là cho hiện tại, nhưng một phương trình toán họa là một cái gì cho bất diệt (eternity)."

# Appendix II
# Galileo Galilei

Hơn bất kỳ một cá nhân nào khác, có lẽ Galileo đóng một vai trò quan yếu trong sự khai sinh khoa học hiện đại. Sự xung đột nổi tiếng của ông với Giáo Hội Thiên Chú Giáo là trung tâm của triết lý của ông, vì Galileo là một trong những người cho rằng con người có thể hy vọng hiểu được thế giới vận hành ra sao, và hơn thế, chúng ta có thể thực hiện điều nầy bằng các quan sát thế giới thực tế. Galileo đã từ lâu tin vào lý thuyết Copernic (cho rằng những hành tinh quay chung quanh mặt trời), nhưng chỉ khi nào tìm được chứng cứ cần thiết để hỗ trợ quan niệm đó ông mới bắt đầu hỗ trợ nó một cách công khai. Ông viết về lý thuyết Copernic bằng tiếng Ý (không phải tiếng Latin hàn lâm), và chẳng bao lâu quan điểm của ông được hỗ trợ rộng rãi bên ngoài các trường đại học. Điều nầy gây khó chịu cho các giáo sư giảng dạy về Aristote; họ liên kết với nhau chống lại ông, tìm cách thuyết phục Giáo Hội Công Giáo cấm thuyết Copernic.

Vì lo ngại chuyện nầy, Galileo đi sang La Mã để nói chuyện với các giới chức Tòa Thánh. Ông cho rằng Thánh Kinh không có ý định nói với chúng ta bất kỳ điều gì liên quan đến các lý thuyết khoa học, và đó là chuyện bình thường nếu giả định rằng trong lãnh vực nào mà Thanh Kinh mâu thuẫn với suy nghĩ thường đời thì đó là biểu dụ (allegorical). Nhưng Giáo Hội sợ xảy ra một sự ầm ỹ có thể làm phương hại đến cuộc chiến chống Tin Lành, và do đó đã áp dụng những biện pháp đàn áp. Năm 1616, Giáo Hội tuyên bố thuyết Copernic là "ngụy tạo và sai lầm – false and erroneous ", và ra lệnh Galileo không bao giờ được "bênh vực hay theo đuổi" lý thuyết. Galileo đồng ý. Năm 1623, một người bạn cố tri của Galileo trở thành Giáo Hoàng. Galileo lập tức tìm cách vận động thu hồi đạo luật của năm 1616. Ông thất bại, nhưng vẫn được phép viết ra một cuốn sách để thảo luận lý thuyết của Aristote và Copernic, với hai điều kiện: ông không được đứng về phía nào cả và sẽ đi đến kết luận rằng con người không thể nào xác quyết thế giới vận hành ra sao bởi vì Chúa có thể mang đến những hệ quả như nhau theo những phương cách mà con người không thể tưởng tượng được; con người không thể đặt ra những giới hạn nào cho Thượng Đế Toàn Năng. Cuốc sách, "*Dialogue Concerning the Two Chief World Systems*", được hoàn tất và xuất bản vào năm 1632, với sự hậu thuẫn đầy đủ của các giới chức kiểm duyệt – và lập tức được chào đón khắp Âu Châu như là một tuyệt tác văn chương và triết học. Vì thấy rằng mọi người xem cuốn sách như một luận thuyết đầy thuyết phục thiên về thuyết Copernic, Đức Giáo Hoàng sau đó hối tiếc đã cho phép phát hành cuốn sách. Đức Giáo Hoàng lý luận rằng, mặc dù cuốn sách có sự hậu thuẫn chính thức của các giới chức kiểm duyệt, Galileo đã vi phạm đạo luật 1616. Ông đưa Galileo ra Tòa Án Giáo Hội (Inquisition); tòa này kết án quản thúc ông tại gia suốt đời và ra lệnh ông phải công khai từ bỏ thuyết Copernic. Một lần nữa, Galileo đồng ý. Galileo vẫn tiếp tục là một tín đồ Công Giáo, nhưng niềm tin của ông vào sự độc lập của khoa học vẫn không sụp đổ. Bốn năm trước khi chết vào năm 1642, trong khi ông còn bị quản thúc tại gia, bản thảo cuốn sách chính thứ nhì được chuyển lậu sang một nhà xuất bản tại Hòa Lan. Được tham chiếu như "*Two New Sciences*", chính cuốn sách nầy là sự khai thế của vật lý hiện đại, còn hơn cả sự hỗ trợ của ông đối với Copernicus.

# Appendix III
# Isaac Newton

Isaac Newton không phải là một người dễ chịu. Ông có những quan hệ khét tiếng với các nhà hàn lâm khác, và phần lớn những năm về sau của đời ông đều kinh qua trong căng thẳng với những tranh luận sôi sục. Sau khi phát hành cuốn *Principia Mathematica* - chắc chắn là tác phẩm thế lực nhất về vật lý được viết ra trong thời kỳ đó – tiếng tăm của Newton đã nhanh chóng bay cao. Ông được bổ nhiệm làm chủ tịch Hiệp Hội Hoàng Gia (Royal Society) và trở thành khoa học gia đầu tiên được phong chức quý tộc. Không bao lâu, Newton xung đột với nhà thiên văn Hoàng Gia, John Flamsteed, người trước kia đã từng cung cấp cho Newton nhiều dữ kiện cần thiết cho cuốn *Principia Mathematica*, nhưng nay lại giữ kín những thông tin mà Newton cần. Newton không chịu thua: ông vận động để được bổ nhiệm vào hội đồng quản trị của Đài Thiên Văn Hoàng Gia (Royal Observatory) và sau đó tìm cách buộc công bố tức khắc những dữ kiện nói trên. Cuối cùng ông dàn xếp cho tác phẩm của Flamsteed bị tịch thu và được chuẩn bị để cho kẻ thù của Flamsteed là Edmond Halley xuất bản. Nhưng Flamsteed đưa trường hợp ra tòa và, vào giờ chót, thắng được một lệnh tòa án ngăn cấm phát hành tác phẩm bị đánh cắp. Newton tức giận và tìm cách trả thù bằng các công nhiên cắt bỏ mọi tham chiếu liên quan đến

Flamsteed trong những lần tái bản về sau của cuốn *Principia*. Một tranh chấp nghiêm trọng hơn đã xảy ra với triết gia người Đức, Gottfried Leibniz. Cả Leibniz và Newton đều triển khai độc lập một ngành toán học mệnh danh là *calculus* (vi phân tích), nền tảng cho hầu hết vật lý hiện đại. Mặc dù ngày nay chúng ta biết rằng Newton khám phá ra *calculus* trước Leibniz nhiều năm, nhưng ông xuất bản công trình của ông sau hơn nhiều. Một tranh cãi gay gắt diễn ra sau đó liên quan đến việc ai trước ai sau, với những khoa học gia bênh vực triệt để cho hai người. Tuy nhiên, điều đáng lưu ý là hầu hết những bài viết đưa ra để bênh vực cho Newton là do chính tay ông viết – và được phổ biến dưới tên của những người bạn! Khi cuộc tranh chấp lên cao, Leibniz đã phạm một sai lầm khi nhờ đến Hiệp Hội Hoàng Gia phân giải. Với tư cách là chủ tịch, Newton bổ nhiệm một "ủy ban vô tư" để điều tra, ngẫu nhiên gồm toàn những bạn bè của Newton! Nhưng chưa hết: sau đó Newton tự tay thảo ra bản tường trình của ủy ban và giao cho Hiệp Hội Hoàng Gia phổ biến, công khai tố cáo Leibniz về tội đạo văn. Chưa hài lòng, kế đó ông viết một bài nhận định vô danh về bản tường trình đó trên chính đặc san của Hiệp Hội Hoàng Gia. Sau khi Leibniz qua đời, người ta cho biết Newton tuyên bố rằng ông rất thoả mãn vì *"đã đập nát trái tim của Leibniz"*. Trong gia đoạn của hai cuộc tranh chấp nầy, Newton đã rời khỏi Cambridge và giới hàn lâm. Ông từng là nhà hoạt động chính trị tích cực chống Công Giáo tại Cambridge, và sau nầy tại Nghị Viện, và cuối cùng được ân thưởng với chức vụ béo bở là Giám Đốc Sở Đúc Tiền Hoàng Gia (Warden of the Royal Mint). Tại đây, ông xử dụng tài của mình vào tà đạo và hung hiểm theo một cung cách mà xã hội có thể chấp nhận được, từng chỉ huy thành công một chiến dịch chống đúc tiền giả, ngay cả cho một số người chết trên giá treo cổ.

# Appendix IV

# Định Nghĩa Kỹ thuật

| | English | Vietnamese |
|---|---|---|
| **Absolute zero** (Không độ tuyệt đối) | The lowest possible temperature, at which substances contain no heat energy. | Nhiệt độ thấp nhất tại đó vật chất không chứa nhiệt lượng. (-273.15°C, hay -459.67°F) |
| **Acceleration** (Gia tốc) | The rate at which the speed of an object is changing | Nhịp độ thay đổi vận tốc. |
| **Anthropic principle** (Nguyên lý nhân chủng) | We see the universe the way it is because if it were different we would not be here to observe it. | Chúng ta nhìn thấy vũ trụ như thế bởi vì nếu không như thế thì chúng ta không có ở đây để quan sát nó. |
| **Antiparticle** (Phản đơn tử) | Each type of matter particle has a corresponding antiparticle. When a particle collides with its antiparticle, they annihilate, leaving only energy. | Mỗi loại đơn tử vật chất đều có một phản đơn tử{ XE "phản đơn tử" } tương ứng. Khi một đơn tử va chạm với phản đơn tử của nó, chúng triệt tiêu lẫn nhau, chỉ để lại năng lượng. |

## Appendix IV: Định Nghĩa Kỹ Thuật

| | | |
|---|---|---|
| **Atom (Nguyên tử)** | The basic unit of ordinary matter, made up of a tiny nucleus (consisting of protons and neutrons) surrounded by orbiting electrons. | Đơn vị căn bản của vật thể thông thường, tạo nên bởi một nhân nhỏ (gồm có *protons* và *neutrons*) với những *electrons* quay chung quanh. |
| ***Big Bang*** **(Đại bùng nổ)** | The singularity at the beginning of the universe. | Đơn trạng xảy ra lúc sơ khai của vũ trụ. |
| **Big crunch (Đại sụp đổ)** | The singularity at the end of the universe. | Đơn trạng xảy ra lúc kết liễu vũ trụ. |
| **Black hole (Hố đen)** | A region of space-time from which nothing, not even light, can escape, because gravity is so strong. | Một vùng không-thời-gian từ đó không một cái gì, kể cả ánh sáng, có thể thoát ra được, bởi vì trọng lực rất mạnh. |
| **Casimir effect (Hệ quả Casimir)** | The attractive pressure between two flat, parallel metal plates placed very near to each other in a vacuum. The pressure is due to a reduction in the usual number of virtual particles in the space between the plates. | Sức hút giữa hai đĩa kim loại phẳng song song đặt rất gần nhau trong môi trường chân không. Áp suất phát xuất từ sự sút giảm về số lượng của những đơn tử tiềm năng{ XE "đơn tử tiềm năng" } trong khoảng không giữa hai đĩa, |
| **Chandrasekhar limit (giới hạn Chandrasekhar)** | The maximum possible mass of a stable cold star, above which it must collapse into a black hole. | Trọng khối tối đa của một tinh tú nguội ổn định, nếu nặng hơn thế tinh tú phải sụp đổ thành một hố đen. |

## Appendix IV: Định Nghĩa Kỹ Thuật

| | | |
|---|---|---|
| **Conservation of energy** (Bảo tồn năng lượng) | The law of science that states that energy (or its equivalent in mass) can neither be created nor destroyed. | Định luật khoa học theo đó năng lượng (hay hình thức tương đương về trọng khối) không thể được tạo ra hay hủy diệt. |
| **Coordinates** (Tọa độ) | Numbers that specify the position of a point in space and time. | Những trị số chỉ định vị trí của một điểm trong không gian và thời gian. |
| **Cosmological constant** (Hằng số vũ trụ) | Mathematical device used by Einstein to give space-time an inbuilt tendency to expand. | Một dụng cụ toán học được Einstein xử dụng để cho không-thời-gian một khuynh hướng bành trướng cố hữu. |
| **Cosmology** (Vũ trụ học) | The study of the universe as a whole. | Môn học về toàn thể vũ trụ. |
| **Dark matter** (Vật chất đen) | Matter in galaxies, clusters, and possibly between clusters, that can not be observed directly but can be detected by its gravitational effect. As much as 90 percent of the mass of the universe may be in the form of dark matter. | Vật chất trong các thiên hà{ XE "thiên hà" }, quần thể, và có thể giữa những quần thể, không thể trực tiếp quan sát được qua hệ quả trọng lực của nó. Khoảng 90% trọng khối của vũ trụ có thể thuộc dạng vật chất đen. |
| **Duality** (Song lập) | A correspondence between apparently different theories that lead to the same physical results. | Tương quan giữa những lý thuyết trông có vẻ khác nhau nhưng đưa đến kết quả vật lý giống nhau. |
| **Einstein-Rosen bridge** (Thông lộ vũ trụ) | A thin tube of space-time linking two black holes. Also see wormhole | Một tuyến mỏng không-thời-gian nối kết hai hố đen. Tương đương với lỗ giun. |

## Appendix IV: Định Nghĩa Kỹ Thuật

| | | |
|---|---|---|
| **Electric charge (Tích điện)** | A property of a particle by which it may repel (or attract) another particles that have a charge of similar (or opposite) sign. | Thuộc tính của một đơn tử theo đó đơn tử có thể đẩy (hay hút) một đơn tử khác mang tích điện cùng dấu hay nghịch dấu. |
| **Electromagnetic force (Lực điện từ)** | The force that arises between particles with electric charge; the second strongest of the four fundamental forces. | Lực tạo ra giữa những đơn tử có mang tích điện; đây là lực mạnh nhất trong bốn lực căn bản. |
| **Electron (Electron)** | A particle with negative electric charge that orbits the nucleus of an atom. | Đơn tử mang âm điện quay chung quanh nhân nguyên tử. |
| **Electroweak unification energy (Giới hạn năng lượng thống nhất)** | The energy (around 100 GeV) above which the distinction between the electromagnetic force and the weak force disappears. | Giới hạn năng lượng (khoảng 100 GeV), nếu vượt quá sẽ không còn phân biệt được giữa lực điện từ và lực yếu. |
| **Elementary particle (Đơn tử căn bản)** | A particle that, it is believed, cannot be subdivided. | Một đơn tử được tin là bất khả phân. |
| **Event (Biến cố)** | A point in space, specified by its time and place. | Một điểm trong không-thời-gian, được xác định bởi thời gian và vị trí của nó. |
| **Event horizon (Chân trời biến cố)** | The boundary of a black hole. | Biên giới của một hố đen. |

# Appendix IV: Định Nghĩa Kỹ Thuật

| | | |
|---|---|---|
| **Exclusion Principle (Nguyên Lý Tương Khắc)** | The idea that two identical spin$^{-1/2}$ particles cannot have (within the limits set by the uncertainty principle) both the same position and the velocity. | Ý tưởng cho rằng (trong giới hạn của thuyết bất xác) hai đơn tử spin$^{-1/2}$ không thể có cùng vị trí và phương tốc. |
| **Frequency (Tần số)** | For a wave, the number of complete cycles per second. | Nói về sóng, số những chu kỳ hoàn tất trong một giây. |
| **Gamma rays (Tia gamma{ XE "*gamma*" })** | Electromagnetic rays of very short wavelength, produced in radioactive decay or by collisions of elementary particles. | Những tia điện từ có độ dài sóng rất ngắn, tạo ra trong suy hoại bức xạ{ XE "bức xạ" } hay do lực chạm giữa những đơn tử căn bản. |
| **General relativity (Tổng tương đối)** | Einstein's theory based on the idea that the laws of science should be the same for all observers, no matter how they are moving. It explains the force of gravity in terms of the curvature of a four-dimensional space-time. | Lý thuyết của Einstein dựa trên quan niệm cho rằng những định luật khoa học sẽ như nhau đối với mọi quan sát viên, bất luận họ di chuyển thế nào. Thuyết nầy giải thích trọng lực dựa vào sự uốn cong của một không-thời-gian bốn chiều. |
| **Geodesic (Đường trắcđịa)** | The shortest (or longest) path between two points. | Đường ngắn nhất (hay dài nhất) giữa hai điểm. |
| **Grand unification energy (Đại năng lượng thống nhất)** | The energy above which, it is believed, the electromagnetic force, weak force, and strong force become indistinguishable from each other. | Giới hạn năng lượng, nếu vượt lên người ta tin rằng lực điện từ, lực yếu, và lực mạnh sẽ không thể phân biệt lẫn nhau. |

## Appendix IV: Định Nghĩa Kỹ Thuật

| | | |
|---|---|---|
| **Grand unified theory - GUT (Đại thuyết thống nhất)** | A theory which unifies the electromagnetic, strong, and weak force. | Lý thuyết thống nhất lực điện từ, lực mạnh và lực yếu. |
| **Imaginary time (Thời gian ảo)** | Time measured using imaginary numbers. | Thời gian được tính bằng những số ảo. |
| **Light cone (Nón ánh sáng)** | A surface in space-time that marks out the possible directions for light rays passing through a given event. | Bề mặt không-thời-gian đánh dấu những phương hướng có thể đi qua của những tia sáng liên quan đến một biến cố nào đó. |
| **Light- second/Light – year (Giây ánh sáng/năm ánh sáng)** | The distance traveled by light in one second/year. | Khoảng cách mà ánh sáng đi trong một giây/năm. |
| **Magnetic field (Từ trường)** | The field responsible for magnetic forces, now incorporated along with the electric field, into the electromagnetic field. | Hoạt trường dành cho những lực từ, ngày nay được sát nhập chung vào điện từ trường{ XE "từ trường" }cùng với điện trường. |
| **Mass (Trọng khối)** | The quantity of matter in a body; its inertia, or resistance to acceleration. | Định lượng vật chất trong một vật thể; quán tính hay đối lực của nó trước gia tốc. |
| **Microwave background radiation (Bức xạ bối cảnh vi ba )** | The radiation from the glowing of the hot early universe, now so greatly red- shifted that it appears not as light but as microwaves (radio waves with a wavelength of a few centimeters). | Bức xạ từ sự lóe sáng của vũ trụ nóng sơ khai, ngày nay bị chuyển vị quang phổ sang đỏ rất nhiều nên không còn trông như ánh sáng nữa mà như là sóng vi ba{ XE "sóng vi ba" } (tức sóng vô tuyến{ XE "sóng vô tuyến" } với độ dài sóng một vài centimét) |
| **Naked singularity (Đơn trạng trần)** | A space-tine singularity not surrounded by a black hole. | Loại đơn trạng{ XE "đơn trạng" } không-thời-gian không có một hố đen vây quanh. |

## Appendix IV: Định Nghĩa Kỹ Thuật

| | | |
|---|---|---|
| Neutrino (Neutrino) | An extremely light (possibly massless) particle that is affected only by the weak force and gravity. | Một đơn tử cực nhỏ (có thể không trọng khối) chỉ bị tác động bởi lực yếu và trọng lực. |
| Neutron (Trung hòa tử) | An uncharged particle, very similar to the proton, which accounts for roughly half the particles in an atomic nucleus. | Đơn tử không tích điện, rất giống như proton, chiếm khoảng phân nửa số đơn tử trong một nhân nguyên tử. |
| Neutron star (tinh tú neutron{ XE "tinh tú *neutron*" }) | A cold star, supported by the exclusion principle repulsion between neutrons. | Một tinh tú lạnh, được hỗ trợ bởi sức đẩy theo nguyên lý tương khắc giữa các *neutrons*. |
| No boundary condition (Điều kiện không biên giới) | The idea that the universe is finite but has no boundary (in imaginary time) | Quan niệm cho rằng vũ trụ là hữu hạn nhưng không có biên giới (trong thời gian ảo{ XE "*thời gian ảo*" }). |
| Nuclear fusion (Phản ứng tổng hợp hạt nhân) | The process by which two nuclei collide and coalesce to form a single, heavier nucleus. | Tiến trình trong đó những nhân nguyên tử va chạm nhau và liên kết thành một nhân duy nhất, nặng hơn. |
| Nucleus (Nhân nguyên tử) | The central part of an atom, consisting only of protons and neutrons, held together by the strong force. | Trung tâm của một nguyên tử, chỉ gồm có *protons* và *neutrons*, giữ lại với nhau bằng lực mạnh. |
| Particle accelerator (Máy tăng tốc đơn tử) | A machine that, using electromagnets, can accelerate moving charged particles, giving them more energy. | Máy xử dụng điện từ có thể tăng tốc{ XE "tăng tốc" } những đơn tử di chuyển có tích điện, giúp tăng thêm năng lượng cho chúng. |

## Appendix IV: Định Nghĩa Kỹ Thuật

| | | |
|---|---|---|
| **Phase (Pha)** | For a wave, the position in its cycle at a specified time: a measure of whether it is at a crest, a trough, or somewhat in between. | Vị trí trong chu kỳ sóng tại một thời điểm nào đó: đo lường sóng tại đỉnh, đáy, hay một nơi nào ở giữa. |
| **Photon (Quang tử)** | A quantum of light | Một đơn vị *quantum* của ánh sáng. |
| **Planck's quantum principle (Nguyên lý quantum của Planck)** | The idea that light (or any other classical waves) can be emitted or absorbed only in discrete quanta, whose energy is proportional to their wavelength. | Thuyết cho rằng ánh sáng (hay bất kỳ loại sóng cổ điển nào) chỉ có thể được phát ra hay hấp thụ theo từng đơn vị *quantum* riêng biệt, có năng lượng tỉ lệ với độ dài sóng. |
| **Positron (Positron)** | The (positively charged) antiparticle of the electron. | Phản đơn tử (mang dương điện) của *electron*. |
| **Primordial black hole (Hố đen sơ khai)** | A black hole created in the very early universe. | Một hố đen tạo ra trong thời kỳ vũ trụ sơ khai. |
| **Proportional (Tỉ lệ)** | "X is proportional to Y" means that when Y is multiplied by any number, so is X. "X is inversely proportional to Y" means that when Y is multiplied by any number, X is divided by that number. | "X tỉ lệ với Y" có nghĩa là khi nhân Y với một số nào đó bao nhiêu lần thì X cũng nhân bấy nhiêu lần. "X tỉ lệ nghịch với Y" có nghĩa là khi nhân Y với một số nào đó bao nhiêu lần thì X cũng được chia cho số đó bấy nhiêu lần. |
| **Proton (Proton)** | A positively charged particle, very similar to the neutron, that accounts for roughly half the particles in the nucleus of most atoms | Một đơn tử mang dương điện, rất giống với *neutron*, chiếm khoảng phân nửa số đơn tử trong nhân của hầu hết các nguyên tử. |

## Appendix IV: Định Nghĩa Kỹ Thuật

| | | |
|---|---|---|
| **Pulsar (Pulsar)** | A rotating neutron star that emits regular pulses of radio waves. | Một tinh tú *neutron*{ XE "tinh tú *neutron*" } phát ra những làn sóng vô tuyến{ XE "sóng vô tuyến" } đều |
| **Quantum (Lượng tử)** | The indivisible unit in which waves may be emitted or absorbed. | Đơn vị bất khả phân trong đó sóng có thể được phát ra hay thu vào. |
| **Quantum chromodynamics – QCD (Thuyết đối tác vi lượng)** | The theory that describes the interactions of quarks and gluons. | Thuyết mô tả những đối tác của các *quarks* và *gluons*. |
| **Quantum mechanics (Cơ học lượng tử)** | The theory developed from Planck's quantum principle and Heisenberg's uncertainty principle. | Lý thuyết triển khai từ nguyên lý *quantum* của *Planck* và nguyên lý bất xác của Heisenberg. |
| **Quark (Vi lượng)** | A (charged) elementary particle that feels the strong force. Protons and neutrons are each composed of three quarks. | Một đơn tử căn bản (có tích điện) cảm ứng được lực mạnh. Mỗi *Protons* và *neutrons* gồm có 3 *quarks*. |
| **Radar (Kiểm thị vô tuyến)** | A system using pulsed radio waves to detect the position of objects by measuring the time it takes a single pulse to reach the object and be reflected back. | Một hệ thống xử dụng sóng vô tuyến{ XE "sóng vô tuyến" } để thám sát vị trí vật thể bằng cách đo lường thời gian mà sóng đi đến vật thể và dội ngược trở về. |
| **Radioactivity (Phóng xạ)** | The spontaneous breakdown of one type of atomic nucleus into another. | Sự tan rã bộc phát của một loại nhân nguyên tử vào một loại nhân nguyên tử khác. |
| **Red shift (Chuyển vị sang đỏ)** | The reddening of light from a star that is moving away from us, due to the Doppler effect. | Hiện tượng ánh sáng tinh tú chuyển qua màu đỏ khi tiến ra xa, do hệ quả Doppler. |

## Appendix IV: Định Nghĩa Kỹ Thuật

| | | |
|---|---|---|
| **Singularity (Đơn trạng)** | A point in space-time at which the space-time curvature becomes infinite. | Một điểm trong không-thời-gian tại đó độ uốn cong trở nên vô hạn{ XE "vô hạn" }. |
| **Singularity theorem (Định đề đơn trạng{ XE "đơn trạng" })** | A theorem that shows that a singularity must exist under certain circumstances – in particular, that the universe must have started with a singularity. | Định đề cho thấy rằng một đơn trạng{ XE "đơn trạng" } phải hiện hữu trong những hoàn cảnh nào đó - đặc biệt cho rằng vũ trụ phải đã bắt đầu với một đơn trạng{ XE "đơn trạng" }. |
| **Space-time (Không-thời-gian)** | The four-dimensional space whose points are events. | Không gian bốn chiều trong đó những điểm tượng trưng cho những biến cố. |
| **Spatial dimension (Chiều không gian)** | Any of the three dimensions that are spacelike – that is, any except the time dimension. | Bất kỳ chiều nào trong ba chiều giống như chiều không gian - nghĩa là không kể chiều thời gian. |
| **Special relativity (Đặc Thuyết tương đối)** | Einstein's theory based on the idea that the laws of science should be the same for all observers, no matter how they are moving, in the absence of gravitational phenomena. | Lý thuyết của Einstein dựa trên quan niệm cho rằng, khi không có hiện tượng trọng lực, những định luật khoa học sẽ là một đối với mọi quan sát viên, bất luận họ di chuyển thế nào. |
| **Spectrum (Quang phổ)** | The component frequencies that make up a wave. The visible part or the sun's spectrum can be seen in a rainbow. | Những tần số tạo nên một sóng ánh sáng. Phần khả thị của quang phổ mặt trời có thể thấy được qua một cài mống. |

## Appendix IV: Định Nghĩa Kỹ Thuật

| | | |
|---|---|---|
| **Spin** (Spin) | An internal property of elementary particles, related to, but not identical to, the everyday concept of spin. | Một thuộc tính nội tại của những đơn tử căn bản, liên quan tới, nhưng không đồng nghĩa với, quan niệm thường ngày của từ "*spin - quay*" |
| **Stationary state** (Tịnh thái) | One that is not changing with time: a sphere spinning at a constant rate is stationary because it looks identical at any given instant. | Một trạng thái không thay đổi với thời gian: một khối cầu xoay tròn theo một nhịp độ cố định được xem là tịnh thế{ XE "tịnh thế" } vì nó trông không thay đổi ở mọi lúc. |
| **String theory** (Thuyết Dây) | A theory of physics in which particles are described as waves on strings. Strings have length but no other dimension. | Một lý thuyết vật lý theo đó những đơn tử được mô tả như là những sóng trên những sợi dây. Sợi dây có chiều dài nhưng không có chiều nào khác. |
| **Strong force** (Lực mạnh) | The strongest of the four fundamental forces, with the shortest range of all. It holds the quarks together within protons and neutrons and holds the protons and neutrons together to form atoms. | Lực mạnh nhất trong bốn lực căn bản, có tầm ngắn nhất so với các lực khác. Lực nầy giữ những *quarks* lại với nhau bên trong những *protons* và *neutrons* và giữ những *protons* và *neutrons* lại với nhau để tạo thành những nguyên tử. |

# Appendix IV: Định Nghĩa Kỹ Thuật

| | | |
|---|---|---|
| **Uncertainty principle (Nguyên lý bất xác)** | The principle, formulated by Heisenberg, that one can never be exactly sure of both the position and the velocity of aprticle; the more accurately one knows the one, the less accurately one can know the other. | Nguyên lý do Heisenberg đề xướng cho rằng người ta khôngbao giờ có thể hoàn toàn chắc chắn cùng một lúc về vị trí và phương tốc của một đơn tử; càng biết chính xác về cái nầy thì càng biết ít chính xác hơn về cái kia. |
| **Virtual particle (Đơn tử tiềm năng)** | In quantum mechanics, a particle that can never be directly detected, but whose existence does have measurable effects. | Trong cơ học *quantum*, đó là một đơn tử không bao giờ có thể thám sát trực tiếp được, nhưng sự hiện hữu của nó có những hệ quả đo lường được. |
| **Wave/particle duality (Thế song lập sóng/đơn tử)** | The concept in quantum mechanics that there is no distinction between waves and particles; particles may sometimes behave like waves, and waves like particles. | Quan niệm trong cơ học *quantum* cho rằng không có sự phân biệt giữa sóng và đơn tử; Những đơn tử có thể khi thì tác hành như là sóng khi thì như đơn tử. |

# Appendix IV: Định Nghĩa Kỹ Thuật

| | | |
|---|---|---|
| **Wavelength** (**Độ dài sóng**{ XE "Độ dài sóng" }) | For a wave, the distance between two adjacent troughs or two adjacent crests. | Khoảng cách giữa hai đỉnh sóng hay hai đáy sóng gần nhau. |
| **Weak force** (**Lực yếu**) | The second weakest of the four fundamental forces, with a very short range. It affects all mater particles, but not force- carrying particles. | Lực yếu thứ nhì trong bốn lực căn bản, có tầm rất ngắn. Lực nầy tác động trên mọi đơn tử, ngoại trừ những đơn tử tích điện{ XE "đơn tử tích điện" }. |
| **Weight** (**Trọng lượng**) | The force exerted on a body by a gravitational field. It is proportional to, but not the same as, its mass. | Lực do trọng trường tạo ra trên một vật thể. Trọng lượng tỉ lệ với trọng khối, nhưng không đồng nghĩa với trọng khối (mass). |
| **White dwarf** (**Tiểu bạch tinh**) | A stable cold star, supported by the exclusion principle repulsion between electrons. | Tinh tú nguội ổn định, đáp ứng với sức đẩy của nguyên lý tương khắc giữa các *electrons*. |
| **Wormhole** (**Lỗ giun**) | A thin tube of space-time connecting distant regions of the universe. Wormholes might also link to parallel or baby universes and could provide the possibility of time travel. | Một thông lộ mỏng trong không-thời-gian nối kết những vùng xa của vũ trụ. Lỗ giun cũng có thể nối kết những vũ trụ song song hay tiểu vũ trụ và có thể cung ứng khả năng du hành thời gian{ XE "du hành thời gian" }. |

# Index

Abdus Salam ................ 104
Alan Guth .................. 169
*Albert Einstein* .. 11, 39, 246
Albert Michelson ........... 39
Alexander Friedmann ...... 62
Alexander Starobinsky .. 142
Andreas Albrecht .......... 176
Andrei Linde ................ 174
Antony Hewish ............. 132
Aristote ... 14, 15, 16, 21, 24, 32, 35, 36, 58, 93, 245, 248, 249
Arno Penzias ................ 63
Arthur Walker .............. 67
Background Explorer 64, 65, 188
bảo hộ vũ trụ ................ 125
Bekenstein ............ 140, 141
Berkeley ..................... 36
Bertrand Russell ............ 13
*beryllium* ................... 157
biến tướng .... 139, 193, 194, 197
*Big Bang* ............. 23, 108
Bob Dicke .................... 65
*bottom* ..................... 95
Brandon Carter ...... 130, 141
Briton ........................ 72
*Brownian motion* ......... 94

bức xạ . 64, 65, 74, 141, 142, 145, 146, 147, 148, 150, 151, 156, 158, 161, 176, 187, 203, 218, 219, 257
Carlo Rubbia ............... 105
cấu trúc đại tượng ........... 84
*charmed* .................... 95
Chen Ning Yang ........... 111
cơ học lượng tử ... 27, 29, 83
*Cơ Học Lượng Tử* ..... 11, 12
đặc thuyết tương đối . 48, 49, 54, 94, 99
đại lượng năng động ........ 55
đại thuyết thống nhất .... 106, 107, 108, 109, 110, 112, 113, 174, 224, 236
dao động ... 38, 60, 143, 147, 162, 164, 176, 187, 199
Darwin ....................... 28
David R. Scott ............... 33
David Robinson ........... 130
Democrite .................... 93
*deuterium* ................. 157
điện tử ..................... 29, 84
điều kiện giới hạn . 163, 164, 194
điều kiện giới hạn hỗn loạn ............................ 164

định luật chuyển động.... 33, 39, 54
định luật Newton thứ nhất ........................................ 33
Định Luật Thứ Nhì.......... 33
Định luật trọng lực .......... 34
Độ dài sóng ....... 38, 60, 265
đối xứng tổng hợp CPT. 112
Don Page ....................... 201
đơn trạng 71, 74, 75, 77, 78, 79, 90, 124, 125, 129, 137, 151, 154, 163, 178, 182, 185, 186, 198, 199, 212, 224, 243, 259, 262
đơn tử tích điện .... 100, 101, 102, 265
đơn tử tiềm năng .. 100, 143, 144, 213, 214, 218, 219, 220, 254
đơn tử tiềm năng yếu mệnh ...................................... 144
*down*............................... 95
du hành thời gian.. 205, 207, 208, 212, 213, 214, 215, 216, 217, 219, 220, 265
đường trắc địa ..... 50, 51, 52
Edward Morley ............... 39
Edwin Hubble 22, 57, 58, 63
Emmanuel Kant .............. 21
Empedocles ..................... 24
Ernest Rutherford............ 94
Erwin Schrödinger .......... 83
*ether* ................. 38, 39, 43
Evgenii Lifshitzi.............. 74
Fred Hoyle ...................... 72
Galileo.. 16, 32, 33, 35, 155, 168, 248, 249

*gamma*.. 147, 148, 150, 158, 164, 257
George Gamow ............... 65
George Ganow............... 158
*glueball*...................... 106
*gluon*.................. 105, 106
H. G. Wells.................... 205
hằng số Planck................ 82
hằng số vũ trụ .62, 171, 173, 177, 202, 207, 225
Hans Bethe ................... 158
hệ quả Casimir.......213, 214
Hệ quả Doppler .............. 59
Heinrich Olbers .............. 19
Hendrid Lorentz ............. 39
Henry Poincaré............... 39
Hermann Bondi .............. 72
hồng ngoại .............. 38, 135
Howard Robertson.......... 67
Hulse ............................ 127
hướng trình tổng sóng ....89, 152, 179, 180, 181, 184, 187, 217, 218, 219
Issac Khalanikov ............ 74
J. H. Taylor................... 127
J.J. Thomson................... 94
J.W. Cronin .................. 111
James Chadwick............. 95
James Clerk Maxwell ......37
Jane Wilde ...................... 77
Jim Hartle ..................... 183
Jim Peebles .................... 65
Jöel Scherk ................... 228
Johannes Kepler ............. 16
John Dalton .................... 93
John G. Taylor.............. 150
John Michell.......... 115, 132
John Preskill ................. 126

# Index

John Schwarz ........ 228, 229
John Wheeler 115, 129, 136
Joselyn Bell-Burnell...... 132
Kark Schwarschild........ 128
Karl Popper ............. 25, 188
không gian trống 38, 57, 143
không gian tuyệt đối........ 36
<u>không-thời-gian Euclid</u> 180, 181, 182, 184
Kinh Thánh ..................... 15
Kip Thorne ................ 126, 133
Kurt Gödel ................... 206
Lev Davidovich Landau 119
liên kết đơn tử ........ 105, 106
liên trạng thuyết ........ 72, 73
*lithium* .......................... 157
Lord Rayleigh ................ 81
luận đoán bảo vệ niên đại ............................. 220
luận đoán kiểm duyệt vũ trụ ............................. 220
luật *Murphy* ................. 193
lý thuyết tối hậu ..... 29, 235, 237
*lý thuyết tương đối* ........ 11
Marten Schmidt........... 131
Martin Ryle ................... 73
Max Born ..................... 223
Max Planck .................... 81
*mesons* ................. 105, 111
Mike Green ................. 229
mô hình *Big Bang* nóng 155, 157, 169, 171, 173, 177
mô hình tăng tốc hỗn loạn ...................... 176, 185
mũi tên thời gian .. 193, 194, 196, 197, 198, 199, 200, 201, 202, 203, 204, 243

mũi tên thời gian tâm lý 193, 194, 196, 197, 203
Murray Gell-Mann .......... 95
năng lượng hạch tâm ....... 29
Nathen Rosen ................ 212
Newton ... 17, 18, 19, 24, 25, 27, 32, 33, 34, 35, 36, 37, 38, 39, 41, 49, 51, 54, 59, 61, 80, 115, 117, 140, 237, 238, 251, 252
nghịch luận ..................... 21
nghịch lý sinh đôi .... 54, 209
nguyên lý nhân chủng .. 165, 166, 168, 169, 177, 184, 194, 202, 231, 233
nguyên lý tương khắc Pauli ............................. 98, 119
Nguyên nhân tiên khởi .... 20
nguyên tắc đào thải thiên nhiên............................. 28
nhiễu sóng ................ 64, 65
Nicholas Copernicus ....... 16
Niels Bohr ...................... 88
Occam .......................... 83
Ole Christensen Rœmer .. 37
Paul Dirac................ 83, 99
Paul Steinhardt .............176
<u>phạm trù cực đại tượng</u>....79
<u>phạm trù cực vi lượng</u> ..... 79
phản đơn tử..... 99, 109, 110, 111, 112, 144, 156, 172, 192, 213, 218, 219, 224, 225, 253
phân tử....... 90, 94, 102, 139, 140, 161
phương án lịch sử nhất quán ............................. 216
Piccadilly Circus ............. 43

# Index

*positron* .............................. 99
Proxima Centauri ............ 56
Ptolemy . 15, 16, 17, 58, 168
quang ba ................... 38, 82
quang phổ nhiệt ............... 59
Ralph Alpher ................. 158
Richard Bentley .............. 18
Richard Feynman ... 89, 152, 217
Robert Oppenheimer ..... 121
Robert Wilson ................. 63
Roemer ........................... 115
Roger Penrose .. 55, 75, 124, 129, 137, 138, 178
Roy Kerr ........................ 129
Sáng Thế Ký .................... 21
Sheldon Glashow .......... 105
siêu hình học ............ 22, 26
Simon Van de Meer ....... 105
Sir Arthur Eddington ..... 119
Sir James Jeans ................ 81
Sir William Herschel ....... 57
sóng vi ba ........... 38, 65, 259
sóng vô tuyến 38, 60, 73, 81, 127, 131, 132, 134, 259, 261, 262
St. Augustine ...... 21, 22, 235
*Stephen Hawking* ... 3, 5, 11, 28, 55, 77
Steven Spielberg ............ 217
Steven Weinberg ........... 103
*strange* ............................ 95
Subrahmanyan Chandrasekhar ........... 118
tái bình chuẩn ................ 224
tăng tốc. 32, 33, 94, 96, 104, 106, 107, 109, 169, 171, 172, 173, 174, 175, 176, 177, 185, 188, 199, 202, 208, 211, 237, 260
tất định thuyết ..... 78, 80, 82, 241, 242
thám sát vi ba ................. 63
thần học ........................... 22
thiên hà ... 13, 22, 43, 48, 57, 58, 59, 61, 63, 66, 67, 70, 71, 72, 73, 74, 109, 110, 124, 131, 132, 134, 135, 136, 148, 149, 159, 162, 165, 168, 187, 199, 208, 243, 255
thiên hà trôn ốc ............... 57
thiên thể .. 15, 17, 18, 19, 20, 23, 24, 27, 48, 50, 51, 53, 54, 56, 66, 73, 81, 82, 101, 102, 113, 117, 124, 126, 127, 128, 129, 130, 131, 132, 133, 135, 136, 137, 141, 142, 145, 151, 159, 220, 231, 241
Thiên Văn Học .......... 13, 174
Thời Đại Băng Hà ........... 21
*thời gian ảo* .... 11, 179, 180, 182, 185, 186, 192, 201, 259
thời gian tuyệt đối ..... 11, 36, 39, 41, 54, 123, 191
Thomas Gold ................... 72
thống nhất vật lý học ..... 222
Thượng Đế tuyệt đối ....... 36
*Thuyết Dây* ............... 11, 229
thuyết dây lai căng. 229, 244
thuyết lịch sử thay thế ... 217
tia cực tím ....................... 38
tia *gamma* 38, 147, 148, 149, 150, 151, 164

tia X.. 38, 81, 133, 134, 147, 151
tính bất khả tiên liệu 84, 242
tịnh thế 35, 38, 62, 127, 128, 129, 130, 154, 171, 202, 263
tinh tú *neutron*....... 120, 121, 127, 259, 261
tổng thuyết tương đối 25, 27, 49, 51, 52, 53, 55, 62, 69, 71, 72, 75, 78, 79, 90, 113, 117, 119, 121, 122, 124, 125, 127, 128, 131, 137, 150, 151, 163, 171, 178, 198, 206, 207, 212, 223, 225, 228, 238, 243
Tổng thuyết tương đối.... 25, 27, 90, 126, 154, 162
*top* ................................ 95
trạng thái lượng tử........... 83
trạng thái tĩnh ........... 35, 61

trọng lực phổ biến ........... 17
Tsung-Dao Lee................ 111
từ trường. 17, 38, 60, 90, 97, 111, 126, 132, 135, 143, 159, 258
Val Fitch...................... 111
vật lý *quantum*...... 69, 79, 88, 113
vô hạn 18, 19, 22, 23, 40, 49, 68, 69, 71, 76, 78, 81, 90, 115, 121, 124, 126, 162, 163, 164, 165, 178, 182, 225, 229, 235, 240, 243, 262
*Vũ Trụ Học* ...................... 11
vũ trụ quan... 27, 55, 78, 177
Wener Israel ................. 128
Werner Heisenberg.......... 82
Wolfgang Pauli................ 98
Yakov Zeldovich ........... 143

## Thông tin liên lạc

## Đỉnh Sóng

## P.O BOX 8231 Fountain Valley CA 92728

---

- Website: dinhsong.net
- Email: dinh-song@att.net
- Phone: (714) 473-3691

www.ingramcontent.com/pod-product-compliance
Lightning Source LLC
Chambersburg PA
CBHW020633220526
45464CB00001B/125